住房和城乡建设部"十四五"规划教材

高等学校土木工程专业创新型人才培养系列教材

工程结构复杂问题数值分析

王曙光　主　编
王　浩　喻　君　副主编
周　叮　主　审

中国建筑工业出版社

图书在版编目（CIP）数据

工程结构复杂问题数值分析/王曙光主编. —北京：
中国建筑工业出版社，2021.6
住房和城乡建设部"十四五"规划教材　高等学校土
木工程专业创新型人才培养系列教材
ISBN 978-7-112-26120-8

Ⅰ.①工…　Ⅱ.①王…　Ⅲ.①工程结构-数值分析-
高等学校-教材　Ⅳ.①TU31

中国版本图书馆 CIP 数据核字（2021）第 079230 号

＊　　　＊　　　＊

本书结合我国土木工程建设发展现状，参考了国内外学者的成熟研究成果，系统介绍
了工程结构在地震、强风、火灾和爆炸等常见灾害下数值分析所需要的基本理论知识以及
常见的数值分析方法，全书分为上下两篇。上篇主要为数值分析理论与方法介绍，包括：
结构稳定性分析，岩土结构施工分析，结构抗震、抗风分析，结构抗火分析，结构连续倒
塌分析，爆炸冲击分析等。下篇主要为数值分析工程案例介绍，包括：大跨空间结构稳定
分析案例，岩土结构施工过程分析案例，高层建筑结构抗震分析案例，桥梁结构抗震与抗
风分析案例，结构抗火分析和抗连续倒塌分析案例等。

本书可作为土木工程专业及相关专业教材，也可为工程结构设计与分析人员提供
参考。

为了更好地支持教学，我社向采用本书作为教材的教师提供课件，有需要者可与出版
社联系，索取方式如下：建工书院 http://edu.cabplink.com，邮箱 jckj@cabp.com.cn，
电话（010）58337285。

＊　　　＊　　　＊

责任编辑：仕　帅　吉万旺　王　跃
责任校对：李美娜

住房和城乡建设部"十四五"规划教材
高等学校土木工程专业创新型人才培养系列教材
工程结构复杂问题数值分析
王曙光　主　编
王　浩　喻　君　副主编
周　叮　主　审

＊

中国建筑工业出版社出版、发行（北京海淀三里河路 9 号）
各地新华书店、建筑书店经销
霸州市顺浩图文科技发展有限公司制版
廊坊市海涛印刷有限公司印刷

＊

开本：787 毫米×1092 毫米　1/16　印张：19¼　字数：474 千字
2021 年 9 月第一版　　2021 年 9 月第一次印刷
定价：**58.00** 元（赠教师课件）
ISBN 978-7-112-26120-8
（37634）

前　　言

改革开放以来，我国的土木工程建设蓬勃发展并取得了举世瞩目的成就。而随着"一带一路建设""海洋强国""新型城镇化""西部大开发"和"新能源发展规划"等国家重大发展战略的深入实施，未来20～30年仍是我国大规模土木交通工程建设的高峰期，在建的土木工程结构规模仍然十分巨大。而另一方面，在服役期内，土木工程结构很可能会遭受强震、强风等自然灾害，火灾、爆炸等人为灾害以及高温、严寒、重载等严酷和恶劣的自然条件，从而严重影响到结构的性能安全，阻碍正常经济发展与国民生活。因而，开展土木工程结构在各种灾害荷载作用下的性能分析和研究不仅具有重要的学术价值，而且对我国基础建设向全寿命可持续转型升级、满足国家战略需求具有重大经济与社会意义。

本书着眼于土木工程结构在各种常见灾害下的性能分析需求，较为系统地介绍了工程结构在地震、火灾和爆炸、强风等常见灾害荷载下数值分析所需要的基本理论知识以及常见的数值分析方法。全书分为上下两篇：上篇主要介绍土木工程结构在各种灾害荷载下数值分析所需要的基本理论；下篇则通过具体的实例分析，帮助读者学习和掌握复杂结构数值分析常见方法。全书内容全面、层次合理、结构清晰。

本书由南京工业大学王曙光主编，苏州科技大学孙国华、李启才，东南大学王浩，河海大学石崇、韦芳芳、喻君以及解放军理工大学的赵跃堂等共同编写。编写人员均为在一线从事土木工程结构数值分析教学和科研工作的教师。具体分工为：第1、4、11章由王曙光编写，第2、9章由孙国华、李启才编写，第3、10章由石崇编写，第5、12章由王浩编写，第6、13章由韦芳芳编写，第7、14章由喻君编写，第8章由赵跃堂编写。

本书编写过程中，南京工业大学徐积刚博士、李威威博士等承担了大量工作，在此深表谢意。

南京工业大学的周叮教授担任本书的审稿工作，提出了许多宝贵意见和建议，在此表示衷心感谢！

本书在中国土木工程学会教育工作委员会江苏分会和中国建筑工业出版社的组织和帮助下，组成编写组，编写过程中多次开会讨论、修改，尽量融入前沿科研成果。同时，本书还入选住房和城乡建设部"十四五"规划教材，对本书的出版以及编写质量的提升起到了重要推动作用。然而由于时间和水平的原因，本书难免存在疏漏和不妥之处，敬请读者批评指正。希望本书能为新形势下土木工程结构数值分析、防灾减灾等相关课程的开设和人才培养提供有力支撑。同时，也真诚期望本书读者能够将阅读过程中发现的问题以及建议及时反馈给我们，以便本书的继续完善。

编　者
2021 年 9 月

目 录

上篇 工程结构复杂问题数值分析理论

下篇　工程结构复杂问题数值分析案例

上篇

工程结构复杂问题数值分析理论

第1章 绪 论

本章要点及学习目标

本章要点：

(1) 我国土木工程灾害类型；(2) 结构性能分析的重要意义；(3) 数值方法与实验方法对比。

学习目标：

(1) 了解我国土木工程结构灾害类型；(2) 掌握数值分析方法优点。

1.1 我国土木工程建设蓬勃发展

改革开放以来，我国的土木工程建设取得了举世瞩目的成就。涌现出了包括"上海金茂大厦"（高 420.5m）和"上海环球金融中心"（高 492m）等众多超高层建筑；"上海东方明珠广播电视塔"（高 460m）和世界第一高塔"广州新电视塔"（高 610m）等众多高耸结构；"中国大剧院"和北京 2008 年奥运会众多比赛场馆等大型空间建筑；"润扬公路长江大桥"（悬索桥，主跨 1490m）和"苏通公路长江大桥"（世界上最大跨径的斜拉桥，主跨 1088m）等大跨度桥梁；"秦岭终南山特长公路隧道"（全长 18.02km）和"秦岭特长铁路隧道"（全长 18.46km）等长大隧道；以及"二滩水电站"和"三峡水利枢纽工程"等大型水利工程。目前，我国的建筑资产规模已经超过美国，位居全球第一。截至 2020 年底，在全球十大高楼中，我国占据了 6 席；全球十大最长大桥，我国拥有 8 座；全球十大最长跨海大桥，我国则占 6 座；2018 年底，我国高铁营业里程 2.9 万 km，超全球总里程的 2/3 以上；全球 20 大港口中，中国 14 席。

而当前，随着国民经济的高速发展，我国的土木工程建设仍然方兴未艾。随着"一带一路建设""海洋强国""新型城镇化""西部大开发"和"新能源发展规划"等国家重大发展战略的深入实施，未来 20～30 年仍是我国大规模土木交通工程建设的高峰期，建设规模仍然空前，在建的高速公路、铁路、大型桥梁、隧道、大型水利水电工程、高层建筑、地下工程数量均居世界首位。这些巨量的土木工程建设是国家正常运行和健康发展的物质基础，对于保障经济社会发展、改善人居环境、保证民生优先具有不可替代的重要作用。

1.2 工程结构面临的多种灾害威胁

我国的土木工程结构向着超高、超深、超长、超大等方向发展并不断突破现有极限，然而土木工程结构的设计服役年限一般较长，甚至可达100年以上。在全寿命服役周期内，土木工程结构很可能会遭受强震、强风等自然灾害，火灾、爆炸等人为灾害以及高温、严寒、重载等严酷和恶劣的服役条件，从而严重影响到结构的性能安全，阻碍正常经济发展与国民生活。

我国是世界上自然灾害最为严重的国家之一，灾害种类多、发生频次高、影响范围大，给土木工程结构带来了巨大的安全威胁。我国地处世界两大地震带（环太平洋地震带和欧亚地震带）的交汇处，是世界上地震灾害最严重的国家之一。根据历史地震资料统计，20世纪我国大陆地区共发生7级以上地震44次，8级以上特大地震5次，造成50多万人死亡和大量基础设施的破坏。地震发生非常突然，对工程结构的破坏威胁巨大。近十年来，世界范围内大型城市连续发生了多次近场大地震，导致大量土木工程结构的严重破坏。我国地震活动性研究和地震大趋势预测研究结果表明，未来百年内中国大陆地区可能发生7级以上大地震约40次，8级以上特大地震3～4次。我国许多新建和在建的重大工程都建设在强地震区，因而面临着严重的地震灾害威胁。

我国也是世界上少数几个受风灾影响最严重的国家之一。我国地处太平洋西北岸，全世界最严重的热带气旋（台风）大多数在太平洋上生成并沿着西北或偏西路径移动，频繁地在我国登陆并正面袭击我国沿海地区。据统计，我国沿海地区平均每年有登陆台风7个、引起严重风暴潮灾害6次，风灾发生频度很高。风灾给人类造成巨大的生命财产损失，例如2005年美国"卡特里娜"飓风造成房屋损坏、桥梁倒塌、城市淹没、交通中断，导致约2000人死亡，直接经济损失达2000亿美元以上。2005年，我国发生的10次大的自然灾害中有4次是风灾，造成直接经济损失551亿元。我国沿海地区经济发达，财富高度集中，重大工程建设发展迅速，强/台风作用使沿海城市和重大工程的易损性与灾害链的易发性显著增加，成为土木工程结构安全性和适用性最主要的控制因素之一。

除自然灾害外，火灾、爆炸等人为灾害也是构成土木工程结构安全威胁的重要原因。火灾是日常生活常见的灾害之一。火灾发生频率高并且发展迅速，很容易造成巨大的生命财产损失。据资料统计，火灾造成的经济损失可占国家当年GDP的0.2%以上。而我国自中华人民共和国成立到2003年间的火灾共计达350余万起，伤亡46万余人，直接经济损失超过130亿人民币。近年来，火灾发生次数和造成的损失更有增加趋势。而在各种火灾中，建筑火灾是发生次数最多，造成人员伤亡和损失最为严重的火灾。建筑火灾不仅严重威胁人们生命财产安全，也严重影响到建筑结构的安全性能。重大火灾容易造成结构严重损伤甚至倒塌。例如，1993年福建泉州市一座钢结构冷库火灾，造成3600m² 厂房倒塌；1996年江苏昆山市一轻钢厂房火灾，4320m² 厂房倒塌；2001年纽约世贸中心大楼因飞机撞击引起的火灾而倒塌。随着我国经济的飞速发展，城市规模的不断提升，建筑结构规模不断突破，建筑物也愈发密集，因而面临着愈发严峻的火灾威胁。

爆炸也是威胁工程结构安全的重要灾害之一。爆炸发生的原因可分为人为的恐怖袭击和人为疏忽或操作不当引起的意外爆炸。1983年美国位于黎巴嫩大使馆遭受爆炸袭击，引起结构前部连续倒塌，造成63人死亡；1995年美国俄亥俄州联邦政府大楼遭受汽车炸弹袭击，造成背面结构垮塌和168人死亡，建筑倒塌是人员伤亡的主要原因。在意外爆炸中，1968 年英国 Ronan Point 公寓大楼因局部煤气爆炸导致整体结构一角发生连续倒塌；而 2015 我国天津港危化品仓库爆炸事故则引起 150m 范围内的建筑物被直接摧毁，造成 150 人死亡，直接经济损失超过 60 亿元人民币。可见，爆炸灾害是造成工程结构损伤和人员伤亡的重要原因，是影响工程结构使用寿命的重要威胁。

1.3 结构性能分析的重要意义

由上可见，一方面，我国社会的不断发展要求土木工程建设的高速发展，工程结构体量不断壮大，工程结构形式不断多样，结构服役环境愈发复杂；而另一方面，工程结构在服役期内可能遭受的自然和人为灾害威胁也十分严峻，并可能带来巨大经济损失和人员伤亡，因此两者之间形成了重要的矛盾。如何保障工程结构的性能安全对于保障国家经济建设，社会稳定发展，人民安定生活具有十分重要的意义。

因此，了解土木工程结构在各种灾害下的性能表现和安全情况就十分有必要。一方面，它可以辅助工程结构的抗灾设计。为了保证结构安全，我们需要在结构建造之前就进行抗灾设计，评估结构在可能遭受的灾害下的结构性能和安全状况，及时改正设计，从而尽可能降低未来结构遭受灾害的损失风险。另一方面，它可以辅助进行土木工程结构的运营维护。对于既有结构而言，随着服役时间的增长，结构材料可能出现不同程度的退化，从而面临的灾害风险也逐渐增大。依据结构现有状态，及时评估结构在灾害下的性能状态，有利于我们及时发现可能的安全隐患，做出更为及时和合理的运维决策，有效降低未来灾害损失风险。最后，结构的灾害性能分析还可以帮助进行灾后救援工作。灾害发生后，及时了解受损结构的安全状况，可辅助我们做出合理的灾后救援决策，而这就需要进行较为准确的结构安全性能评估。

显然，开展土木工程结构在各种灾害下的性能分析和研究不仅具有重要的学术价值，而且对我国基础建设向全寿命可持续转型升级、满足国家战略需求具有重大经济与社会意义。

1.4 实验研究与数值分析方法

实验研究是我们了解自然世界运行规律的重要方法。正是由于实验方法的采用，才能使自然科学建立起理论与经验事实的联系，进而推动了自然科学的飞速发展。对于土木工程学科而言，实验研究也极大地推动了相关基本理论的发展。例如混凝土的应力-应变关系，是经过多次单轴压缩和拉伸的物理实验而得到的；又如土的本构关系也是经过多次的单轴压缩和拉伸得到的。正是由于物理实验的基础，才能凝结出简洁而准确的材料基本本构关系，并进一步服务于结构的分析和设计。

实验研究也是我们了解工程结构在各种灾害下的性能表现的重要手段。鉴于实验研究的客观性，实验研究可为我们提供各种灾害荷载下工程结构反应的基本物理认知。例如我们为了了解混凝土框架在强震作用下的倒塌过程，就可以通过振动台实验进行分析；又如为了了解钢结构的抗火性能，则可以通过开展结构的抗火实验进行分析；又如为了分析高耸结构在强风下的安全性，则可以通过风洞实验进行验证。通过人为控制变量，我们还可以通过实验了解结构在灾害荷载下的性能表现的重要影响因素。

但是实验研究也存在一定的缺陷。首先，实验研究的成本较大，不管是时间成本还是经济成本。大型工程结构的实验往往花费高昂，需要投入较大的人力物力，且整个实验周期很长。其次，相似比效应。由于实验场地和条件的限制，我们往往很难按照原型尺寸再现出实际的工程结构并开展实验，因而只能按照一定的比例进行缩尺实验，然而由于尺寸效应的存在，缩尺结构是否可以真正反映出实际结构的抗灾性能还值得商榷。然后，灾害场的模拟。虽然实验仪器和工具仍在不断发展，但是我们还是很难完全再现出实际的灾害作用，只能通过一定的简化施加在结构上。最后，观测手段的限制。实验研究只能采集到某些特定兴趣点的数据，无法得到整个结构的数据，并且，测量数据可能存在误差，进而对实际结果造成一定影响。

鉴于实验研究的缺陷，以及在面临大型问题时理论求解的难度，一种新的分析方法，即数值分析方法逐渐发展起来。特别是近几十年来，随着计算机技术的飞速发展，计算力的大幅提高，数值求解方法已经成为解决复杂工程和科学问题的重要技术手段。

对于工程问题而言，常见的数值分析方法包括有限差分方法（Finite Difference Method，FDM）、有限单元法（Finite Element Method，FEM）、边界单元方法（Boundary Element Method，BEM）、有限体积方法（Finite Volume Method，FVM）、无网格方法（Mesh less Method）等。其中，目前应用最为广泛的为有限单元法。有限单元法的基本思想是将一个连续的待求解域分割成有限个单元，而后用未知参数方程表征每个单元的特性，然后将各个单元的特征方程组合成大型代数方程组，通过求解方程组得到结点上的未知参数，获取结构内力等需要的结果。它能很好地适应复杂的几何形状、复杂的材料特性和复杂的边界条件，因而适合于各种工程问题的求解。近几十年来，数值分析方法已由平面问题拓展到三维问题，由静力问题拓展到动力问题，由简单材料拓展到各种复杂材料，成为科学研究、工程计算等的重要工具。

与实验方法相比，数值方法具有如下的优点。首先，数值方法可以节约分析成本。因为只需在计算机上进行分析计算，因此相比于大型实验而言，数值方法所花费的物力人力更小。其次，数值分析方法可以依据实际再现工程结构的尺寸以及灾害作用，相较于实验方法，数值方法可以更方便地施加荷载到结构上。最后，数值分析方法可以得到结构全局的具体反应信息。但是由于数值分析方法会在结构建模、边界条件、灾害荷载等方面进行一定的简化，因而得到的结果具有一定的离散性。但是合理的数值模拟方法可以有效地弥补实验研究的不足，而实验研究又可以进一步验证数值分析的正确性。因此两者相辅相成，互相促进。数值分析方法也成为现代科学研究以及工程实际应用中不可或缺的重要方法。

本书着眼于土木工程结构在各种常见灾害下的性能分析需求，尝试探讨工程结构在常见荷载下数值分析所需要的基本理论以及常见数值方法。全书分为上下两篇。上篇介绍工程结构在常见荷载如强震、强风、火灾下数值分析的基本理论，使读者更好地了解土木工程结构在不同灾害荷载下分析结构响应的基本理论框架和理论知识。下篇给出工程结构在不同灾害下数值分析的具体实例。通过具体的案例分析，来帮助读者尽快了解土木工程结构数值分析的具体方法。期望通过本书，使读者能有效地学习土木工程结构在常见灾害作用下的数值分析理论和方法。

本章小结

（1）改革开放以来，我国的土木工程建设飞速发展，目前建筑资产规模已经位居全球第一，且目前土木工程建设仍然高速发展。

（2）土木工程结构服役周期较长，在全寿命周期内可能遭受地震、强风、洪水等自然灾害以及火灾、爆炸等人为灾害，对土木工程结构构成安全威胁。

（3）土木工程抗灾性能分析对于确保结构安全，国民经济正常发展意义重大。

（4）数值分析方法相较于实验方法具有成本小，荷载施加方便，结构响应测量方便等优点。

思考与练习题

1-1　简述我国土木工程结构可能遭受的自然和人为灾害类型。

1-2　简述数值分析方法相较于实验方法的突出优势以及不足之处。

第 2 章 结构的稳定性分析

本章要点及学习目标

本章要点：

（1）结构失稳的类型及破坏形态；（2）结构弹性及弹塑性失稳的数值求解方法；（3）结构初始缺陷的施加方法。

学习目标：

（1）了解结构稳定性分析的重要意义；（2）掌握结构稳定性分析的计算原理和基本方法。

2.1 概述

失稳又称屈曲，可定义为结构或构件在外力作用下丧失平衡状态，即在微小的扰动下其变形迅速增加，结构、构件改变了原有平衡状态，甚至出现破坏或倒塌。从宏观现象上，可分为整体失稳和局部失稳两类。实际工程中，混凝土结构的截面尺寸比较大，仅一些高柔柱、高墩或大跨度混凝土屋架等易发生整体失稳。钢结构主要受力构件的截面轮廓尺寸小、构件细长、板件柔薄，稳定问题突出，极易发生整体失稳及局部失稳。近年来，我国因结构的整体失稳所导致的工程事故也时有发生，导致了严重后果。图 2-1 为结构整体失稳的典型破坏照片。

(a)   (b)

图 2-1 结构整体失稳的典型破坏照片

（a）门式刚架结构的整体失稳；（b）桁架结构的整体失稳

从失稳类型上，可分为三类：（1）平衡分岔失稳或分支点失稳，见图 2-2（a）。通常一些理想、完善的结构或构件在达到临界荷载后，出现平衡分岔现象，即除原有的平衡状态外，还可能存在另外一个平衡状态，属第一类稳定问题。（2）极值点失稳，见图 2-2（b）。结构或构件失稳时，变形迅速增加，从荷载-位移曲线上可观测到极值点，整个失稳过程中并不存在其他的平衡状态，属第二类稳定问题。（3）跃越失稳，见图 2-2（c）。理想的扁壳、坦拱或扁平的曲梁还可发生另外一种失稳模式，即在荷载达到某阈值时，结构或构件的平衡状态发生一个明显的跳跃，丧失稳定后又过渡到另外一个具有较大位移的稳定平衡状态。但在结构或构件的跳跃过程中，由于出现过大的变形，结构或构件已严重破坏，其后期性能或状态不能被利用。实际工程中的常用材料大部分均可发展弹塑性，这意味着结构或构件除可能在弹性状态下失稳外，还可能在弹塑性状态下失稳。本章重点介绍实际工程中结构在弹性及弹塑性状态下发生整体失稳的数值模拟问题。

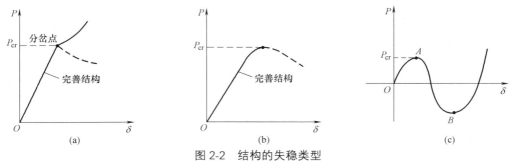

图 2-2　结构的失稳类型

（a）平衡分岔失稳；（b）极值点失稳；（c）跃越失稳

2.2　结构的弹性稳定分析

2.2.1　结构的弹性失稳

针对结构的第一类稳定问题，数学上主要是求解广义特征值问题。在结构分析过程中，假定材料保持弹性，以结构在荷载作用下产生的变形可忽略，以结构的初始构形为基准构建其控制方程，见公式（2-1）：

$$([K]+\lambda[K_G])\{\varPhi\}=0 \tag{2-1}$$

式中　K——结构的弹性刚度矩阵；

　　　K_G——结构的几何刚度矩阵；

　　　λ——荷载因子（特征值）；

　　　$\varPhi$——对应的位移特征向量，即屈曲模态。

与控制方程相对应的结构特征值方程为：

$$|[K]+\lambda[K_G]|=0 \tag{2-2}$$

通常采用子空间迭代法或 Lanczos 法对公式（2-2）进行求解，即可获得理想结构的弹性临界荷载和屈曲模态。临界荷载仅可作为结构弹塑性稳定分析的参考荷载值，屈曲模态可作为结构施加初始缺陷的依据。需要说明的是荷载因子 λ 又称屈曲因子，需乘以给定荷载后方为结构的屈曲荷载。在有些情况下，也可将荷载因子 λ 视为安全系数，如果荷载因子 λ 大于1，需增大给定荷载才可引起结构屈曲；反之，如果荷载因子 λ 小于1，需减小给定荷载以防止结构屈曲；当荷载因子 λ 为负数时，说明当荷载反向时结构会发生屈曲。

2.2.2　特征值分析的常用数值求解方法

用于求解结构动力特征参数分析的方法有多种，如 Rayleigh-Ritz 法、矩阵迭代法、子空间迭代法、Lanczos 法、多重 Ritz 向量法（MR 法）等，以下介绍常用的子空间迭代法和 Lanczos 法。

1. 子空间迭代法

针对大型复杂工程，所建立的有限元模型单元数量巨大，常采用子空间迭代法计算其特征值，获得结构的振型和频率。子空间迭代法能避免重频结构的漏根现象，是一种较为可靠的方法，目前已被工程师广泛应用。子空间迭代法主要是反复使用矩阵迭代法同瑞利里兹法结合，利用瑞利里兹变换，将高阶方程投影至低维子空间，在子空间中求解低阶广义特征方程，再将求解的低阶特征值返回原方程，进行反复迭代，即可获得较为理想的数值解。

子空间迭代法的主要步骤为：

1）选择 m 个线性无关的初始迭代向量；初始迭代向量的选择是非常重要的环节，所选择的初始迭代向量越接近所要求的特征向量，其收敛速度越快；

2）对 m 个向量组成的矩阵进行逆迭代，并将其作为子空间的 Ritz 基向量；

3）求解子空间特征对；

4）计算改进后的特征向量；

5）反复迭代，直至精度满足要求后，采用 Sturm 定理检查是否漏根。

实际工程中绝大多数结构的刚度矩阵和质量矩阵均为对称、正定矩阵，子空间迭代法是计算大型复杂工程结构特征值分析的常用方法之一。

2. Lanczos 法

Lanczos 方法是 20 世纪 50 年代提出的用于解决矩阵特征值问题的方法，长期以来一直认为 Lanczos 方法在正交化过程中由于舍入误差随着迭代次数增加所产生的向量很快失去正交性，导致算法在数值计算方面不稳定，实际应用并不多。近年来，随着人们对 Lanczos 方法的深入研究，将传统 Lanczos 方法同瑞利里兹法相结合用于求解部分特征值，结果发现修正的 Lanczos 方法对求解大型稀疏对称矩阵的特征值是非常高效的。

Lanczos 方法的主要步骤如下：

1）选择第一个迭代向量 $\{q_1\}$（称为第一个 Lanczos 向量），并将其模用广义内积规范化；

2）进行向量的反迭代；

3）使向量 $\{\hat{q}_{k+1}\}$ 与前两阶 Lanczos 向量正交化；

4）对向量 $\{\hat{q}_{k+1}\}$ 进行模规范化处理，形成新的 Lanczos 向量 $\{q_{k+1}\}$；

5）基于上述正交和模规范化系数构建三角形矩阵，即子空间投影矩阵；

6）求解子空间投影矩阵的特征解；

7）利用子空间投影矩阵特征解与原广义特征问题的前若干阶特征解关系，即可获得原广义特征问题的数值解。

2.3   结构的弹塑性稳定分析

2.3.1   结构的弹塑性失稳

结构或构件不可避免地存在各种各样的"初始缺陷",结构的几何非线性和材料非线性对其稳定分析的影响非常显著,第一类稳定问题的特征值分析仅能获得结构在理想、无缺陷状态下的弹性稳定承载力,过高估计了结构真实的稳定承载力。因此,计算的弹性临界承载力仅能近似代表第二类稳定问题的上限值,无法反映结构的全过程工作性能,计算结果不能用于工程设计。实际工程中,网架或网壳等大跨空间结构的整体稳定问题尤为突出,《空间网格结构技术规程》JGJ 7—2010 也明确规定对于单层网壳及厚度小于跨度 1/50 的双层网壳均应进行稳定性计算。

由于实际工程结构的绝大多数稳定问题为第二类稳定问题,为更好地研究结构在整体失稳前后的性能,需基于大挠度理论对结构进行非线性屈曲分析(考虑几何、材料双重非线性),其控制方程为:

$$[K_T]\{\Delta U\} = \{\Delta P\} - \{F\} \tag{2-3}$$

式中 K_T——结构的切线刚度矩阵;

   ΔU——位移增量向量;

   ΔP——等效外荷载向量;

   F——等效节点力向量。

2.3.2   结构弹塑性失稳的数值求解方法

非线性有限元增量方程组的常用数值解法有:(1)牛顿-拉斐逊法(Newton-Raphson)或修正的牛顿-拉斐逊法(Modified Newton-Raphson);(2)广义位移(General Displacement)控制法;(3)弧长控制法(Riks Method)等。其中,弧长控制法已成为结构弹塑性稳定分析的主要方法。

1. 牛顿-拉斐逊法

牛顿-拉斐逊法又称力控制法,是牛顿在 17 世纪提出的一种可用于实数域或复数域方程的近似求解方法。

牛顿-拉斐逊法的主要步骤如下:

1)求荷载 $\{\Delta P\}$ 作用下线弹性解 $\{U\}_0$,即:

$$\{U\}_0 = [K_0]^{-1}\{P\} \tag{2-4}$$

2)根据 $\{U\}_0$ 确定 $[K_T(u_0)]$,其中,设 $u = \{U\}$。

3)计算公式(2-3)右边项 $\{\Delta P\} - \{F(u_0)\}$ 的值,即残余力。

4)由公式(2-3)求解 $\Delta u_1 = \Delta\{U\}_1$,则 $\{U\}_1 = \{U\}_0 + \Delta\{U\}_1$。

5)用 $\{U\}_1$ 代替 $\{U\}_0$,重复步骤 2)~5),依次可求得:

$$\{U\}_{n+1} = \{U\}_n + \Delta\{U\}_{n+1} \tag{2-5}$$

当 $\Delta\{U\}_{n+1}$ 足够小时,$\{U\}_{n+1}$ 收敛于正确答案,再利用相应公式即可求出结构的位移及极限承载力。

采用牛顿-拉斐逊方法求解时，每次迭代都需要重新形成非线性刚度矩阵 $[K_{\mathrm{T}}(u_n)]$，如果将其改为某一不变的刚度矩阵，即可得到修正的牛顿-拉斐逊方法，节约大量计算时间。

2. 广义位移控制法

广义位移控制法是以位移的变化作为自变量，该方法遵循已知结构位移求解外力的逆向思路。在结构的非线性问题求解时，首先通过对公式（2-3）进行处理，在第 i 增量步第 j 次迭代的结构非线性平衡方程为：

$$[K_{j-1}^i]\{\Delta U_j^i\}=\{P_j^i\}-\{F_{j-1}^i\} \tag{2-6}$$

外加荷载 $\{P_j^i\}$ 可分解为：

$$\{P_j^i\}=\{P_{j-1}^i\}+\lambda_j^i\{\hat{P}\} \tag{2-7}$$

式中　λ_j^i——第 i 步增量第 j 次迭代的荷载增量因子；

$\{\hat{P}\}$——参考荷载向量。

由公式（2-6）求得的位移增量 $\{\Delta U_j^i\}$ 通过累加可获得结构的总位移 $\{U_j^i\}$：

$$\{U_j^i\}=\{U_{j-1}^i\}+\{\Delta U_j^i\} \tag{2-8}$$

外荷载 $\{P_{j-1}^i\}$ 与上一次迭代所求得的单元内力 $\{F_{j-1}^i\}$ 之差为不平衡力，可用 $\{R_{j-1}^i\}$ 表示：

$$\{R_{j-1}^i\}=\{P_{j-1}^i\}-\{F_{j-1}^i\} \tag{2-9}$$

因此，公式（2-6）可改写为：

$$[K_{j-1}^i]\{\Delta U_j^i\}=\lambda_j^i\{\hat{P}\}+\{R_{j-1}^i\} \tag{2-10}$$

为便于求解，公式（2-10）可进一步改写为：

$$[K_{j-1}^i]\{\Delta\hat{U}\}_j=\{\hat{P}\} \tag{2-11}$$

$$[K_{j-1}^i]\{\Delta U_j\}=\{R_{j-1}^i\} \tag{2-12}$$

$$\{\Delta U_j^i\}=\lambda_j^i\{\hat{U}\}_j+\{\Delta U_j\} \tag{2-13}$$

将公式（2-10）分解为公式（2-12）和公式（2-13）是为了将不平衡力和荷载增量分开，不仅促进数值收敛，还可更好地应用位移控制方法求解。其中，位移控制求解方法主要围绕荷载增量因子 λ_j^i 展开。

广义位移控制方法是以广义位移作为约束方程：

$$\lambda_j^i=\frac{H_j-\lambda_1\{\Delta\hat{U}_1^{i-1}\}^{\mathrm{T}}\{\Delta U_j\}}{\lambda_1\{\Delta\hat{U}_1^{i-1}\}^{\mathrm{T}}\{\Delta\hat{U}_j\}} \tag{2-14}$$

式中　H_j——广义位移。

1）当第 1 次迭代时（$j=1$）

$$\lambda_1=\sqrt{\frac{H_1}{\{\Delta\hat{U}_1^{i-1}\}^{\mathrm{T}}\{\Delta\hat{U}_1\}}} \tag{2-15}$$

2）当为其他次迭代时（$j>1$）

$$\lambda_j=-\frac{\{\Delta\hat{U}_1^{i-1}\}^{\mathrm{T}}\{\Delta U_j\}}{\{\Delta\hat{U}_1^{i-1}\}^{\mathrm{T}}\{\Delta\hat{U}_j\}} \tag{2-16}$$

由公式（2-15）可解得：

$$H_1 = (\lambda_1^1)^2 \{\Delta \hat{U}_1^1\}^{\mathrm{T}} \{\Delta \hat{U}_1^1\} \tag{2-17}$$

将 H_1 代入公式（2-15）可得：

$$\lambda_1 = \lambda_1^1 \left(\frac{\{\Delta \hat{U}_1^1\}^{\mathrm{T}} \{\Delta \hat{U}_1^1\}}{\{\Delta \hat{U}_1^{i-1}\}^{\mathrm{T}} \{\Delta \hat{U}_1^i\}} \right)^{\frac{1}{2}} \tag{2-18}$$

令广义刚度参数 GSP（Generalized Stiffness Parameter）为：

$$GSP = \frac{\{\Delta \hat{U}_1^1\}^{\mathrm{T}} \{\Delta \hat{U}_1^1\}}{\{\Delta \hat{U}_1^{i-1}\}^{\mathrm{T}} \{\Delta \hat{U}_1^i\}} \tag{2-19}$$

则第 i 增量步的荷载增量因子 λ_1^i 为：

$$\lambda_1^i = \pm \lambda_1^1 |GSP|^{\frac{1}{2}} \tag{2-20}$$

通常情况下，广义刚度参数 GSP 的初始值为 1，当结构刚度增加时，其值增大，反之则减小，达到极值点附近为零，在刚越过极值点时为负值，其他情况均为正值。通过广义刚度参数 GSP 可有效地跟踪荷载-位移曲线的极值点、拐点及反弯点，并具有较高的稳定性。

广义位移控制增量-迭代法的求解过程归纳如下：

1）确定初始荷载增量参数 λ_1^1 和初始条件 $\{P_0^1\} = \{0\}$、$\{U_0^1\} = \{0\}$ 等，同时也需确定单元刚度矩阵的转换矩阵。

2）对任意增量步（i）的第 1 迭代步（$j=1$）：由单元切线刚度矩阵 $\{k\}$ 组装结构整体刚度矩阵 $\{K\}$；利用公式（2-11）、公式（2-12）求解出 $\{\Delta \hat{U}_1^i\}$，并计算出 GSP、λ_1^i；利用公式（2-13）计算出 $\{\Delta U_1^i\}$。

3）对任意增量步（i）的其他迭代步（$j \neq 1$）：修改结构单元切线刚度矩阵 $\{k_{j-1}^i\}$，利用公式（2-11）、公式（2-12）求解出 $\{\Delta \hat{U}_1^i\}$，同时计算出 λ_j^i；利用公式（2-13）计算出 $\{\Delta U_j^i\}$。

4）分别计算出结构所施加的总体外荷载、总体位移、荷载系数。

5）修改结构几何尺寸，进行单元刚度矩阵的转换。

6）对结构的每一单元进行循环，求出节点位移，并利用初始转换矩阵或任意时刻的转换矩阵求出单元节点位移。利用外部刚度矩阵计算单元的内力增量，最终计算出单元的总内力。

7）对结构的每一节点循环，叠加所有单元节点内力之和，通过将外加荷载向量减去单元节点内力之和可求出不平衡力。

8）检查不平衡力向量和位移增量是否在允许范围内，如满足要求则转至下一步，否则继续迭代。

9）检查荷载增量系数和位移增量系数是否小于预定的设置值，如果小于则转至第 2 步，否则停止计算，完成整个增量迭代过程。

3. 弧长控制法

在进行结构非线性问题求解时，牛顿-拉斐逊法可很好地计算出结构荷载-位移曲线的上升段，但当结构出现局部软化、平衡路径分岔或极值点时，往往不易收敛，无法获得结构下降段的性能。采用弧长控制法可避免极值点的奇异性，有效计算出结构荷载-位移曲线的下降段（图 2-3）。目前，弧长控制法是结构非线性分析中数值计算最稳定、计算效率最高、最可靠的迭代控制方法之一。弧长控制法有多种，包括球面弧长法、柱面弧长法、椭圆面弧长法及平面弧长法等。

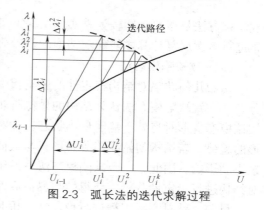

图 2-3 弧长法的迭代求解过程

在弧长法中，最关键的是定义弧长：

$$\Delta S^2 = \lambda_1 \lambda_j + \{\Delta U_1\}^T \{\Delta U_j\} \tag{2-21}$$

弧长增量为：

$$\Delta S = \begin{cases} 常数 & j=1 \\ 0 & j \geqslant 2 \end{cases} \tag{2-22}$$

在第一步迭代中，认为其不平衡力为零，由公式（2-13）得：

$$\{\Delta \hat{U}_1\} = \lambda \{\Delta U_1\} \tag{2-23}$$

将公式（2-23）代入至公式（2-21）可得：

$$\lambda_1 = \pm \sqrt{\frac{\Delta S}{\{\Delta U_1\}^T \{\Delta U_1\} + 1}} \tag{2-24}$$

在后续增量步中，根据弧长增量为零（正交）的条件，将公式（2-13）代入公式（2-21），则可得：

$$\lambda_j = -\frac{\{\Delta U_1\}^T \{\Delta \hat{U}_j\}}{\{\Delta U_1\}^T \{\Delta U_j\} + \lambda_1} \tag{2-25}$$

弧长法在迭代求解过程中能自动调节增量步长，可自动控制荷载，跟踪各种复杂非线性路径的全过程。因此，弧长法是一种将荷载水平视为一个变量，通过同时约束荷载水平和位移向量达到对非线性问题求解的方法，属于广义位移控制方法。

2.3.3 初始缺陷的施加

大跨度空间结构，特别是单层网壳对初始几何缺陷极为敏感，其临界荷载可能会因为极小的初始缺陷而大幅度降低。因此，需考虑构件或结构由于加工或施工安装导致的这种随机的初始几何缺陷。初始几何缺陷对结构发生极值点失稳和分岔点失稳的影响是不同的。如果理想结构发生分岔点失稳，在考虑初始几何缺陷后，其失稳类型可能转为极值点失稳，临界荷载会降低。如果理想结构发生极值点失稳，考虑初始几何缺陷后，其失稳类型不会发生改变，但临界荷载会有不同程度的降低。考虑几何缺陷的方法较多，有假定缺陷分析法、等效荷载法、缩减切线法、随机缺陷模态法及一致缺陷模态法。其中，结构缺陷分析时常采用后两种方法。

1. 随机缺陷模态法

考虑到结构中存在的初始几何缺陷是呈随机分布的，因此提出了随机缺陷模态法。这种方法认为虽然初始几何缺陷的大小及分布无法预先确定，但可以假定每个节点的几何偏差近似符合正态分布，将节点的坐标偏差视为多维随机变量，其样本空间的每一个样本点均对应结构的一种缺陷模态。随机缺陷模态法通过平均函数、方差函数、协方差函数及相关性来描述几何缺陷，通常取 N 个样本对结构进行统计分析，即随机取 N 个缺陷模态进行结构的荷载-位移全过程分析，找出统计规律，取荷载的最小值作为实际结构的临界荷载。该方法从概率角度较为真实地反映了实际结构的稳定性能，但由于需要对不同缺陷分布进行多次反复计算才能确定结构的临界荷载值，计算工作量偏大。

2. 一致缺陷模态法

初始几何缺陷对结构稳定性的影响程度不仅取决于缺陷的幅值，还取决于缺陷的空间分布。一致缺陷模态法认为结构的最低阶屈曲模态是结构发生屈曲的潜在位移趋势，结构按该模态变形时将处于势能最小状态。针对实际结构，在加载最初阶段即有沿按该模态变形的趋势。若结构初始缺陷分布形式与最低阶屈曲模态相吻合，则对结构的受力性能产生最不利影响。因此，一致缺陷模态法就是用最低阶屈曲模态模拟结构的初始缺陷分布，并对结构进行稳定性分析，获得的临界荷载即可视为实际结构的临界荷载。

目前，针对实际工程进行稳定性分析时，初始缺陷的施加常采用一致缺陷模态法。

2.3.4　临界点的理论判别方法

当结构达到某一特定的平衡状态时，其后期的稳定性能可由当时的切线刚度矩阵判别。通常情况下，当结构的切线刚度矩阵正定时，即矩阵左上角各阶主子式的行列式都大于零，结构处于稳定的平衡状态。当结构的切线刚度矩阵非正定时，即矩阵部分主子式的行列式小于零，结构处于不稳定平衡状态。当结构的切线刚度矩阵奇异时，即矩阵的行列式等于零，则结构处于临界状态。采用 LDL^{T} 方法可将结构刚度矩阵分解以下形式：

$$[K]=[L][D][L]^{\mathrm{T}} \tag{2-26}$$

式中　$[L]$——主元等于 1 的下三角矩阵；

$[D]$——对角元矩阵。

由公式（2-26）可知，刚度矩阵 $[K]$ 是否正定可由矩阵 $[D]$ 直接来判别。这就意味着，如果矩阵 $[D]$ 的所有主元大于零，则其左上角各级主子式的行列式必然大于零，结构的切线刚度矩阵正定，结构处于稳定的平衡状态。如果矩阵 $[D]$ 的部分主元小于零，则切线刚度矩阵非正定，结构处于不稳定的平衡状态。由于实际分析时，矩阵 $[D]$ 的行列式为零的可能性极小。因此，可根据矩阵 $[D]$ 的主元符号变化来判定结构的临界点。在进行结构的荷载-位移全过程非线性分析时，每加一级荷载均需判定矩阵 $[D]$ 的主元符号的变化，加载初期结构是稳定的，矩阵 $[D]$ 的主元均大于零，直至加载至某一级荷载结构 $[D]$ 的某个主元开始出现小于零时，可判定结构此时刚好超越了临界点。这时需判定前一级荷载 P_k 和后一级荷载 P_{k+1} 的关系。当 $P_k>P_{k+1}$ 时，则该临界点为极值点（图 2-4a）；当 $P_k<P_{k+1}$ 时，还需计算第 $k+2$ 级荷载。如果 $P_{k+1}>P_{k+2}$，则该临界点为极值点（图 2-4b）；如果 $P_{k+1}<P_{k+2}$，则该临界点为分岔点（图 2-4c）。

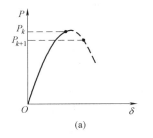 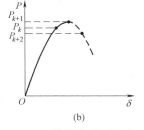 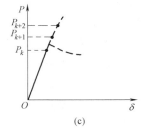

(a)　　　　　　　　　(b)　　　　　　　　　(c)

图 2-4　临界点判别示意

本章小结

（1）结构失稳类型可以分为三类：平衡分岔失稳，极值点失稳，跃越失稳。

（2）结构动力特征参数求解分析的常用方法有子空间迭代法和 Lanczos 法。

（3）结构弹塑性失稳求解常用数值解法有牛顿-拉斐逊法或修正的牛顿-拉斐逊法、广义位移控制法、弧长控制法等。其中，弧长控制法已成为结构弹塑性稳定分析的主要方法。

（4）初始几何缺陷对结构发生极值点失稳和分岔点失稳的影响不同。如果理想结构发生分岔点失稳，考虑初始几何缺陷后，其失稳类型可能转为极值点失稳，临界荷载会降低。如果理想结构发生极值点失稳，考虑初始几何缺陷后，其失稳类型不会发生改变，但临界荷载会有不同程度的降低。

（5）考虑几何缺陷的方法有假定缺陷分析法、等效荷载法、缩减切线法、随机缺陷模态法及一致缺陷模态法。

思考与练习题

2-1 简述结构整体失稳的定义和特点。

2-2 简述结构弹性失稳的数值分析方法及特点。

2-3 简述结构弹塑性失稳数值分析的主要方法。

2-4 简述不同初始缺陷施加方法对结构整体稳定性的影响。

第3章　复杂岩土工程结构的施工过程分析

本章要点及学习目标

本章要点：

(1) 岩土工程结构的特点；(2) 岩土工程结构数值分析发展趋势；(3) 岩土工程结构材料本构模型；(4) 岩土工程结构数值分析步骤；(5) 岩土工程结构数值分析理论与方法。

学习目标：

(1) 了解岩土工程结构施工过程仿真需要考虑的要素；(2) 掌握岩土工程结构施工数值仿真方法的正确选择；(3) 熟悉各类岩土工程结构本构模型、参数；(4) 熟悉各类数值模拟方法的分析原理与计算要点。

3.1　岩土工程结构施工概述

3.1.1　岩土工程基本特点

岩土工程是在工程建设中有关岩石或土的利用、整治或改造的科学技术，是以工程地质学、土力学、岩石力学及基础工程学为理论基础，解决和处理所有与岩体和土体相关的工程技术问题的综合性技术学科。岩石材料是一种天然形成的地质体，在漫长的历史进程中因各种外力营造而转化为土，土又因沉积作用等变成岩体，岩土不断发生转化。长期以来人们以岩土体作为建筑物地基、建筑材料以及工程结构的载体，因此可以说人类的生产生活所经历的工程建筑史就是对岩土体开发利用的过程。图 3-1 为典型岩土工程结构。

(a)　　　　　　　　　　　　　　　(b)

图 3-1　典型岩土工程结构

（a）深基坑；（b）地下隧洞

岩土工程包括了岩土工程勘察、设计、施工和监测，以及岩土与结构体的协同作用，不仅要根据工程地质条件提出问题，而且要提出解决问题的办法。因此岩土工程问题多种多样，解决的方法也具有多样性和复杂性。主要特点如下：

1. 工程结构类型的多样性

土木、水利工程的功能化、城市立体化、交通高速化，以及改善综合环境的人性化是现代土木水利工程建设的重要特点。针对不同工程和不同地质条件又会选择不同的基础或结构形式，如城市地下开挖隧道、开挖深基坑，筑坝、筑路，河岸与边坡治理等，不胜枚举。对于不同地质条件和工程类型，在了解岩土体的基本性质和工程要求基础上，设计施工时原则上需同时考虑稳定或平衡问题，应力变形与固结问题，地下水与渗流问题，水与土（岩）相互作用问题，土（岩）与结构相互作用问题，土（岩）的动力特性问题等。

2. 材料性质的复杂性

岩土是组成地壳的任何一种岩石和土的统称。其可细分为坚硬的（硬岩），次硬的（软岩），软弱联结的，松散无联结的和具有特殊成分、结构、状态和性质的五大类。在我国，习惯将前两类称为岩石，后三类称为土，统称之为"岩土"。其中，"土"包括自然形成的，也包括人类生产活动所产生的人工土，例如，岩石开挖料、建筑垃圾、尾矿等。岩土既可能以松散堆积物的土体形式存在，也可能以相对完整的岩体存在。而天然岩体中一般存在各种随机结构面，导致其力学行为异常复杂。当岩体"破碎"时，很难区分其属于岩体还是土体，需要根据地质体性质和经验作出判断和给予恰当描述。

3. 荷载条件的复杂性

针对不同的使用目的，设计师创造出了多种多样的建筑物。不同的工程因其形式、使用要求或者施工方式不同，其荷载条件也复杂多样，包括静力和动力荷载等。例如房屋建筑对地基的作用，以建筑物荷载、风荷载为主；基坑开挖、隧道开挖以应力卸载与解除、回弹等为主；土石坝施工以自重逐级加载为主；土石坝运行期则是以水压力和渗流为主；地震、爆炸则以突加动力荷载作用为主。

4. 初始条件与边界条件的复杂性

工程地质和水文地质条件不同，周边环境不同，造成各种问题的初始条件和边界条件不同，有时甚至比较模糊。例如，土体的初始应力或初始变形往往很难准确确定。边界条件的确定有时也难以完全符合实际，需要进行适当的简化或近似处理。求解工程问题和进行数值模拟时应综合考虑各方面因素，尽可能确切反映各种复杂的初始条件与边界条件。

5. 相互作用问题

相互作用包括两种类型：一是土（岩）水相互作用，二是土（岩）与结构或颗粒（岩块）相互作用。岩土体中水的存在和流动对其性质将产生影响，有时这种影响是巨大的，不可忽视的。水的存在除了产生浮力、水压力等力学特征外，当发生渗流时将对岩土体产生超静孔隙水应力和渗流力。岩体中水的存在和渗流现象，除了影响应力变形外，还可能发生缓慢而持续的化学作用，进一步影响岩体的渗流和应力变形。

由于岩土体尤其是土体与结构的性质有很大的差异，在相互作用过程中通过力的传递并最终达到变形协调，因此存在岩土体与结构的相互作用问题。例如，地基、基础、上部结构相互作用；桩、挡土墙、锚杆、加筋材料等与土（岩）的相互作用。此外裂隙岩体的岩块间的相互接触也是一种相互作用。

3.1.2   施工仿真发展趋势

岩土体作为地质体，其天然状态、性质使得材料的本构关系异常复杂，其上部建筑物的荷载条件、边界条件与初始条件、土（岩）水相互作用以及土（岩）与结构或颗粒（岩块）间相互作用的力学描述也非常困难。

在理论上，通过建立运动微分方程（动力或静力）、几何方程（小应变或大应变）和本构方程，渗流固结问题再运用有效应力原理并考虑连续方程，能够求得精确解析解。为尽可能求得问题的"精确"解答，人们的追求与选择大致如下：建立严格的控制物理方程（微分方程或微分方程组），根据初始条件和边界条件求得问题在严密理论下的解析解。但由于实际工程问题的复杂性，如愿的结果极少。某些问题定性解答尚且难以把握，较为精确的定量解答就更不易获得。

为了获得较为精确的理论解，不得不作一些必要的简化假设，建立控制物理方程，希望得到某种近似程度的"严密"解析解。其中一些解答与实际情况能够较好近似，数值分析方法是随着工程问题的提出及计算机技术发展而形成的一类计算分析方法，目前已存在多种岩土工程数值分析方法。各种数值方法都要遵循控制方程（微分方程或微分方程组），同时将计算域进行离散化。数值分析方法总体上可以分为两大类：一类是连续介质力学方法；另一类则是非连续介质力学方法。

滑移线理论（CLM），是在经典塑性力学的基础上发展起来的。它假定土体为理想刚塑性体，强度包线为直线且服从正交流动规则的标准库仑材料。滑移线的物理概念是：在塑性变形区内，剪切应力等于抗剪切强度的屈服轨迹线。达到塑性流动的区域，滑移线处处密集，称为滑移线场。应用特征线理论可求解平面应变问题极限解。

有限单元法（FEM）。将计算的连续体对象离散化，成为由若干较小的单元组成的连续体，称为有限元。被离散的相邻单元彼此连接，保持原先的连续性质，单元边线的交点称为节点，一般情况下以节点位移为未知量。有限单元法将有限个单元逐个分析处理，每个单元满足平衡方程、本构方程和几何方程，形成单元的几何矩阵、应力矩阵和刚度矩阵，然后根据位移模式、单元边线和节点处位移协调条件组合成整体刚度矩阵，再考虑初始条件、边界条件、荷载条件等进行求解。求得节点位移后，逐个地计算单元应变、应力，最终得到整个计算对象的位移场、应变场和应力场。有限元法将计算对象视为连续体，可以是岩土材料，也可以是某些结构材料。

离散单元法（DEM），基于牛顿第二定律，假设被节理裂隙切割的岩块是刚体，岩石块体按照整个岩体的节理裂隙互相镶嵌排列，每个岩块有自己的位置并处于平衡状态。当外力或位移约束条件发生变化，块体在自重和外力作用下将产生位移（平动和转动），则块体的空间位置就发生变化，这又导致相邻块体受力和位置的变化，甚至块体互相重叠。随着外力或约束条件的变化或时间的延续，有更多的块体发生位置的变化和互相重叠，从而模拟各个块体的移动和转动，可直至岩体破坏。离散元法在边坡、危岩和矿井稳定等岩石力学问题中得到了广泛应用。

非连续变形分析法，又称块体理论（DDA），视岩块为简单变形体，既有刚体运动也有常应变，无须保持节点处力的平衡与变形协调，可以在一定的约束下只单独满足每个块体的平衡并有自己的位移和变形，根据块体结构的几何参数、力学参数、外荷载约束情况计算出块体的位移、变形、应力、应变以及块体间离合情况。其可以模拟岩石块体之间在界面上的运动，包括平动、转动、张开、闭合等全部过程，据此可以判断岩体的破坏程度、破坏范围，从而对岩体的整体和局部的稳定性做出正确的评价。

近年来，计算技术、测试技术都有了快速的发展，发展完善数值分析方法的同时，运用多种手段提高计算精度已成为工程技术人员的追求。

3.1.3 研究对象与方法

根据研究对象的大小，针对岩土工程的研究对象可从三个尺度开展分析：

1）宏观尺度：工程尺寸几米到几百米，通常研究工程一般都是宏观问题，比如某个边坡、基坑的稳定问题；

2）细观尺度：研究对象尺寸为几毫米到几米，比如边坡某局部块石与土颗粒相互作用对边坡稳定影响；

3）微观尺度：研究对象以微米为单位，通常研究矿物构成及作用机理，需要借助显微设备进行。

在宏观研究领域，岩土计算分析可定义为：在试验或者反演获取力学参数基础上，采用合理的本构模型，按照工程的约束（变形、应力）条件，进行施工（构建）过程的仿真，辅助以监测资料，对变形、稳定进行预测，指导下一步工程实践。具体内容可包括如下：（1）参数或者某一条件论证（力学参数反分析、地应力反分析）；（2）强度分析（包括各种工况下的刚体极限平衡、极限平衡有限元、承载力等分析）；（3）变形分析（包括静态变形、动态变形、长期变形等）；（4）支护参数优化（包括开挖顺序、开挖方案、支护方案等论证）。

分析采用的方法有刚体极限平衡分析、连续数值模拟方法（有限单元法、有限差分法等）、非连续数值模拟方法（块体离散单元法、颗粒离散单元法、DDA 法等）。经过多年的发展，这些经验方法、半经验方法、数值模拟方法已经形成了相对完善的软件，供研究者与设计者使用。利用岩土工程结构数值分析开展岩土工程结构设计分析的步骤，如图 3-2 所示。

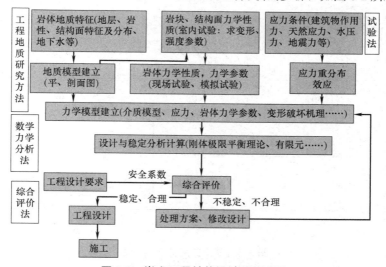

图 3-2 岩土工程结构设计分析步骤

3.2   岩土工程结构的本构模型

岩土本构是岩土介质的应力、应变、应变率、加载速率、应力历史、应力水平、加载途径及温度等之间的函数关系。在工程结构数值计算中，岩土、结构材料的本构关系十分重要，数值计算和分析的精度在很大程度上取决于所采用材料本构模型的合理性。

3.2.1   岩土本构模型分类

岩土体本构关系的研究目前已经取得了长足进步与发展，现今已有数百个本构模型用来描述各种不同岩土体的应力-应变关系。一般来说，建立一个好的本构模型应当考虑如下几点：（1）数学公式推导方便；（2）模型中主要参数有明确的物理意义；（3）可用适当的试验方法确定模型中的各个系数；（4）可从实验室里各种应力路径的试验中证实模型的合理性。

如图 3-3 所示，目前常见描述变形的岩土体本构模型种类有：

1）线弹性模型类。其特征是加载、卸载时应力-应变关系呈直线形。满足该类条件的模型有虎克弹性模型（文克勒地基模型、弹性半无限体模型），横观各向同性模型（沉积、固结分析）等。

2）变弹性常数类。加载、卸载时应力-应变关系呈某种曲线形状，弹性常数随着应力水平不同而变化，卸载时或者按照加载路径恢复或者呈线弹性变化。满足该条件的岩土模型有双线性模型、双曲线模型、邓肯-张模型等。

3）弹塑性模型类。当加载时应力低于某一值时，应力-应变关系则呈直线形，而一旦应力达到该值时，则呈某种曲线变化或保持水平直线。特点是加载后达到一定应力值才会出现塑性变形，小于该值时加载和卸载路径一致。塑性状态分为应变硬化、应变软化、理想塑性（图 3-3c）等。满足该条件的模型有 Prandtl-Reuss 模型、Drucker-Prager 模型、

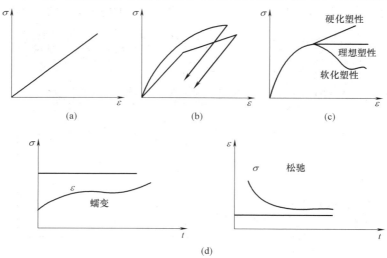

图 3-3   常见的应力应变曲线

（a）线弹性模型；（b）变弹性常数类；（c）弹塑性模型类；（d）黏弹性模型类

Mohr-Coulomb 模型、Hoek-Brown 模型、Cambridge Clay 模型等，这是目前岩土工程各领域应用最广的一类模型。

4）黏弹（塑）性模型。该类模型在应力-应变关系中还包括时间因素。如果材料响应和载荷速率或变形速率无关，称材料为率无关。相反，与应变速率有关的塑性叫作率相关塑性；当应力不变时，应变会随着时间增加而增加（蠕变）；当应变不变时，应力随着时间会减小（松弛）。常用的有 Maxwell 模型、Kelvin 模型、Bingham 模型、西元模型等。

另外针对不连续面、断层破碎带，还有专门的接触模型进行考虑，包括无拉应力模型、层间滑移模型、节理单元模型、软弱夹层模型等。

事实上，各类模型之间并没有严格的界限，且新理论、新模型不断出现，对本构模型进行精确分类十分困难，也没有实际意义。重要的是，本构模型能够较好地反映工程岩土体的主要性状，从而通过计算分析获得工程建设所需精度的分析结果。因此以理论模型为基础建立适用于某一地区或某一类岩土工程问题的实用模型是未来岩土体本构模型研究的发展方向。

3.2.2 线弹性模型

线弹性模型是最简单也是最常用的一类模型，其基本理论是弹性力学中的广义虎克定律。虎克弹性模型及横观各向同性模型的基本方程及弹性参数公式如下：

按弹性力学理论，一维情况下的岩土与结构应力-应变关系可写为：

$$\varepsilon = \frac{\sigma}{E} \tag{3-1}$$

式中 σ——应力；

ε——应变；

E——弹性模量。

推广到三维状态，可用矩阵表示：

$$\{\varepsilon\} = [C]\{\sigma\} \text{ 或 } \{\sigma\} = [D]\{\varepsilon\} \tag{3-2}$$

式中 $[D]$——弹性矩阵；

$[C]$——柔度矩阵。

从弹性力学可知，最一般的 $[C]$ 矩阵中共有 36 个元素，以建立应力-应变线性关系，由于这种关系的对称性，$[C]$ 中的元素可以减少至 21 个。即：

$$[C] = \begin{bmatrix} C_{11} & & & & & \\ C_{21} & C_{22} & & \text{对} & & \\ C_{31} & C_{32} & C_{33} & & & \\ C_{41} & C_{42} & C_{43} & C_{44} & \text{称} & \\ C_{51} & C_{52} & C_{53} & C_{54} & C_{55} & \\ C_{61} & C_{62} & C_{63} & C_{64} & C_{65} & C_{66} \end{bmatrix} \tag{3-3}$$

根据岩土介质的特性可假定是各向同性或正交各向异性。各向同性材料常数最终可简化为 2 个，即 E、μ。对于正交各向异性材料，如坐标轴 x、y、z 是其弹性主轴，这时剪应力不会引起正应变，式（3-3）中元素减少至 9 个，其中 C_{41}、C_{42}、C_{43}、C_{51}、C_{52}、C_{53}、

C_{54}、C_{61}、C_{62}、C_{63}、C_{64}、C_{65} 为零元素。当 xy 平面是各向同性的弹性主轴时，z 轴方向是各向异性的弹性主轴，如图 3-4 所示，称为横观各向同性。成层岩体就属于这种类型，其他材料如木材、竹材垂直于纤维方向是各向同性的。正交各向异性的［C］矩阵为：

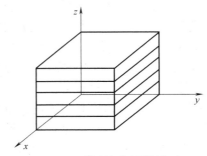

图 3-4　横观各向同性模型

$$[C]=\begin{bmatrix} C_{11} & & & & & \\ C_{21} & C_{22} & & 对 & & \\ C_{31} & C_{32} & C_{33} & & & \\ C_{41} & C_{42} & C_{43} & C_{44} & & 称 \\ C_{51} & C_{52} & C_{53} & C_{54} & C_{55} & \\ C_{61} & C_{62} & C_{63} & C_{64} & C_{65} & C_{66} \end{bmatrix} \tag{3-4}$$

对于横观各向同性材料，由于 x、y 面是各向同性的，因此式（3-4）中 $C_{11}=C_{22}$、$C_{31}=C_{32}$、$C_{55}=C_{66}$、$C_{44}=\dfrac{1}{2}(C_{11}-C_{12})$，独立常数减少到 5 个，即 C_{11}、C_{33}、C_{66}、C_{21}、C_{31}。

3.2.3　变弹性常数模型

1. 双线性模型

双线性模型用两条不同斜率的直线来逼近真实试验曲线，两直线交点处的应力可假定为土体的屈服应力值。当应力小于屈服值时为线弹性应力状态，两个弹性常数可用通常的方法确定。一旦应力状态达到屈服应力值，可把剪切模量 G 取一个小值（但不能取为零或接近零的数，否则在计算中会出现病态），体积模量 K 仍保持常数。卸载时，剪切模量恢复到初始加载时的值。模型的应力-应变曲线如图 3-5 所示。

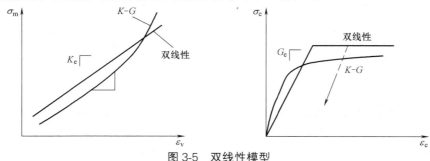

图 3-5　双线性模型

屈服点位置可用屈服函数加以判定。一般认为采用莫尔-库伦屈服条件或德鲁克-普拉格屈服条件比较适宜于各类岩土介质，这两个屈服准则都与抗剪切强度（黏聚力 c、摩擦角 φ）的值有关，因此该模型的待定常数为 K、G、c、φ。

2. K-G 模型

K-G 模型假定弹性参数 K、G 不是常数，而是应力水平的函数，从而用弹性参数的连续变化来逼近真实的试验曲线。可以假定，体积模量 K 与平均应力 σ_m 有关，而剪切模量 G 与偏应力 $\bar{\sigma}$ 和平均应力都有关，即：

$$\left.\begin{array}{l} K=K_0+\alpha_k\sigma_m \\ G=G_0+\alpha_G\sigma_m+\beta_G\bar{\sigma} \end{array}\right\} \tag{3-5}$$

K_0 和 G_0 表示初始的弹性常数，符合线弹性关系式。在达到屈服应力时，可假设 G 趋向于零，由式（3-5）中第二式得：

$$G_0+\alpha_G\sigma_m+\beta_G\bar{\sigma}=0 \tag{3-6}$$

由屈服条件可得：

$$-K_d-3\alpha\sigma_m+\bar{\sigma}=0 \tag{3-7}$$

由式（3-6）、式（3-7）解得：

$$\frac{\alpha_G}{-\beta_G}=3\alpha \qquad \frac{G_0}{-\beta_G}=K_d \tag{3-8}$$

式中，α、K_d 是已知的 c、φ 的函数，可用常规三轴压缩应力路径试验曲线得到。K-G 模型的待定常数为 c、φ、G_0、K_0、α_k。其中 α_k 可从静水压力试验（简称 HC，各向等压）的曲线拟合得到，其他常数分别由有关常规实验中得出。K-G 模型的卸载可与双线性模型同样方法处理，但是卸载的斜率不能直接确定。比较简单的办法是在卸载时令 β_G 为零，这样 G 可以突然变成一个较大的值，而 K 不受影响。当重新加载达到屈服时，β_G 可恢复到原来的值。

3. 双曲线模型

双曲线模型是建立在全量应力-应变试验曲线模型基础上的，最常见的模型是邓肯-张模型，如图 3-6 所示。它的基本方法是从土体的常规三轴压缩（简称 CTC）试验中获得一组 $(\sigma_1-\sigma_3)$ 与 ε_1 的试验曲线，寻找一个数学公式来描述此曲线，并且导出土体的相应应力水平的切线模量 E_1 和泊松比 μ_1。

从常规三轴压缩（CTC）试验曲线中发现土的应力-应变关系非常接近于一条双曲线，可表示为：

$$\sigma_1-\sigma_3=\frac{\varepsilon_1}{\alpha+b\varepsilon_1} \tag{3-9}$$

或：

$$\frac{\varepsilon_1}{\sigma_1-\sigma_3}=a+b\varepsilon_1 \tag{3-10}$$

常数 a、b 由下面方法确定：

由式（3-9），当 $\varepsilon_1\to\infty$ 时，$\sigma_d=(\sigma_1-\sigma_3)_f=1/b$。$\sigma_d$ 称为理想状态的极限强度。但是土体的压缩变形不可能很大，当变形到达某一数值时，土体实际上已达

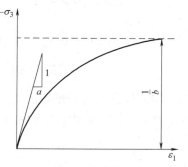

图 3-6 双曲线模型

到屈服强度 S_0。设 $R_f=S_0/\sigma_d$，称为破坏比，建议值为 $0.7\sim0.9$，则：

$$\frac{1}{b}=\frac{S_0}{R_f} \tag{3-11}$$

由式（3-9）对 ε_1 求导，并令 $\varepsilon_1=0$，得：

$$\frac{1}{a}=\frac{d(\sigma_1-\sigma_3)}{d\varepsilon_1}\bigg|_{\varepsilon_1=0}=E_0 \tag{3-12}$$

式中，E_0 为土体初始弹性模量。

把系数 a、b 的表达式式（3-11）、式（3-12）代入式（3-9），得：

$$\sigma_1-\sigma_3=\frac{\varepsilon_1}{\dfrac{1}{E_0}+\dfrac{\varepsilon_1 R_f}{S_0}} \tag{3-13}$$

由式（3-13）对 ε_1 求导，并注意到在 CTC 试验中 σ_3 是不变的，得：

$$E_t=\frac{d\sigma_1}{d\varepsilon_1}=\frac{d(\sigma_1-\sigma_3)}{d\varepsilon_1}=\frac{\dfrac{1}{E_0}}{\left(\dfrac{1}{E_0}+\dfrac{\varepsilon_1 R_f}{S_0}\right)^2} \tag{3-14}$$

式中，E_t 为切线模量。

由式（3-13）、式（3-14）解得：

$$E_t=\left[1-\frac{R_f(\sigma_1-\sigma_3)}{S_0}\right]^2 E_0 \tag{3-15}$$

由于在不排水的情况下，初始模量 E_0 是随着侧压力 σ_3 不同而改变的，可做一系列不同 σ_3 情况下的常规三轴伸长试验（CTE）、减压三轴伸长试验（RTE），从中得到：

$$E_0=KP_a\left(\frac{\sigma_3}{P_a}\right)^n \tag{3-16}$$

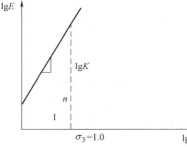

图 3-7　材料常数

式中，P_a 为大气压；K、n 为材料常数，可以从图 3-7 中得到。

设土体服从莫尔-库伦屈服条件，其屈服条件可从塑性应变增量中得到：

$$(\sigma_1-\sigma_3)_p=\frac{2c\cos\varphi+2\sigma_3\sin\varphi}{1-\sin\varphi} \tag{3-17}$$

由于 $S_0=(\sigma_1-\sigma_3)_p$，将式（3-16）、式（3-17）代入式（3-15），得：

$$E_t=KP_a\left(\frac{\sigma_3}{P_a}\right)^n\left[1-\frac{R_f(1-\sin\varphi)(\sigma_1-\sigma_3)}{2\cos\varphi+2\sigma_3\sin\varphi}\right]^2 \tag{3-18}$$

用同样的办法可推导出切线泊松比 μ_1。设轴向应变 ε_1 和侧向应变 ε_3 之间也是双曲线关系，如图 3-8 所示，即：

$$\varepsilon_1=\frac{\varepsilon_3}{f+d\varepsilon_3} \tag{3-19}$$

$$\frac{\varepsilon_1}{\varepsilon_3}=f+d\varepsilon_3 \tag{3-20}$$

同理得，系数 $f = \mu_0$，$d = \dfrac{1}{\varepsilon_1}$。

初始泊松比 μ_0 也随侧压力 σ_3 而变化，由试验可得：

$$\mu_0 = G - F \lg\left(\frac{\varepsilon_3}{P_a}\right) \tag{3-21}$$

式中，G、F 可从图 3-9 的试验得到。

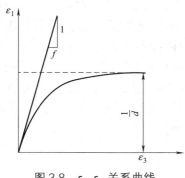

图 3-8 ε_1-ε_3 关系曲线

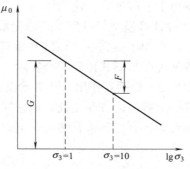

图 3-9 μ_0-$\lg\sigma_3$ 关系曲线

由式（3-19），ε_3 对 ε_1 求导得：

$$\mu_t = \frac{\mathrm{d}\varepsilon_3}{\varepsilon_1} = \frac{\mu_0}{(1 - \varepsilon_1 d)^2} \tag{3-22}$$

由式（3-13）得：

$$\varepsilon_1 = \frac{\sigma_1 - \sigma_3}{E_0\left[1 - \dfrac{R_f(\sigma_1 - \sigma_3)}{S_0}\right]} \tag{3-23}$$

把式（3-16）、式（3-17）代入式（3-14）后再代入（3-13）得：

$$\mu_t = \frac{G - F\lg\left(\dfrac{\varepsilon_3}{P_a}\right)}{\left\{1 - \dfrac{(\sigma_1 - \sigma_3)d}{KP_a\left(\dfrac{\varepsilon_3}{P_a}\right)\left[1 - \dfrac{R_f(1 - \sin\varphi)(\sigma_1 - \sigma_3)}{2c\cos\varphi + 2\sigma_3\sin\varphi}\right]}\right\}^2} \tag{3-24}$$

从式（3-19）、式（3-24）可得到 E_t 和 μ_t，即可组成弹性矩阵 $[D_t]$，其元素是随不同的应力水平而变化的，其中有 8 个系数即 K、n、R_f、c、φ、F、G 和 d 的值可用 CTC 试验予以确定。卸载路径可以与加载路径一样，也可以假定在卸载瞬时 G_t 突然增加到初始剪切模量 G_0。

$$G_0 = \frac{E_0}{2(1 + \mu_0)} \tag{3-25}$$

双曲线模型需要的参数较多，因此计算较复杂，而 K-G 模型的计算参数相对来说较少，而且它能较好地符合土体实验结果，因此比较实用。但如果研究的应力区域经常是在土的屈服应力点附近，则用双曲线模型更为合适，它可以把屈服前后状态明显地区分开来，这点是其他两个模型不容易做到的。

4. 讨论

上述三个模型统称为变弹性常数模型，它是用改变弹性常数的方法模拟材料的受力性态，它们与本章第二节讨论的线弹性模型性质是不同的，主要区别在于材料屈服后的应力-应变关系上，尤其是涉及破坏荷载与应力路径有关的摩擦型岩土介质，两者的结果很不一致。从下面一个简单例子可以看到它们之间的差别。图 3-10 表示在光滑桌面上有一块物体，假设为一个平面问题，加在两侧的荷载均为 P，加在顶上的荷载为 $P+2C$。根据特雷斯卡屈服准则，这物体到了屈服状态。然而沿顶面加上一个小的水平方向侧向荷载 Δq，两种计算模型将得到不同的变形图。这是由于变弹性常数模型计算的增量应变是根据增量应力大小得到的，而线弹性模型则由累计应力值控制着物体的变形。实验结果表明，线弹性变形形式比较符合实际。上面的例子只是一个极端情况，无疑夸大了两者的差别，如果 Δq 是垂直作用，两者就没有什么区别了。变弹性常数模型的公式比较简单，在编制程序上有很多方便之处，但它在土体屈服后并不符合塑性理论的流动法则，其塑性变形是随意的，有可能违背热力学定律，而线弹性模型却可以克服这个缺点。

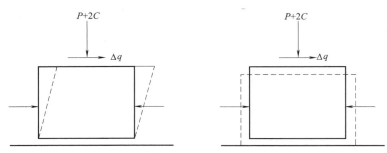

图 3-10　变弹性常数模型与弹塑性模型比较

3.2.4　弹塑性模型

弹塑性模型大多建立在塑性增量理论（或称塑性流动理论）基础上的。塑性增量理论主要包括屈服面理论、流动规则理论和硬化（或软化）理论三部分。在岩土工程数值计算中，常用的模型有德鲁克-普拉格模型和莫尔-库伦模型。

对于复杂应力状态材料进行弹塑性分析要有三个基本要求：（1）需要建立一个符合材料特性的屈服原则；（2）需要一个确定应力和塑性应变增量相对关系的流动法则；（3）需要一个确定屈服后应力状态的硬化规律。此处只考虑前两部分。

（1）特雷斯卡屈服准则规定：当最大剪应力等于材料的容许抗剪强度时，塑性流动开始发生。对于平面问题屈服函数可写为：

$$F(\sigma) = \left(\frac{\sigma_x - \sigma_y}{2}\right)^2 + \tau_{xy}^2 - k^2 = 0 \tag{3-26}$$

式中　k——材料单轴抗剪强度，$k = \dfrac{\sigma_s}{2}$；

σ_s——材料轴压缩强度。

当 $F(\sigma) < 0$ 时，材料是弹性的；当 $F(\sigma) = 0$，材料达到塑性阶段。

特雷斯卡准则又称为最大剪应力等于常量准则，适用于只具有内聚力 c 的黏性土和软岩。此时 $c=k$，式（3-26）可改写为：

$$F(\sigma)=(\sigma_1-\sigma_2)-2c=0 \tag{3-27}$$

对于三维状态，因事先不能判别主应力的次序，可写为：

$$F(\sigma)=[(\sigma_1-\sigma_3)^2-4c^2][(\sigma_1-\sigma_2)^2-4c^2][(\sigma_2-\sigma_3)^2-4c^2]=0 \tag{3-28}$$

若以不变量表示式（3-28）：

$$F(\sigma)=4J_{2D}^3-27J_{3D}^2-36c^2J_{2D}^2+96c^4J_{2D}-64c^6=0 \tag{3-29}$$

（2）米塞斯屈服准则假定：屈服状态是由最大形状变形能（也称畸变能）所引起的。根据这个假定可以得到以下推理，即等效应力 σ_e 达到单轴状态下应力压缩强度 σ_s 时就开始发生屈服，或应力偏量第二不变量 J_{2D} 达到 $\frac{1}{3}\sigma_s^2$ 就开始屈服，即：

$$F(\sigma)=J_{2D}-k_1^2=0 \tag{3-30}$$

式中，$k_1^2=\frac{1}{3}\sigma_s^2$，$k_1$ 为纯剪应力时（$\sigma_2=0$，$\sigma_1=-\sigma_3$）的抗剪强度。

式（3-30）展开后为：

$$F(\sigma)=\frac{1}{6}[(\sigma_x-\sigma_y)^2+(\sigma_y-\sigma_z)^2+(\sigma_z-\sigma_x)^2]+(\tau_{xy}^2+\tau_{yz}^2+\tau_{zx}^2)-k \tag{3-31}$$

如果是平面问题，式（3-31）简化为：

$$F(\sigma)=\left(\frac{\sigma_x-\sigma_y}{2}\right)^2+\tau_{xy}^2-k_1^2=0 \tag{3-32}$$

米塞斯屈服准则又称为最大畸变能等于常量准则。这一屈服准则适用于某些高压缩应力状态下的软岩和饱和黏土。

上述两个屈服准则曾广泛应用于金属材料，对于只有内聚强度的岩土介质也比较适用。不过，大部分岩土介质存在摩擦力，因而还要建立几种摩擦型的屈服准则。

岩土介质的强度依据岩石的内聚力 c 和内摩擦角 φ 而定，有：

$$\tau=c+\sigma_n\tan\varphi \tag{3-33}$$

式中　τ——剪应力；

σ_n——正应力。

对于二维应力状态，可由莫尔圆（图 3-11）推广为：

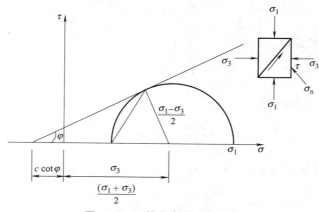

图 3-11　二维应力状态莫尔圆

$$F(\sigma)=\frac{(\sigma_1-\sigma_3)}{2}-\left[c\cot\varphi+\frac{(\sigma_1+\sigma_3)}{2}\right]\sin\varphi \tag{3-34}$$

或

$$F(\sigma)=(\sigma_1-\sigma_3)-2c\cos\varphi-(\sigma_1+\sigma_3)\sin\varphi=0 \tag{3-35}$$

若用应力不变量（σ_{m}，$\bar{\sigma}$，θ）来表示空间状态下的莫尔-库伦屈服函数，式（3-35）可化为：

$$\sigma_{\mathrm{m}}\sin\varphi-\left(\cos\theta+\frac{1}{\sqrt{3}}\sin\varphi\sin\theta\right)\bar{\sigma}+c\cos\varphi=0 \tag{3-36}$$

在常规三轴试验中，可以用 p-q 平面来表示式（3-36）：

$$F(\sigma)=q-\frac{3\sin\varphi}{\sqrt{3}\cos\theta+\sin\theta\sin\varphi}p-\frac{3\cos\varphi}{\sqrt{3}\cos\theta+\sin\theta\sin\varphi}=0 \tag{3-37}$$

其中，$q=\sigma_1-\sigma_3$，$p=\dfrac{\sigma_1+\sigma_3}{3}$。

莫尔-库伦屈服面在主应力空间是不规则六角形截面的角锥体表面，各屈服面之间存在脊梁，因而在该处的屈服条件是不定的。在实际计算中，可假定该脊梁处的法线方向为两个相交的屈服面的平均法线方向或者在脊梁处附近用一假定的光滑曲面"圆角"，或者是用圆锥体来代替角锥体，这就是下面介绍的一种屈服准则。

德鲁克-普拉格屈服准则也称为广义米塞斯屈服准则，此屈服函数为：

$$F(\sigma)=\bar{\sigma}+3\alpha\sigma_{\mathrm{m}}-k_{\mathrm{d}}=0 \tag{3-38}$$

其中：

$$\alpha=\frac{-\sin\varphi}{\sqrt{3}\sqrt{3+\sin^2\varphi}},k_{\mathrm{d}}=\frac{\sqrt{3}\cos\varphi}{\sqrt{3+\sin^2\varphi}}c \tag{3-39}$$

例如，在常规三轴伸长试验（CTE）应力路径中，$\theta=\dfrac{\pi}{6}$，由式（3-38）得：

$$\alpha=\frac{-2\sin\varphi}{\sqrt{3}(3+\sin\varphi)},k_{\mathrm{d}}=\frac{6\cos\varphi}{\sqrt{3}(3+\sin\varphi)}c \tag{3-40}$$

在常规三轴压缩试验（CTC）应力路径中，$\theta=-\dfrac{\pi}{6}$，由式（3-38）得：

$$\alpha=\frac{-2\sin\varphi}{\sqrt{3}(3-\sin\varphi)},k_{\mathrm{d}}=\frac{6\cos\varphi}{\sqrt{3}(3-\sin\varphi)}c \tag{3-41}$$

为求得莫尔-库伦屈服函数的下界，将式（3-38）中的 $F(\sigma)$ 对 θ 求极值后，得：

$$\theta=\frac{1}{\sqrt{3}\sin\varphi} \tag{3-42}$$

由三角函数关系式可知：

$$\sin\theta=\frac{\sin\varphi}{\sqrt{3+\sin^2\varphi}},\cos\theta=\frac{\sqrt{3}}{\sqrt{3+\sin^2\varphi}} \tag{3-43}$$

把式（3-43）代入式（3-38）得：

$$\alpha=\frac{-\sin\varphi}{\sqrt{3}\sqrt{3+\sin^2\varphi}},k_{\mathrm{d}}=\frac{\sqrt{3}\cos\varphi}{\sqrt{3+\sin^2\varphi}}c \tag{3-44}$$

各种屈服函数在主应力空间中的图形如图 3-12 所示，在 π 平面的图形如图 3-13 所示。

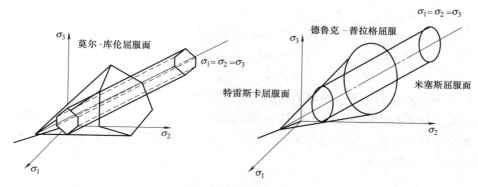

图 3-12 主应力空间

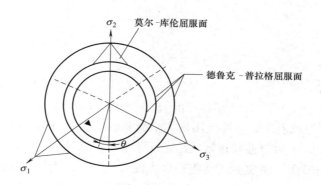

图 3-13 π 平面

流动法则是控制塑性范围内材料变形的规则，它规定了塑性应变增量与应力之间的相对关系，根据塑性理论，塑性应变增量方向正交于塑性势面，其数学表达式为：

$$\{\mathrm{d}\varepsilon^{p}\} = \mathrm{d}\lambda \frac{\partial Q(\sigma)}{\partial \{\sigma\}} \tag{3-45}$$

式中，$\mathrm{d}\lambda$ 为非负参数。

塑性势面也可写为主应力或不变量的函数，即：

$$Q(\sigma_1, \sigma_2, \sigma_3, k) = Q(J_{1D}, J_{2D}, J_{3D}, k) = 0 \tag{3-46}$$

如果塑性势面与屈服面重合，即 $F = Q$，称为相适应的流动法则，否则称为不相适应的流动法则，式（3-45）可改写为：

$$\frac{\partial F(\sigma)}{\partial \{\sigma\}} = \frac{\partial F}{\partial \sigma_{\mathrm{m}}} \frac{\partial \sigma_{\mathrm{m}}}{\partial \{\sigma\}} + \frac{\partial F}{\partial \bar{\sigma}} \frac{\partial \bar{\sigma}}{\partial \{\sigma\}} + \frac{\partial F}{\partial J_{3D}} \frac{\partial J_{3D}}{\partial \{\sigma\}} \tag{3-47}$$

式中，不变量对应力分量的导数为：

$$\frac{\partial \sigma_{\mathrm{m}}}{\partial \{\sigma\}} = \frac{1}{3} \begin{bmatrix} 1 & 1 & 1 & 0 & 0 & 0 \end{bmatrix}^{\mathrm{T}} \tag{3-48}$$

$$\frac{\partial \bar{\sigma}}{\partial \{\sigma\}} = \frac{1}{2\bar{\sigma}} \begin{bmatrix} S_x & S_y & S_z & 2\tau_{xy} & 2\tau_{yz} & 2\tau_{xz} \end{bmatrix}^{\mathrm{T}} \tag{3-49}$$

$$\frac{\partial J_{3D}}{\partial \{\sigma\}} = \begin{Bmatrix} S_y S_z - \tau_{yz}^2 \\ S_x S_z - \tau_{xz}^2 \\ S_x S_y - \tau_{xy}^2 \\ 2(\tau_{zx}\tau_{zy} - S_z\tau_{xy}) \\ 2(\tau_{xy}\tau_{xz} - S_x\tau_{yz}) \\ 2(\tau_{yz}\tau_{yx} - S_y\tau_{xz}) \end{Bmatrix} + \frac{1}{3}\overline{\sigma} \begin{Bmatrix} 1 \\ 1 \\ 1 \\ 0 \\ 0 \\ 0 \end{Bmatrix} \tag{3-50}$$

F 对应力不变量的导数应根据不同的屈服函数而定。

对于大多数岩石、黏土和砂，用相适应的流动法则和摩擦型的屈服准则计算的塑性体积应变膨胀量往往过大，远远超过实际观测值。例如，用莫尔-库伦屈服法则公式（3-33）代入式（3-47）后得：

$$\left. \begin{aligned} \mathrm{d}\varepsilon_1^p &= \mathrm{d}\lambda \frac{\partial F}{\partial \sigma_1} = \mathrm{d}\lambda (1-\sin\varphi) \\ \mathrm{d}\varepsilon_2^p &= \mathrm{d}\lambda \frac{\partial F}{\partial \sigma_2} = 0 \\ \mathrm{d}\varepsilon_3^p &= \mathrm{d}\lambda \frac{\partial F}{\partial \sigma_3} = \mathrm{d}\lambda (1+\sin\varphi) \end{aligned} \right\} \tag{3-51}$$

上面三式相加，得：

$$\mathrm{d}\varepsilon_v^p = \mathrm{d}\varepsilon_1^p + \mathrm{d}\varepsilon_2^p + \mathrm{d}\varepsilon_3^p = -2\mathrm{d}\lambda \sin\varphi \tag{3-52}$$

从式（3-52）可以看出，塑性范围内体积膨胀值正比于 $\sin\varphi$，但这种剪胀性是不真实的。根据试验测定，一般松砂和正常固结土几乎没有剪胀性，某些岩石的剪胀程度随着侧应力的增大也显著减小，密实砂的剪胀程度也没有这样大。为了真实地反映岩土介质的剪胀程度，可考虑采用不相适应的流动法则，假定塑性势函数和形式上与屈服函数形式一样，只不过摩擦角 φ 改为膨胀角 Ψ，有 $\varphi \geqslant \Psi \geqslant 0$。$\Psi$ 可根据不同的材料特性进行合理的选择。

3.3   常见岩土施工过程数值模拟方法

3.3.1   滑移线理论与特征线方法

滑移线理论是基于平面应变状态的土体内当达到"无限"塑性流动时，塑性区内的应力和应变速度的偏微分方程是双曲线这一事实，应用特征线理论求解平面应变问题极限解的一种方法，称为特征线法，常常用于地基承载力、土坡稳定、土压力等分析。

假定土体是刚塑性体，服从莫尔-库伦屈服条件，在荷载作用下土体塑性区域发生塑性流动，对于平面塑性流动问题，平衡方程为：

$$\frac{\partial \sigma_x}{\partial x} + \frac{\partial \tau_{xz}}{\partial z} = \gamma \sin\alpha$$

$$\frac{\partial \tau_{xz}}{\partial x} + \frac{\partial \sigma_z}{\partial z} = \gamma \cos\alpha \tag{3-53}$$

　　土体屈服条件为：

$$\left(\frac{\sigma_z-\sigma_x}{2}\right)^2+\tau_{xz}^2=\left(\frac{\sigma_z+\sigma_x}{2}+c\cot\varphi\right)^2\sin^2\varphi \tag{3-54}$$

　　理论上，如图 3-14 所示，应用上述方程结合边界条件是可以求解三个应力分量 σ_x、σ_z、τ_{xz}。然而由于边界条件和数学上的困难，一般很难获得解析解，但应用滑移线理论可以获得近似解。

　　如图 3-15 所示，当土体达到塑性极限平衡时（达到塑性屈服），土体单元将出现一对剪破面，剪破面与最大主应力 σ_1 的夹角为 $\mu=\dfrac{\pi}{4}-\dfrac{\varphi}{2}$。设最大主应力 σ_1 与 x 抽的夹角为 θ，三个应力分量 σ_x、σ_z、τ_{xz} 可分别表达为：

$$\sigma_x=\sigma(1+\sin\varphi\cos2\theta)-c\cot\varphi$$
$$\sigma_z=\sigma(1-\sin\varphi\cos2\theta)-c\cot\varphi \tag{3-55}$$
$$\tau_{xz}=\sigma\sin\varphi\sin2\theta$$

式中，$\sigma=\left(\dfrac{\sigma_z+\sigma_x}{2}\right)+c\cot\varphi$，称为平均法向应力。

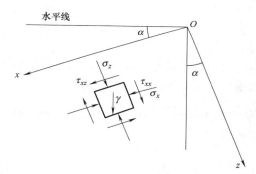

图 3-14　单元体应力

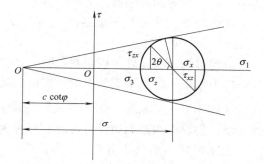

图 3-15　以 σ、θ 为自变量表达的应力分量

　　在平面应变问题中，平面上任一点都有两个正交主应力，将各点主应力方向连续地连接起来就是主应力迹线。当土体处于屈服状态时，每一点都存在一对剪破面，称为 α 面和 β 面。将平面上各点剪破面连续地连接起来就可得到两族曲线，称为滑移线（或滑动线）。滑移线上一点的切线就是该点的滑动面方向，如图 3-16 所示。

　　如果把最大主应力 σ_1 方向的迹线作为基线，为叙述方便又不致混淆，约定：顺时针与基线呈锐角的一族滑移线称为 α 线，逆时针与基线呈锐角的一族滑移线称为 β 线。在平面区域内，这两族滑移线构成滑移线场。α 线和 β 线的微分方程为：

$$\frac{\mathrm{d}z}{\mathrm{d}x}\bigg|_\alpha=\tan(\theta-\mu)$$
$$\frac{\mathrm{d}z}{\mathrm{d}x}\bigg|_z=\tan(\theta+\mu) \tag{3-56}$$

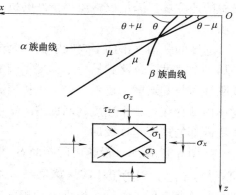

图 3-16　滑移线基本概念

应力场不同，主应力迹线（基线）将不同，滑移线场也不同。如若能够确定滑移线场 $z=z(x)$ 的关系，则应力场可确定，因此，问题可归结为求土体处于屈服状态下的滑移线场。

3.3.2 岩土体极限分析法

极限分析法就是应用弹性-理想塑性体或刚塑性体的普遍定理—上限定理和下限定理求解极限荷载的一种分析方法。利用极限分析法可以知道真实极限解的范围，而不关注物体达到极限状态之前的过程。

设物体体积 V，作用体积力 f_i，表面积 A，荷载边界上作用面力 T_i，其中位移速度边界 A_u 已知。设定一组该物体应力场 σ_{ij}° 并满足下列条件，则称 σ_{ij}° 为静力许可应力场：

体积 V 满足平衡方程，即：

$$\sigma_{ij}^\circ + f_i = 0 \tag{3-57}$$

边界上符合边界条件，即：

$$\sigma_{ij}^\circ n_j = T_i \tag{3-58}$$

式中 n_j——表面外法线的方向余弦。

在体积 V 内不违反屈服条件，即：

$$F(\sigma_{ij}^\circ) \leqslant 0 \tag{3-59}$$

由此可知，物体处于极限状态时，其真实的应力场必定是静力许可的应力场，但静力许可应力场不一定是极限状态的真实应力场，即满足上述条件的应力场有许多。

在物体 V 上，假定一组塑性变形位移速度场 $\dot{\mu}_i$，满足以下条件，则称 $\dot{\mu}_i$ 为机动许可速度场，解题时构造的机动许可速度场称为滑动机构。

在体积 V 内满足几何方程，即：

$$\dot{\varepsilon}_{ij}^* = \frac{1}{2}(\dot{\mu}_{i,j}^* + \dot{\mu}_{j,i}^*) \tag{3-60}$$

在边界上满足位移边界条件，或速度边界条件，并使外力做正功。

物体处于极限状态时，其真实的速度场必定是机动许可的速度场；但机动许可速度场不一定是极限状态的真实速度场。满足上述的速度场有很多，包括已超出极限的物体-已失稳的速度场。满足位移边界条件的机动许可速度场的物体不一定同时满足静力许可的应力场。

速度间断面（平面上是间断面）是两个应变速度不同区块存在的过渡薄层，是速度场中从一个速度区过渡到另一个速度不同的区域的薄层的极限情况，一般是刚性区与刚性区或刚性区与变形区的边界，也可以扩展为变形区域每个薄层之间相对速度的微分变化。设物体内部存在若干个速度间断面 S_i（$i=1$、2、3……），将物体分成有限个子块，但每个子块内部的速度是连续的。

如图 3-17 所示，设速度间断面 S_i 两侧切线方向和法线方向的速度分别为 $v_{it}^{(1)}$、$v_{it}^{(2)}$ 和 $v_{in}^{(1)}$、$v_{in}^{(2)}$，因为土体服从莫尔-库伦破坏准则，所以速度间断面 S_i 两侧切线方向和法线方向的速度均不连续，根据流动规则速度间断面两侧相对速度 Δv 与间断面接线方向呈 φ 角，即它们之间的关系满足：

$$\frac{v_{in}^{(2)} - v_{in}^{(1)}}{v_{it}^{(2)} - v_{it}^{(1)}} = \tan\varphi \tag{3-61}$$

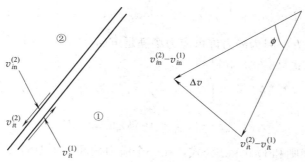

图 3-17 速度间断面及其速度关系

由式（3-61）看出，因为土体服从莫尔-库伦破坏准则，当发生塑性流动时，速度间断面 S_i 两侧切线方向和法线方向的速度均不连续。在速度间断面上将产生能量耗散。

虚功原理表明：对于一个连续的变形体，任意一组静力许可应力场和任意一组机动许可位移场，外力虚功等于内力虚功，于是有虚功方程：

$$\int_A T_i u_i^* \, \mathrm{d}A + \int_V f_i u_i^* \, \mathrm{d}v = \int_v \sigma_{ij}^0 \varepsilon_{ij}^* \, \mathrm{d}v \tag{3-62}$$

同理虚功原理率可表示为：对任意一组静力许可应力场和任意一组机动许可位移场，外力虚功率等于内力虚功率，于是有虚功率方程：

$$\int_A T_i \dot{u}_i^* \, \mathrm{d}A + \int_V f_i \dot{u}_i^* \, \mathrm{d}A = \int_v \sigma_{ij}^0 \dot{\varepsilon}_{ij}^* \, \mathrm{d}v \tag{3-63}$$

方程的左端项是外功功率；右端项是内力在相应应变上所做的功，即能量耗散率。

如果物体内部存在速度间断，在速度间断面上将产生能量耗散，则虚功方程可表示为：

$$\int_A T_i \dot{u}_i^* \, \mathrm{d}A + \int_v f_i \dot{u}_i^* \, \mathrm{d}v = \int_v \sigma_{ij}^0 \dot{\varepsilon}_{ij}^* \, \mathrm{d}v + \int_{s_i} (\tau - \sigma_n \tan\phi) [\Delta v_t] \mathrm{d}s \tag{3-64}$$

式中，S_i（$i=1$、2、3……）——速度间断面（公式中最后的对应项积分号前省略了求和符号，下同）；

$[\Delta v_t]$——速度间断面两侧切向速度的变化量。

当物体产生塑性变形达到极限状态时，在给定速度边界 A_u 上，真实的表面力在给定的速度场所做的功率恒大于或等于其他任何静力许可应力场所对应的表面力在同一给定速度场的功率。即在所有与静力许可应力场对应的荷载中，极限荷载最大。

证：设结构表面力为 T_i，体积力为 f_i，$\dot{u}_i^*$、$\dot{\varepsilon}_{ij}^*$ 为几何相容速度场真实的位移率和真实应变率，满足 $F(\sigma_{ij}) \leqslant 0$ 对应的静力许可的真实应力场为 σ_{ij}，真实速度场可能存在速度间断面 S_i，其上的切向速度变化量为 $[\Delta v_t]$。

由虚功方程得：

$$\int_s T_i \dot{u}_i^* \, \mathrm{d}s + \int_v f_i \dot{u}_i^* \, \mathrm{d}v = \int_v \sigma_{ij}^* \dot{\varepsilon}_{ij}^* \, \mathrm{d}v + \int_{s_i} (\tau - \sigma_n \tan\phi) [\Delta v_t] \mathrm{d}s \tag{3-65}$$

又设另一静力许可应力场，$\dot{\mu}_i^*$、$\dot{\varepsilon}_{ij}^*$ 分别为同一几何相容速度场的位移率和应变率。

该结构对应的平衡力系为：表面力 T_i，体积力 f_i，对应的静力许可的真实应力场 σ_{ij}^*，且满足 $F(\sigma_{ij}^*)=0$，则虚功率方程为：

$$\int_s T_i \dot{u}_i^* \, \mathrm{d}s + \int_v f_i \dot{u}_i^* \, \mathrm{d}v = \int_v \sigma_{ij}^* \dot{\varepsilon}_{ij}^* \, \mathrm{d}v + \int_{s_i} c[\Delta v_t] \mathrm{d}s \tag{3-66}$$

式中，c 是土的黏聚力，因为静力许可应力场满足 $F(\sigma_{ij}^*)=0$，所以 $(\tau-\sigma_n \tan\phi)=c$。

将式（3-65）与式（3-66）相减得：

$$\int_s (T_i^* - T_i) \dot{u}_i^* \, \mathrm{d}s + \int_v (f_i^* - f_i) \dot{u}_i^* \, \mathrm{d}s = \int_v (\sigma_{ij}^* - \sigma_{ij}) \dot{\varepsilon}_{ij}^* \, \mathrm{d}v +$$
$$\int_{s_i} [c - (\tau - \sigma_n \tan\phi)][\Delta v_t] \mathrm{d}s \tag{3-67}$$

依据相关流动规则和 Drucker 公式，在一个应力循环中所做的功非负，即：

$$\int_v (\sigma_{ij}^* - \sigma_{ij}) \varepsilon_{ij}^* \geqslant 0 \tag{3-68}$$

由于始终有 $c \geqslant \tau - \sigma_n \tan\phi$，因此：

$$[c - (\tau - \sigma_n \tan\phi)][\Delta v_t] \geqslant 0 \tag{3-69}$$

即剪应力所做功率始终非负，因此可得：

$$\int_s (T_i^* - T_i) \dot{u}_i^* \, \mathrm{d}s + \int_v (f_i^* - f_i) \dot{u}_i^* \, \mathrm{d}s \geqslant 0 \tag{3-70}$$

或者：

$$\int_s T_i^* \dot{u}_i^* \, \mathrm{d}s + \int_v f_i^* \dot{u}_i^* \, \mathrm{d}s \geqslant \int_s T \dot{u}_i^* \, \mathrm{d}s + \int_v f_i \dot{u}_i^* \, \mathrm{d}s \tag{3-71}$$

上式表明，在所有静力许可应力场中，极限荷载的功率为最大。

由于虚功率方程是在同一几何相容速度场的位移率 $\dot{\mu}_i^*$ 和应变率 $\dot{\varepsilon}_{ij}^*$ 上建立的，所以与任何静力许可应力场所对应的荷载中，极限荷载为最大。或者说与所有静力许可应力场相平衡的荷载是极限荷载的下限。

在所有机动许可的塑性变形位移速度场相对应得荷载中，极限荷载为最小。

证：设与某一机动许可的塑性变形位移速度场为 $\dot{u}_i^*$，其应变率为 $\dot{\varepsilon}_{ij}^*$；假定对应的表面力 T_i，体积力 f_i 荷载大于等于真实的极限荷载，按塑性流动法则有应力场 σ_{ij}^*，速度场中可能有速度间断面 S_i，其上的速度切向跃值为 $[\Delta v_t]$，则有虚功率方程：

$$\int_s T_i \dot{u}_i^* \, \mathrm{d}s + \int_v f_i \dot{u}_i^* \, \mathrm{d}v = \int_s \sigma_{ij} \dot{\varepsilon}_{ij}^* \, \mathrm{d}v + \int_{s_i} c[\Delta v_t] \mathrm{d}s \tag{3-72}$$

采用反证法，假设同一机动许可速度场，T、f_i 小于极限荷载，则必可找到一与之平衡的静力许可应力场 σ_{ij}，那么虚功率方程为：

$$\int_s T_i \dot{u}_i^* \, \mathrm{d}s + \int_v f_i \dot{u}_i^* \, \mathrm{d}v = \int_s \sigma_{ij} \dot{\varepsilon}_{ij}^* \, \mathrm{d}v + \int_s (\tau - \sigma_n \tan\phi)[\Delta v_t] \mathrm{d}s \tag{3-73}$$

将式（3-68）减去式（3-69），有：

$$\int_v (\sigma_{ij}^* - \sigma_{ij}) \dot{\varepsilon}_{ij}^* \, \mathrm{d}v + \int_{s_i} [c - (\tau - \sigma_n \tan\phi)][\Delta v_t] \mathrm{d}s = 0 \tag{3-74}$$

注意到，静力许可应力场 σ_{ij} 满足 $F(\sigma_{ij}) \leqslant 0$；同时由于：

$$c \geqslant \tau - \sigma_n \tan\phi \tag{3-75}$$

$$\int_v (\sigma_{ij}^* - \sigma_{ij})\varepsilon_{ij}^* \geqslant 0 \tag{3-76}$$

式（3-75）和式（3-72）与式（3-74）相矛盾，说明上述假设不能成立。这就证明了与任何机动许可速度场对应的荷载都将大于等于真实的极限荷载。事实上，不妨设 T、f_i 就是真实的极限荷载，对应的静力许可应力场 $\sigma_{ij}^* = \sigma_{ij}$，满足 $F(\sigma_{ij}^*) = 0$，则式（3-74）成立。因为式（3-72）左边是外功功率，右边是能量耗散率，这就证明了与所有的机动许可的速度场对应的荷载是极限荷载。或者说满足在所有的机动许可的速度场中外功功率与能量耗散率相等时的荷载为最小。物体不可能达到 $F(\sigma_{ij}) = \varphi(\sigma_{ij}) > 0$ 的应力状态，$\Phi(\Gamma) > 0$ 也不可能达到，即上限解处于荷载极限面上使得 $\Phi(\Gamma) = 0$。从而得到上限解，上限定理得到证明。事实上，若有外功功率大于能量耗散率，则说明滑动体具有加速度，物体早已破坏。

上限解能够满足与机动许可速度场相适应的任何应力场，但所有这些应力场不一定都是静力许可的。当上限解等于下限解时，则解答是真实的。

3.3.3 岩土有限单元法

有限元法的主要优点有：（1）可用于非均质问题，多种土和材料、复杂区域；（2）可用于非线性材料、各向异性材料；（3）可适应复杂边界条件；（4）可用于计算应力变形、渗流、固结、流变、湿化变形以及动力和温度问题等。

结构离散化是将计算对象视为连续体再划分成有限个单元体，并在单元体的指定点设置结点，相邻单元体在结点处相互连接。离散后的结构与原结构形状相同、材料相同、荷载和边界条件相同。常用的离散结单元形式有三角形、平面四边形、空间四面体、空间六面体等单元，每种形态的单元又可以有不同的结点数。为了有效地逼近实际连续体，应选择合适单元类型，确定合适单元数量和密度，这一过程称为建模。一般情况下单元划分越细则表示越精确，越接近实际，但计算量也越大。单元内部的各点的位移模式由形函数（又称位移函数）决定，它的选择是有限元分析中的一个关键问题，目前常选择多项式作为形函数。

根据所选择的形函数，可以导出节点位移表示单元内任意点位移的关系式，其矩阵形式为 $w = N\delta^e$。式中，平面问题任意点的位移分量列阵 $w = [w_x, w_z]^T$，三维问题任意点位移分量列阵是 $w = [w_x, w_y, w_z]^T$。以平面 3 节点三角形单元为例，其节点单元 i，j，m 的位移列阵 $\delta^e = [w_{xi}, w_{zi}, w_{xj}, w_{zj}, w_{xm}, w_{zm}]^T$，相应形函数矩阵 $N = \begin{bmatrix} N_i & 0 & N_j & 0 & N_m & 0 \\ 0 & N_i & 0 & N_j & 0 & N_m \end{bmatrix}$ 是结点 i，j，m 坐标的函数。对 3 结点三角形单元可假定为线性位移模式。因此：

$$\begin{cases} w_x(x,z) = N_i(x,z)w_{xi} + N_j(x,z)w_{xj} + N_m(x,z)w_{xm} \\ w_z(x,z) = N_i(x,z)w_{zi} + N_j(x,z)w_{zj} + N_m(x,z)w_{zm} \end{cases} \tag{3-77}$$

利用几何方程和导出用结点位移表示单元应变的关系式，即几何方程：

$$\varepsilon = B\delta^e \tag{3-78}$$

式中，$\varepsilon = [\varepsilon_x, \varepsilon_z, \gamma_{xz}]^T$，为 x，z 平面单元内任意点的应变列阵；B 为应变矩阵：

$$B = \begin{bmatrix} \dfrac{\partial N_i}{\partial x} & 0 & \dfrac{\partial N_j}{\partial x} & 0 & \dfrac{\partial N_m}{\partial x} & 0 \\[2ex] 0 & \dfrac{\partial N_i}{\partial z} & 0 & \dfrac{\partial N_j}{\partial z} & 0 & \dfrac{\partial N_m}{\partial z} \\[2ex] \dfrac{\partial N_i}{\partial z} & \dfrac{\partial N_i}{\partial x} & \dfrac{\partial N_j}{\partial z} & \dfrac{\partial N_j}{\partial x} & \dfrac{\partial N_m}{\partial z} & \dfrac{\partial N_m}{\partial x} \end{bmatrix} \tag{3-79}$$

利用物理方程，即本构方程 $\boldsymbol{\sigma} = \boldsymbol{D}\boldsymbol{\varepsilon}$ 可导出单元应力与位移的关系式，得：

$$\boldsymbol{\sigma} = \boldsymbol{B}\boldsymbol{D}\boldsymbol{\delta}^e \tag{3-80}$$

式中，$\boldsymbol{\sigma}$ 为单元内任意点的应力矩阵；$\boldsymbol{D}$ 为与单元材料性质有关的弹性矩阵或弹塑性矩阵，可统称为本构矩阵。

对平面应变弹性问题，有：

$$D = \frac{E(1-\mu)}{(1+\mu)(1-2\mu)} \begin{bmatrix} 1 & \dfrac{\mu}{1-\mu} & 0 \\[2ex] \dfrac{\mu}{1-\mu} & 1 & 0 \\[2ex] 0 & 0 & \dfrac{(1-2\mu)}{2(1-\mu)} \end{bmatrix} \tag{3-81}$$

式中，E 为弹性模量；μ 为泊松比。

单元上的结点力与结点位移的关系可利用虚功原理，建立单元平衡方程为：

$$\boldsymbol{F}^e = \boldsymbol{k}^e \boldsymbol{\delta}^e \tag{3-82}$$

式中，$\boldsymbol{F}^e$ 为单元等效结点力列阵。对于任意三角形单元的 i，j，m 每个结点都存在 x 方向和 z 方向的两个分力，因此，$\boldsymbol{F}^e = \begin{bmatrix} F_{xi} & F_{zi} & F_{xj} & F_{zj} & F_{xm} & F_{zm} \end{bmatrix}$；$\boldsymbol{k}^e$ 为单元刚度矩阵。

$\boldsymbol{F}^e$ 和 $\boldsymbol{k}^e$ 分别为：

$$\boldsymbol{F}^e = \iint \boldsymbol{B}^{\mathrm{T}} \boldsymbol{\sigma} \, \mathrm{d}x \, \mathrm{d}z \tag{3-83}$$

$$\boldsymbol{k}^e = \iint \boldsymbol{B}^{\mathrm{T}} \boldsymbol{D} \boldsymbol{B} \, \mathrm{d}x \, \mathrm{d}z \tag{3-84}$$

建立整体平衡方程：集合所有单元的刚度矩阵，得结构整体刚度矩阵 $\boldsymbol{K}$，同时，将作用于各单元的荷载列阵集成，形成总体荷载列阵 $\boldsymbol{R}$，从而得到整个平衡方程表示为：

$$\boldsymbol{K}\boldsymbol{\delta} = \boldsymbol{R} \tag{3-85}$$

考虑一定的边界条件，求解式（3-85）即可得到所有未知结点位移。在线性问题中，可根据方程组的具体特点，选择最合适的计算方法，一次求解即得到解答。对于非线性问题，则要通过一系列的步骤，才能获得各结点正确位移场。最后计算各单元的应变场和应力场。

一般来说，建模应包含以下数据信息：（1）建立合适坐标系，将结构离散后给出所有结点的编号和坐标；（2）约束结点的信息；（3）各单元编号和对应的材料编号信息；（4）各材料参数（包括重度，本构模型参数等）；（5）结构上的全部荷载及荷载分级信息。除此之外，如果涉及固结问题，还应该设定结构的排水边界、孔压边界、每级荷载所经历的时间、计算时间步长、渗透性参数等。因此，进行有限元计算时应检查上述基本数据是否已经具备，缺少任何一种数据信息都不能正常运行或得不到合理结果。

非线性问题包括物理非线性（材料非线性）和几何非线性（大应变）。物理非线性是指土体的本构关系是非线性，而应变与位移的关系是线性的。这时，土体在荷载作用下的位移与其几何尺度相比很小，因而在求出位移场后，可以用单元原来的尺寸计算应力场。岩土力学中大多数问题属于物理非线性范畴，如图 3-18、图 3-19 所示。

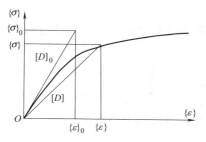

图 3-18　非线性应力应变关系

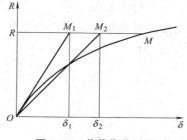

图 3-19　荷载位移关系

在有限元计算中，实现这种非线性问题求解的方法有迭代法、增量法或增量迭代法等，在此不赘述。

3.3.4　岩土离散单元法

离散元计算分析一般采用动态松弛离散元法，即把非线性静力学问题化为动力学问题求解的一种数值方法，适合于求解动力响应问题。该方法的实质是对临界阻尼方程进行逐步积分。为了保证求得准静态解，一般采用质量阻尼和刚度阻尼来吸收系统的动能。当阻尼系数取值小于某一临界值时，系统的振动将以尽可能快的速度消失，同时函数收敛于静态值。这种带有阻尼项的动力平衡方程，利用有限差分法按时步在计算机上迭代求解。由于被求解方程是时间的线性函数，整个计算过程只需要直接代换，即利用前一迭代的函数值计算新的函数值。因此，动态松弛法在求解非线性动力问题是比较有优势的。

设块体 i 周边有 n 个块体接触，则其受 n 个力作用，将其力在 X、Y 向分解，则得其合力、合力矩为：

$$\begin{cases} F_x = \sum_{i=1}^{n} F_{xi} \\ F_y = \sum_{i=1}^{n} F_{yi} \\ M = \sum_{i=1}^{n} \left[F_{yi}(x_i - x_0) + F_{xi}(y_i - y_0) \right] \end{cases} \tag{3-86}$$

式中，F_x、F_y、M 分别为 X、Y 方向上的合力、合力矩。其中 x_0，y_0 为块体质心坐标，力矩逆时针为正。

块体的平面运动方程和转动运动方程可写为：

$$\ddot{x}_i + \alpha \dot{x}_i = \frac{F_i}{m} - g_i \tag{3-87}$$

$$\ddot{\omega}_i + \alpha\dot{\omega}_i = \frac{M_i}{I} \tag{3-88}$$

式中，$\ddot{x}_i$ 为质心加速度；$\dot{x}_i$ 为质心速度；α 为黏性阻尼常数；F_i 为块体中心合力；m 为块体质量；g_i 为重力加速度；$\ddot{\omega}_i$ 为块体某一轴的角加速度；$\dot{\omega}_i$ 为角速度；M_i 为弯矩；I 为惯性矩。以上方程可以在三个坐标轴方向分别建立，因此对每个块体可以建立三个平动、三个转动方程。

对质点运动方程可采用中心差分法求解，如下公式可分别描述平动与转动方程在时间 t 上的中心差分：

$$\dot{x}_i(t) = \frac{1}{2}\left[\dot{x}_i\left(t-\frac{\Delta t}{2}\right) + \dot{x}_i\left(t+\frac{\Delta t}{2}\right)\right] \tag{3-89}$$

$$\omega_i(t) = \frac{1}{2}\left[\omega_i\left(t-\frac{\Delta t}{2}\right) + \omega_i\left(t+\frac{\Delta t}{2}\right)\right] \tag{3-90}$$

则加速度可以计算为：

$$\ddot{x}_i(t) = \frac{1}{\Delta t}\left[\dot{x}_i\left(t+\frac{\Delta t}{2}\right) - \dot{x}_i\left(t-\frac{\Delta t}{2}\right)\right] \tag{3-91}$$

$$\dot{\omega}_i(t) = \frac{1}{\Delta t}\left[\omega_i\left(t+\frac{\Delta t}{2}\right) - \omega_i\left(t-\frac{\Delta t}{2}\right)\right] \tag{3-92}$$

将这些变量分别代入平动、转动运动方程，即可得到中心差分计算公式。如果平动、转角增量利用如下公式给出：

$$\Delta x_i = \dot{x}_i\left[t+\frac{\Delta t}{2}\right]\Delta t$$
$$\Delta\theta_i = \omega_i\left[t+\frac{\Delta t}{2}\right]\Delta t \tag{3-93}$$

则块体中心更新为：

$$x_i(t+\Delta t) = x_i(t) + \Delta x_i \tag{3-94}$$

块体顶点位置即可得出：

$$x_{v_i}^v(t+\Delta t) = x_i^v(t) + \Delta x_i + e_{ijk}\Delta\theta_j\left[x_k^v(t) - x_k(t)\right] \tag{3-95}$$

对于黏结在一起的块体组，运动方程只需要计算主块体即可，其质量、惯性矩和中心位置可由块体组决定，一旦主块体运动确定，从属块体的形心位置和顶点坐标即可计算出来。

而第 i 块体承受力和弯矩合力，在每次循环块体运动更新后即归零，下一循环重新计算。

很多工程应用中，块体的变形不可忽略。因此将刚性块划分为有限元四面体单元，成为变形块体。块体变形的复杂性取决于划分的单元数目。同时使用四面体单元可消除常应变有限差分多面体计算中沙漏变形问题。

四面体单元的顶点称为网格差分点（类似有限元中的节点），运动方程在每个网格点上建立如下：

$$\ddot{u}_i = \frac{\int_S \sigma_{ij}n_j\,\mathrm{d}s + F_i}{m} + g_i \tag{3-96}$$

式中，S 为包围质量的外表面；m 为集中在网格点上的质量；g_i 为重力加速度；F_i 为施加在网格点上的外力合力，它主要由三部分构成。

$$F_i = F_i^z + F_i^c + F_i^l \qquad (3-97)$$

式中，F_i^l 是外部施加力；F_i^c 为子接触力，只在块体接触上网格点上存在。假定沿着任意接触面的变形均呈线性变化，沿着面施加的子接触力可以用施加到面端点的静态平衡力来表征。最后，单元内部毗邻该网格点的单元应力 F_i^z 如下：

$$F_i^z = \int_c \sigma_{ij} n_j \, \mathrm{d}s \qquad (3-98)$$

式中，σ_{ij} 为单元应力张量；n_j 为指向外轮廓的单位法向量；c 为直线段定义，平分单元表面并收敛于所考虑的网格点封闭多面体表面。

在每个网格点计算网格节点力矢量 $\sum F_i$，该矢量由外部荷载、体力等合成。其中重力 $F_i^{(g)}$ 采用如下公式计算：

$$F_i^{(g)} = g_i m_g \qquad (3-99)$$

其中，m_g 为网格点上的集中重力质量，由共用该网格点的四面体质量 1/3 累加而成。如果处于平衡态，节点力 $\sum F_i$ 为 0，否则根据牛顿第二定律，节点会存在一个加速度：

$$\dot{u}_i^{(t+\Delta t/2)} = \dot{u}_i^{(t-\Delta t/2)} + \sum F_i^{(t)} \frac{\Delta t}{m} \qquad (3-100)$$

在每个时间步，应变和旋转均与节点位移相联系，其常见形式如下：

$$\dot{\varepsilon}_{ij} = \frac{1}{2}(\dot{u}_{i,j} + \dot{u}_{j,i})$$

$$\dot{\theta}_{ij} = \frac{1}{2}(\dot{u}_{i,j} - \dot{u}_{j,i}) \qquad (3-101)$$

注意，由于计算一般采用增量法，上式并不局限于小应变问题。变形块体的本构关系采用增量形式，从而可分析非线性问题。增量法方程可如下所示：

$$\Delta \sigma_{ij}^e = \lambda \Delta \varepsilon_v \delta_{ij} + 2\mu \Delta \varepsilon_{ij} \qquad (3-102)$$

式中，λ，μ 为拉梅系数、泊松比；$\Delta \sigma_{ij}^e$ 为弹性应力张量的增量形式；$\Delta \varepsilon_{ij}$ 为应变增量；$\Delta \sigma_{ij}^e$ 为体积应变增量；δ_{ij} 为 Kronecker 函数。

由于将所研究的区域化分成一个个独立的多边形块体单元，随着单元的平移和转动，允许调整各单元之间的接触关系，最终，块体单元可能达到平衡状态，也可能一直运动下去。块体可以是任意多边形，刚性假设对于应力水平较低的问题是合理的。

多边形单元之间的接触方式包括角-角接触、角-边接触与边-边接触，因而多边形单元离散元法的接触力计算模型（力-位移关系）较圆盘单元与球形单元复杂得多。对某些类型的检测是很困难的，例如，在点一面接接触检测中，不仅要检查点位于该面的上方或下方，而且要检验点是否位于该面投影的边界内，而这在数值计算中并不是通过简单的判别就能实现的。

因此，在离散元计算中，由于需要进行大量的块体接触判断，通常计算效率要慢得多。

3.3.5 岩土工程反分析

在岩土工程问题中，根据工程基本情况确定几何条件、荷载条件、边界条件，通过地质勘探和室内外试验确定地质条件、本构模型、力学参数等，通过解析法、半解析法或数值法，求解结构或岩土介质相关物理量（如应力、应变等）的求解过程称为正演分析或正分析。

反演分析（Inverse Analysis）和反分析（Back Analysis）通常指的是同一个问题，即根据已知的系统模型和系统响应来反演系统参数或根据已知的系统参数和系统响应来推求系统模型，比如利用工程中的实测值（如应力、孔压、位移等），通过数值试算确定岩土介质的参数，或是本构模型。一般前者称为参数识别或模型参数反演，后者称为模型识别。对于参数的识别和估计，实际上都应隶属于系统识别的范畴。具体来说，根据现场量测到的不同信息，反分析可以分为应力（荷载）反分析法、位移反分析法和应力与位移混合反分析法。由于有限单元法等数值计算方法的发展，以及位移量测量信息相对比较容易获取，且精度较可靠，因此，目前在工程中位移反分析法应用最为广泛。

在岩土工程中，充分了解工程材料的性质是十分重要的。如图 3-20 所示，对于已知某些数据，例如位移、应力和速度（这些数据可以通过实验得到），寻求所研究问题的材料性质，类似于这样的问题称为材料参数反分析问题，反分析是对应于一般意义下已知问题的材料性质和外力求位移、应力这种正常分析而言的。

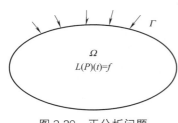

图 3-20　正分析问题

求解一个问题的未知量 ϕ，必须具备以下条件：（1）给定的区域 Ω 及相应的边界 Γ；（2）给定问题的控制方程；（3）未知变量和相应各阶导数的边界条件或初始条件；（4）外荷载；（5）材料系数。

如果上述条件缺少任何一个，正分析则无法进行。反分析是在某些附加条件下反求上述条件的部分量。根据所求量的不同，反分析可分为：（1）区域反分析；（2）控制方程反分析；（3）边界条件或初始条件反分析；（4）外荷载反分析；（5）材料参数反分析。

由于岩土工程中的问题常常涉及非均匀介质，其材料性质在大多数情况下也是未知的，因此材料参数反分析方法在岩土工程中起着重要作用。

目前，一般的材料性质反分析有直接法、逆解法和对偶边界法，以及优化反分析方法。尤其是优化反分析是一个非常实用的研究方向。它是把参数反分析问题，归结为对一个构造好的计算值和实测值之间的误差函数（即目标函数）的寻优问题，利用正分析的过程和格式，通过迭代计算，逐次修正位置参数的试算值，使误差函数达到最小，从而获得"最优值"。

一般情况下，对那些试验方法难以准确测定或因试验费用比较昂贵而不宜试验确定的特征参数，如初始地应力场，应该采用直接求解法，而不适合采用优化法。这是因为进行正反优化分析时，必须首先设定待求参数的初值。如果初值的偏差太大，将消耗大量的时间，甚至会出现不收敛的情况，导致优化结果难以出现预期的精度。

3.4　施工过程仿真方法选择

现有的岩土计算方法中有刚体极限平衡分析、连续数值模拟方法（有限单元法、有限差分法等)、非连续数值模拟方法(块体离散单元法、颗粒离散单元法、DDA 法等)。经过多年的发展,这些经验方法、半经验方法、数值模拟方法已经形成了相对完善的软件,供研究者与设计者使用。但在研究岩土工程结构中的科学问题时必须遵循以下几个原则:

1)任何方法都不是万能的,不要希望一种方法能完全吻合工程实践。要充分尊重计算条件与假定条件,一切计算都是依托于既定的假设条件。岩土体属于高度非线性复杂介质,由于构造运动或沉积风化造成的不连续结构面将岩体切割为无数细小的块体,其力学性质千变万化,而在研究工程地质问题的时候,常常根据多项假设条件采用连续介质力学来分析岩土力学问题,由于连续介质力学假定物体是连续的,从而其力学行为都应该是连续的,而自然界这样的理想物质并不存在,这显然会带来误差。

2)处于天然地质环境中的岩土体,不需要经过改造而直接可为工程建筑物所利用的情况较少,一般需要对岩土体进行改造,如支护、灌浆、锚固、桩基、夯实、抽水固结等。这必然会挠动岩土体的特征,如果在分析中未考虑这种挠动效应,那么计算结果就会有较大的误差,这也是岩土工程计算分析不同于一般数学方法的地方。

3)针对同一工程问题,应尽量采用多种方法、多个角度开展研究,以相互验证结论的正确性,切忌采用单一数值计算说明问题。数值计算的作用是在假定条件、已知参数与荷载条件下反映外力变化下的力学响应,其中的参数确定、变形、内力变化必须借助室内试验、现场监测、工程类比等因素方能给出,因此将试验+数值模拟+监测的综合分析方法更应受计算者重视。如果是自定义开发的模型、方法,必须先利用典型案例或公认的成果进行验证,分析所提出方法与已有方法的差异,方可用于研究与分析。

4)定性分析的控制作用。当前岩土工程中提出的一些计算方法与经验公式,在应用于工程实践时都会遇到一个问题,即适用条件,如果没有把握一种计算方法的适用条件,应用时就可能得出错误的结论。这就需要定性分析进行指导,具体表现在工程地质工作者在对一个工程场地进行广泛调查研究基础上,结合一些测试结果,对该场地的工程地质问题从机制上作出判断,然后选择合适的计算方法来证实某些结论或从量级上进行评价。当然,定量计算结果可以反过来证实或者修正定性分析,两者取长补短。

5)考虑施工过程。大多数工程都可以看作是一个开挖与堆积问题。在分析计算工程涉及岩土稳定时,计算方法需考虑这种开挖和堆积过程,以正确地反映实际岩土体受力过程,使分析结果更趋于合理。如地下工程的稳定性问题,无论用何种方法,恐怕都需要考虑不同开挖阶段及支护设置时间的影响,由于原样岩石经过了长期的地质作用,当取样进行测试分析时,测试结果不一定能代表实际岩土体的受力历史过程,在分析时,分析者要考虑这一问题,利用变形监测结果来进行修正。

6)每一种计算方法除了选择合适的计算模型及边界条件外,需要考虑的问题就是边界初始参数值的合理选取。虽然理论上讲,只有这些参数给定后才能得到结果,且参数的准确与否直接影响计算结果与实际的符合程度。但是许多计算所需要的参数在现场或者实验室难以获得,有的时候是现场条件、时间和经济不允许,这造成了岩土工程中最困难的两个基本问题"地应力测不准""计算参数给不准"。在计算方法中,应尽量将本构方程以及破坏判据写成常用力学数学的表达式,各种非线性模型最好也能用线性参数表达,只有这样才能被工程界所接受,在实际工程中发挥作用。

7)在岩土计算与分析过程中,合理建立几何模型、选用本构模型和相应的模型参数是提高分析精度的关键。对非线性分析，控制迭代所形成的误差也很重要。但在解决工程实际问题时，需要重视计算精度与费用的矛盾。一般而言，所需要考虑的因素越多，计算精度相对要高些，但投资往往也需要较多。工程地质问题本身的特点决定了定量计算的各个环节都有许多不确定因素，在人为使这些不确定因素量化时，难免需要引入一定误差，结果也不可能精确。因此，最好以定性为基础，抓住主要因素，使用简化模型进行简单试算，再逐步增加因素，找出最相关的因素，这样既可以达到工程能接受的精度，且花费也不多。

当然计算方法中有关输入、输出、结果分析也会影响一种方法的实用性。随着技术的发展，现在计算机自动化程度较高，许多单位已经建立了相关图形工作站，且不少计算软件都有完善的前后处理功能，如工程地质中的节理裂隙极点图、剖面图、主应力图、等值线图、三维立体图等均较容易实现，这为定量计算的具体应用带来了许多便利，也大大缩短了计算周期，在工程中应大力推广。

本章小结

（1）岩土工程问题主要特点为：工程结构类型的多样、材料性质的复杂、荷载条件的复杂、初始条件与边界条件的复杂以及相互作用。

（2）常用的岩土结构材料本构模型有线弹性模型类、变弹性常数类、弹塑性模型类和黏弹（塑）性模型。

（3）常见岩土施工过程数值模拟方法有滑移线理论与特征线法、岩土体极限分析法、岩土有限单元法、岩土离散单元法和岩土工程反分析法等。

思考与练习题

3-1　岩土计算的特点有哪些？

3-2　数值计算有哪些方法？其实用条件是什么？

3-3　常见的数值计算软件分别属于什么方法？举例说明。

3-4　为何说用离散元或者非连续数值方法更符合岩土工程结构施工过程？

3-5　试用莫尔-库伦准则解释岩土工程的破坏。

第4章 结构的抗震理论与数值分析

本章要点及学习目标

本章要点：

(1) 地震作用的物理意义；(2) 地震反应分析的方法；(3) 非线性地震反应分析的类型及其数值分析方法；(4) 建筑结构隔震和消能减震的原理。

学习目标：

(1) 了解结构地震反应分析的重要意义；(2) 掌握结构地震反应分析的方法；(3) 熟悉结构抗震设计中各种分析方法的优缺点；(4) 熟悉消能减震结构、隔震结构的设计原理。

4.1 地震结构灾害

地震是地球的岩石圈发生突然的应力释放时产生的振动。按照地震的成因，最常见的地震为构造地震，它的诱发机理和岩石圈的移动有关。地球表面的岩石圈并不是完整的一块，而是被分为了许多板块，它们被其下方地幔的热对流带动而不停地移动，互相碰撞挤压。在每一个板块内部，岩石也并非浑然一体，而是隐藏着众多的断层。板块运动的过程中会对其内部的岩石产生应力，岩石在受力的过程中会发生形变并积蓄能量，一旦受力强度超过了岩石的承受强度，或克服了断层间的锁定和摩擦，岩石就会发生断裂、错位，或者沿着断层滑动，从而把能量释放出来，以地震波的形式向四周传播，导致地面震动。

世界各地每年会发生超过 50 万次地震，大部分的地震人们感觉不到。按照地震本身的规模和所释放的能量大小，人们给地震划分了震级，其中最常用的是里氏震级。里氏震级每增加一级，地震释放的能量就会增加 31.6 倍。一般来说，只有 3 级以上的地震才会广泛地被人们所感知，而 6 级以上的地震才具有较大的破坏性。同时，根据地震对地面造成的破坏程度，人们也给地震分了烈度。烈度和里氏震级之间并没有一一对应的关系。

地震的发生具有随机性和不确定性。在强震下，结构中的薄弱部位可能发生破坏，对人类生命财产安全构成严重威胁。由于其不可预见性，一次大地震可令一座城市在数十秒钟内变成一片废墟，导致成片房屋破坏倒塌，交通、通信等生命线工程中断，可能引发火灾等次生灾害，并可能造成人员伤亡。表 4-1 列出了一些大的地震灾害，图 4-1、图 4-2 列出了日本神户地震和中国台湾地震下的部分房屋破坏状态。

地震名称	地点	发生日期	死亡人数
唐山地震	中国唐山	1976 年 7 月 28 日	约 242769 人
神户地震	日本神户	1995 年 1 月 17 日	约 6430 人
台湾地震	中国台湾	1999 年 9 月 21 日	2400 多人
汶川地震	中国汶川	2008 年 5 月 12 日	超 9 万人
芦山地震	中国芦山	2013 年 4 月 20 日	约 217 人

地震灾害一览表 表 4-1

图 4-1 日本神户地震

图 4-2 中国台湾地震

4.2 地震作用

由地震动引起的结构速度与加速度反应以及结构的内力、变形、位移等统称为结构地震反应。地震时，地面上原来静止的结构因地面运动而产生强迫振动。因此，结构地震反应是一种动力反应，其大小不仅与地面运动特性有关，还与结构动力特性（自振周期、振型和阻尼）有关。

结构工程中"作用"一词是指能引起结构内力、变形等反应的各种因素。按照引起结构反应方式的不同，"作用"可分为直接作用与间接作用。各种荷载（如重力、风载、土压力等）为直接作用，而各种非荷载作用（如温度、基础沉降等）为间接作用。结构地震反应是地震动通过结构惯性引起的，因此地震作用（即结构地震惯性力）是间接作用，并不称之为荷载。但工程上为应用方便，有时将地震作用等效为某种形式的荷载作用，这时可称为等效地震荷载。

进行结构地震反应分析的第一步，就是确定结构的动力计算简图。结构动力计算的关键是结构惯性的模拟，由于结构的惯性是结构质量引起的，因此结构动力计算简图的核心内容是结构质量分布的描述。

描述结构质量的方法有两种：一种是连续化描述（分布质量），另一种是集中化描述（集中质量）。如采用连续化方法描述结构质量，结构体系的运动方程为偏微分方程的形式，而一般情况下其求解和实际应用并不方便。因此，工程上常采用集中化方法描述结构的质量，以此确定结构动力计算简图。

采用集中质量方法确定结构动力计算简图时，需先定出结构质量集中位置。可取结构各区域主要质量的质心为质量集中位置，忽略其他次要质量或将次要质量合并到相邻主要质量的质点上去。例如，水塔结构的水箱部分是结构的主要质量，可将结构的质量集中到水箱标高处，简化为单质点结构体系，如图 4-3 所示；多、高层建筑的楼盖部分是结构的主要质量，可将结构的质量集中到各层楼盖标高处，简化为多质点结构体系，如图 4-4 所示。

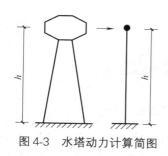

图 4-3　水塔动力计算简图

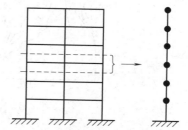

图 4-4　多高层建筑结构动力计算简图

4.2.1　地震反应谱

为便于求解地震作用，将单自由度体系的地震最大绝对加速度反应与其自振周期 T 的关系定义为地震加速度反应谱，或简称地震反应谱，记为 $S_a(T)$。

地震（加速度）反应谱可理解为一个确定的地面运动，一组阻尼比相同但自振周期各不相同的单自由度体系，所引起的各体系最大加速度反应与相应体系自振周期间的关系曲线，如图 4-5 所示。

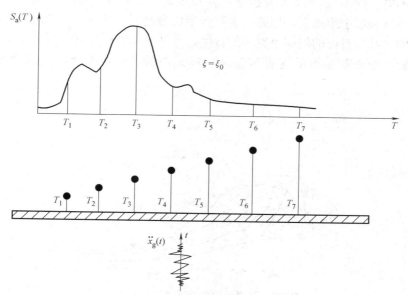

图 4-5　地震反应谱的确定

影响地震反应谱的因素有两个：一是体系阻尼比，二是地震动。

一般体系阻尼比（ζ）越小，其地震加速度反应越大，因此地震反应谱值也越大，如图 4-6 所示。

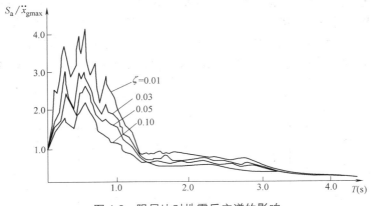

图 4-6   阻尼比对地震反应谱的影响

地震动记录不同，显然地震反应谱也将不同，即不同的地震动将有不同的地震反应谱，或地震反应谱总是与一定的地震动相应。因此，影响地震动的各种因素也将影响地震反应谱。表征地震动特性有三要素，即振幅、频谱和持时。

由于单自由度体系振动系统为线性系统，地震动振幅对地震反应谱的影响将是线性的，即地震动振幅越大，地震反应谱值也越大，且它们之间呈线性比例关系。因此，地震动振幅仅对地震反应谱值大小有影响。

地震动频谱反映地震动不同频率简谐运动的构成，由共振原理知，地震反应谱的"峰"将分布在震动的主要频率成分段上。因此地震动的频谱不同，地震反应谱的"峰"的位置也将不同。图 4-7、图 4-8 分别是不同场地地震动和不同震中距地震动的反应谱，反映了场地越软和震中距越大，地震动主要频率成分越小（或主要周期成分越长），因而地震反应谱的"峰"对应的周期也越长的特性。可见，地震动频谱对地震反应谱的形状有影响。因而影响地震动频谱的各种因素，如场地条件、震中距等，均对地震反应谱有影响。

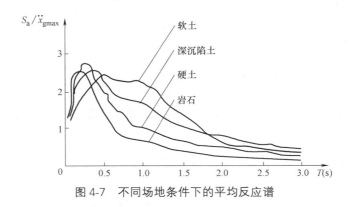

图 4-7   不同场地条件下的平均反应谱

地震动持续时间影响单自由度体系地震反应的循环往复次数，一般对其最大反应或地震反应谱影响不大。

由地震反应谱可方便地计算单自由度体系的水平地震作用：

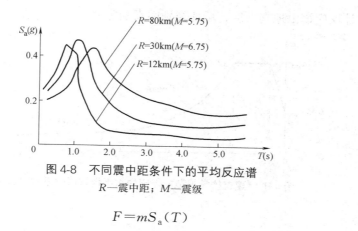

图 4-8　不同震中距条件下的平均反应谱

R—震中距；M—震级

$$F = mS_a(T) \tag{4-1}$$

4.2.2　设计反应谱

地震动是一个随机过程，即使在同一地点具有相同的地面运动强度，两次地震中所记录到的地面运动加速度时程曲线也有很大的差别，不同的加速度时程曲线对应着不同的反应谱曲线。由于地震的突发性和偶然性，无法预知建筑物所在场地发生的地震特性，因此，在建筑抗震设计中，只采用按某一次地震记录绘制的反应谱曲线作为设计依据是没有意义的，而且加速度反应谱曲线波动起伏频繁，应用到实际的抗震设计中难度较大。通过对以往地震动时所记录的地面运动进行统计分析，结果表明，有一些因素对反应谱曲线有明显的影响。例如，场地越软，震中距越远，曲线主峰位移越向右移，曲线主峰也越扁平。因此，必须根据强震时在同一类场地上得到的地震动加速度时程，求出每条加速度对应的反应谱曲线；对这些曲线进行统计分析，再做标准化平滑化处理，使其能用几个简单的数学表达式来表示它的变化，作为抗震设计的依据，这就是设计反应谱。

《建筑抗震设计规范》GB 50011—2010（以下简称《建筑抗震规范》）按下述方法给出了设计反应谱。

地震系数 k 和动力系数 β 分别是表示地面震动强烈程度和结构地震反应大小的两个参数，为了简便把它们的乘积用一个系数表示，取：

$$\alpha = k\beta = \frac{S_a}{g} \tag{4-2}$$

式中　k——地震系数；

　　　β——动力系数。

α 为地震影响系数，它是单质点弹性体系在地震时最大反应加速度与重力加速度的比值。利用式（4-2）可将式（4-1）写成：

$$F = \alpha G \tag{4-3}$$

式中　G——体系的重量。

《建筑抗震规范》以地震影响系数 α 作为参数，给出 α 谱曲线作为设计反应谱，如图 4-9 所示。

设计反应谱和实际地震反应谱是不同的，实际地震反应谱能够具体反映 1 次地震动过程的频谱特性，而设计反应谱是从工程设计的角度，在总体上把握具有某一类特征的地震动特性；设计反应谱由地震烈度、场地类别因素确定。

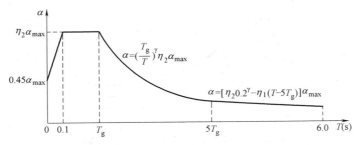

图 4-9   《建筑抗震规范》规定的水平地震影响系数曲线

4.3   多自由度体系静力分析方法

4.3.1   多自由度体系地震反应的底部剪力法

1. 计算假定

理论分析表明，当建筑物高度不超过 40m，结构以剪切变形为主且质量和刚度沿高度分布较均匀时，结构的地震反应将以第一振型反应为主，而结构的第一振型接近直线。为简化满足上述条件的结构地震反应计算，假定：

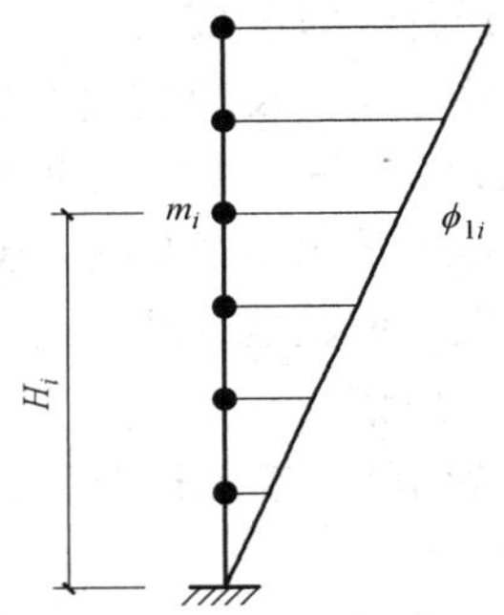

（1）结构的地震反应可用第一振型反应表征。

（2）结构的第一振型为线性倒三角形，如图 4-10 所示。即任意质点的第一振型位移与其高度成正比：

$$\phi_{1i} = CH_i \tag{4-4}$$

式中 C——比例常数；

H_i——质点 i 离地面的高度。

图 4-10   结构简化第一振型

2. 底部剪力的计算

由上述假定，任意质点 i 的水平地震作用为：

$$F_i = G_i \alpha_1 \gamma_1 \phi_{1i} = G_i \alpha_1 \frac{\{\phi_1\}^{\mathrm{T}}[M]\{1\}}{\{\phi_1\}^{\mathrm{T}}[M]\{\phi_1\}} \phi_{1i}$$

$$= G_i \alpha_1 \frac{\sum_{j=1}^{n} G_j \phi_{1j}}{\sum_{j=1}^{n} G_j \phi_{1j}^2} \phi_{1i} \tag{4-5}$$

将式（4-4）代入上式得：

$$F_i = \frac{\sum_{j=1}^{n} G_j H_j}{\sum_{j=1}^{n} G_j H_j^2} G_i H_i \alpha_1 \tag{4-6}$$

则结构底部剪力为：

$$F_{\text{EK}} = \sum_{i=1}^{n} F_i = \frac{\sum\limits_{j=1}^{n} G_j H_j}{\sum\limits_{j=1}^{n} G_j H_j^2} \sum_{i=1}^{n} G_i H_i \alpha_1$$

$$= \frac{(\sum\limits_{j=1}^{n} G_j H_j)^2}{(\sum\limits_{j=1}^{n} G_j H_j^2)(\sum\limits_{j=1}^{n} G_j)} (\sum_{j=1}^{n} G_j) \alpha_1 \qquad (4-7)$$

令：

$$\chi = \frac{(\sum\limits_{j=1}^{n} G_j H_j)^2}{(\sum\limits_{j=1}^{n} G_j H_j^2)(\sum\limits_{j=1}^{n} G_j)} \qquad (4-8)$$

$$G_{\text{eq}} = \chi G_{\text{E}} = \chi \sum_{j=1}^{n} G_j \qquad (4-9)$$

式中　G_{eq}——结构等效总重力荷载；

　　　　χ——结构总重力荷载等效系数。

则结构底部剪力的计算可简化为：

$$F_{\text{EK}} = G_{\text{eq}} \alpha_1 \qquad (4-10)$$

一般建筑各层重量和层高均大致相同，即：

$$G_i = G_j = G \qquad (4-11)$$

$$H_j = jh \qquad (4-12)$$

式中，h 为层高。将式（4-11）、式（4-12）代入式（4-9）得：

$$\chi = \frac{3(n+1)}{2(2n+1)} \qquad (4-13)$$

对于单质点体系，$n=1$，则 $\chi=1$。而对于多质点体系，$n \geqslant 2$，则 $\chi = 0.75 \sim 0.9$，《建筑抗震规范》规定统一取 $\chi = 0.85$。

3. 地震作用分布

按式（4-10）求得结构的底部剪力即结构所受的总水平地震作用后，再将其分配至各质点上（图 4-11）。为此，将式（4-6）改写为：

$$F_i = \frac{(\sum\limits_{j=1}^{n} G_j H_j)^2}{(\sum\limits_{j=1}^{n} G_j H_j^2)(\sum\limits_{j=1}^{n} G_j)} (\sum_{j=1}^{n} G_j) \alpha_1 \frac{G_i H_i}{\sum\limits_{j=1}^{n} G_j H_j} \qquad (4-14)$$

将式（4-8）、式（4-9）和式（4-10）代入上式得：

$$F_i = \frac{G_i H_i}{\sum\limits_{j=1}^{n} G_j H_j} F_{\text{Ek}} \qquad (i=1,2,\cdots\cdots,n) \qquad (4-15)$$

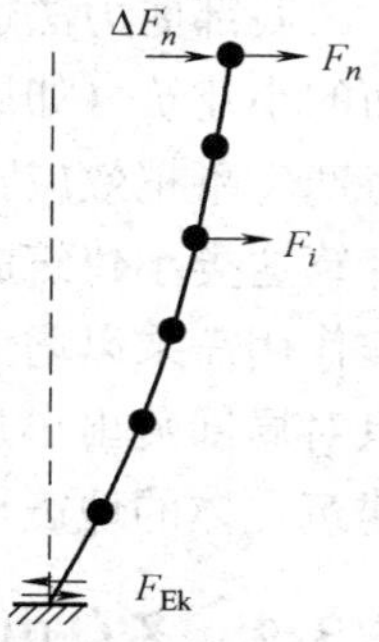

图 4-11　底部剪力法地震作用分布

式（4-15）表达的地震作用分布实际仅考虑了第一振型地震作用。当结构基本周期较长时，结构的高阶振型地震作用影响将不能忽略。图4-12显示了高阶振型反应对地震作用分布的影响，可见高阶振型反应对结构上部地震作用的影响较大，为此《建筑抗震规范》采用在结构顶部附加集中水平地震作用的方法考虑高阶振型的影响，当结构基本周期 $T_1 > 1.4T_g$（T_g 为场地特征周期）时，需在结构顶部附加如下集中水平地震作用：

$$\Delta F_n = \delta_n F_{Ek} \tag{4-16}$$

式中，δ_n 为结构顶部附加地震作用系数，对于多层钢筋混凝土房屋和钢结构房屋按表4-2采用，对于多层内框架砖房取 $\delta_n = 0.2$，其他房屋可不考虑。

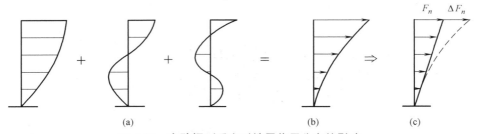

图 4-12　高阶振型反应对地震作用分布的影响

（a）各阶振型地震反应；（b）总地震作用分布；（c）等效地震作用分布

顶部附加地震作用系数　　　　　　　　　　　　　　　　表 4-2

$T_g(s)$	$T_1 > 1.4T_g$	$T_1 \leqslant 1.4T_g$
$\leqslant 0.35$	$0.08T_1 + 0.07$	不考虑
$0.35 \sim 0.55$	$0.08T_1 + 0.01$	
$\geqslant 0.55$	$0.08T_1 - 0.02$	

当考虑高阶振型的影响时，结构的底部剪力仍按式（4-10）计算而保持不变，但各质点的地震作用需按 $F_{Ek} - \Delta F_n = (1 - \delta_n)F_{Ek}$ 进行分布，即：

$$F_i = \frac{G_i H_i}{\sum\limits_{j=1}^{n} G_j H_j}(1 - \delta_n)F_{Ek} \qquad (i = 1, 2, \cdots\cdots, n) \tag{4-17}$$

4. 鞭梢效应

底部剪力法适用于重量和刚度沿高度分布均比较均匀的结构。当建筑物有局部突出屋面的小建筑（如屋顶间、女儿墙、烟囱等）时，由于该部分结构的重量和刚度突然变小，将产生鞭梢效应，即局部突出小建筑的地震反应有加剧的现象。因此，当采用底部剪力法计算这类小建筑的地震作用效应时，按式（4-15）或式（4-17）计算作用在小建筑上的地震作用需乘以增大系数《建筑抗震规范》规定该增大系数取为3。但是，应注意鞭梢效应只对局部突出小建筑有影响，因此作用在小建筑上的地震作用向建筑主体传递时（或计算建筑主体的地震作用效应时），则不乘增大系数。

4.3.2　多自由度体系地震反应的振型分解法

利用振型分解原理，可有效地将反应谱概念用于多质点体系的抗震计算，这就是《建筑抗震规范》中给出的振型分解反应谱法。它以结构自由振动的 N 个振型为广义坐标，将多质点体系的振动分解成 n 个独立的等效单质点体系的振动，然后利用反应谱概念求出各个（或前几个）振型的地震作用，并按一定的法则进行组合，即可求出结构总的地震作用。

1. 归一化振型

由于各阶振型 $\{\phi_i\}(i=1,2,\cdots\cdots,n)$ 是相互独立的向量，则可将单位向量 $\{1\}$ 表示成 $\{\phi_1\}$、$\{\phi_2\}$、……、$\{\phi_n\}$ 的线性组合，即：

$$\{1\}=\sum_{i=1}^{n}a_i\{\phi_i\} \tag{4-18}$$

其中 a_i 为待定系数，为确定 a_i，将式（4-18）两边左乘 $\{\phi_j\}^{\mathrm{T}}[M]$，得：

$$\{\phi_j\}^{\mathrm{T}}[M]\{1\}=\sum_{i=1}^{n}a_i\{\phi_j\}^{\mathrm{T}}[M]\{\phi_i\}=a_j\{\phi_j\}^{\mathrm{T}}[M]\{\phi_j\} \tag{4-19}$$

由上式解得：

$$a_j=\frac{\{\phi_j\}^{\mathrm{T}}[M]\{1\}}{\{\phi_j\}^{\mathrm{T}}[M]\{\phi_j\}}=\gamma_j \tag{4-20}$$

将式（4-20）代入式（4-18）得如下表达式：

$$\sum_{i=1}^{n}\gamma_i\{\phi_i\}=\{1\} \tag{4-21}$$

2. 质点 i 任意时刻的地震惯性力

对于图 4-13 所示的多质点体系，质点 i 任意时刻的水平相对位移反应为：

$$x_i(t)=\sum_{j=1}^{n}\gamma_j\Delta_j(t)\phi_{ji} \tag{4-22}$$

式中，ϕ_{ji} 为振型 j 在质点 i 处的振型位移。

则质点 i 在任意时刻的水平相对加速度反应为：

$$\ddot{x}_i(t)=\sum_{j=1}^{n}\gamma_j\ddot{\Delta}_j(t)\phi_{ji} \tag{4-23}$$

由式（4-21），将水平地面运动加速度表达成：

$$\ddot{x}_{\mathrm{g}}(t)=\left(\sum_{j=1}^{n}\gamma_j\phi_{ji}\right)\ddot{x}_{\mathrm{g}}(t) \tag{4-24}$$

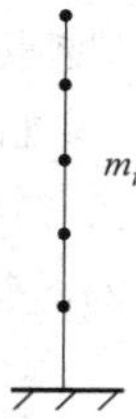

图 4-13 多质点体系

则可得质点 i 任意时刻的水平地震惯性力为：

$$\begin{aligned}f_i&=-m_i[\ddot{x}_i(t)+\ddot{x}_{\mathrm{g}}(t)]\\&=-m_i\left[\sum_{j=1}^{n}\gamma_j\ddot{\Delta}_j(t)\phi_{ji}+\sum_{j=1}^{n}\gamma_j\phi_{ji}\ddot{x}_{\mathrm{g}}(t)\right]\\&=-m_i\sum_{j=1}^{n}\gamma_j\phi_{ji}[\ddot{\Delta}_j(t)+\ddot{x}_{\mathrm{g}}(t)]=\sum_{j=1}^{n}f_{ji}\end{aligned} \tag{4-25}$$

式中，f_{ji} 为质点 i 的第 j 振型水平地震惯性力：

$$f_{ji}=-m_i\gamma_j\phi_{ji}[\ddot{\Delta}_j(t)+\ddot{x}_{\mathrm{g}}(t)] \tag{4-26}$$

3. 质点 i 的第 j 振型水平地震作用

将质点 i 的第 j 振型水平地震作用定义为该阶振型最大惯性力，即：

$$F_{ji} = |f_{ji}|_{\max} \tag{4-27}$$

将式（4-26）代入式（4-27）得：

$$F_{ji} = m_i \gamma_j \phi_{ji} |\ddot{\Delta}_j(t) + \ddot{x}_g(t)|_{\max} \tag{4-28}$$

注意到 $\ddot{\Delta}_j(t) + \ddot{x}_g(t)$ 是自振频率为 ω_j（自振周期为 T_j）、阻尼比为 ξ_j 的单自由度体系的地震绝对加速度反应，则由地震反应谱的定义，可将质点 i 的第 j 振型水平地震作用表达为：

$$F_{ji} = m_i \gamma_j \phi_{ji} S_a(T_j) \tag{4-29}$$

进行结构抗震设计需采用设计谱，由地震影响系数设计谱与地震反应谱的关系可得：

$$F_{ji} = (m_i g)\gamma_j \phi_{ji} \alpha_j = G_i \alpha_j \gamma_j \phi_{ji} \tag{4-30}$$

式中，G_i 为质点 i 的重量；α_j 为按体系第 j 阶周期计算的第 j 振型地震影响系数。

4. 振型组合

由振型 j 各质点水平地震作用，按静力分析方法计算，可得体系振型 j 最大地震反应。记体系振型 j 某特定最大地震反应（即振型地震作用效应，如构件内力、楼层位移等）为 S_j，而该特定体系最大地震反应为 S，则可通过各振型反应 S_j 估计 S，此称为振型组合。

由于各振型最大反应不在同一时刻发生，因此直接由各振型最大反应叠加估计体系最大反应，结果会偏大。通过随机振动理论分析，得出采用平方和开方的方法（SRSS 法）估计体系最大反应可获得较好的结果，即：

$$S = \sqrt{\sum S_j^2} \tag{4-31}$$

5. 振型组合时振型反应数的确定

结构的低阶振型反应大于高阶振型反应，振型阶数越高，振型反应越小。因此，结构的总地震反应以低阶振型反应为主，而高阶振型反应对结构总地震反应的贡献较小。故求结构总地震反应时，不需要取结构全部振型反应进行组合。通过统计分析，振型反应的组合数可按如下规定确定：

（1）一般情况下，可取结构前 2～3 阶振型反应进行组合，但不多于结构自由度数。

（2）当结构基本周期 $T_1 > 1.5s$ 时或建筑高宽比大于 5 时，可适当增加振型反应组合数。

4.3.3　多自由度体系地震反应的静力弹塑性分析

静力弹塑性分析方法本质上是一种与反应谱相结合的弹塑性分析方法，它按一定的水平荷载加载方式，对结构施加单调递增的水平荷载，逐步将结构推覆至预定的目标位移或某一极限状态，以便分析结构的非线性性能，判别结构及构件的受力及变形是否满足设计要求。

1. 基本假定

静力弹塑性分析方法的基本假定如下：

（1）结构（一般为多自由度体系）的地震反应与该结构的等效单自由度体系相关，这意味着结构的地震反应仅由其第一振型控制。

（2）结构的侧移由位移形状向量 $\{\Phi\}$ 表示，且在整个地震反应过程中，无论侧移大小其位移形状向量 $\{\Phi\}$ 保持不变。

已有的研究表明，对于地震反应以第一振型为主的结构，其最大地震反应可以用静力弹塑性分析方法得到合理的估计。

2. 等效单自由度体系

静力弹塑性分析中，需要将多自由度体系转化为等效单自由度体系。下面介绍一种等效方法。考虑具有 n 个自由度的多自由度体系（图 4-14a），现将其转换为等效单自由度体系（图 4-14d）。为此假定：

（1）多自由度体系按假定的侧移形状产生地震反应；

（2）多自由度体系与等效单自由度体系的基底剪力相等；

（3）水平地震力在两种体系上所做的功相等。

根据假定（1），多自由度体系的位移向量 $\{u(\xi,t)\}$ 可表示为：

$$\{u(\xi,t)\}=\{\Phi(\xi)\}z(t) \tag{4-32}$$

式中，$\Phi(\xi)$ 表示多自由度体系的侧移形状函数，可根据具体结构的质量和刚度沿高度分布情况，采用某一侧移函数；$z(t)$ 为与时间有关的函数。

如假定质点沿水平方向的振动为简谐振动，则式（4-32）可写为：

$$\{u(\xi,t)\}=Y_0\sin\omega t\{\Phi(\xi)\} \tag{4-33}$$

式中，Y_0 为振幅；ω 表示圆频率。

由式（4-33）可得多自由度体系的加速度向量 $\{a(\xi,t)\}$：

$$\{a(\xi,t)\}=-\{\Phi(\xi)\}\omega^2 Y_0\sin\omega t=-\omega^2\{u(\xi,t)\} \tag{4-34}$$

设等效单自由度体系的等效质量为 M_{eff}、等效刚度为 K_{eff}、等效阻尼比为 ζ_{eff}，相应的等效位移为 u_{eff}，基底剪力为 V_b，如图 4-14（d）所示。

将多自由度体系各质点的侧移 u_i 除以等效位移 u_{eff}，并用 c_i 表示，即：

$$c_i=u_i/u_{\text{eff}} \tag{4-35}$$

由式（4-34）可见，每个质点的加速度 a_i 与位移 u_i 成比例，故有：

$$c_i=a_i/a_{\text{eff}} \tag{4-36}$$

式中，a_{eff} 为等效单自由度体系的等效加速度。

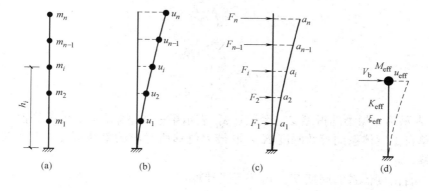

图 4-14　多自由度体系及等效单自由度体系

（a）多自由度体系；（b）位移形状；（c）加速度和惯性力；（d）等效单自由度体系

多自由度体系质点 i 的水平地震作用可表示为：

$$F_i = m_i a_i = m_i c_i a_{\text{eff}} \tag{4-37}$$

根据假定（2）可得：

$$V_b = \sum_{i=1}^{n} F_i = \left(\sum_{i=1}^{n} m_i c_i \right) a_{\text{eff}} = M_{\text{eff}} a_{\text{eff}} \tag{4-38}$$

则等效质量 M_{eff} 为：

$$M_{\text{eff}} = \left(\sum_{i=1}^{n} m_i u_i \right) / u_{\text{eff}} \tag{4-39}$$

由式（4-36）、式（4-37）和式（4-38），可得原结构各质点的水平地震作用 F_i，即：

$$F_i = \frac{m_i u_i}{\sum\limits_{j=1}^{n} m_j u_j} V_b \tag{4-40}$$

由假定（3），水平地震力在两种体系上所做的功相等，即：

$$V_b \cdot u_{\text{eff}} = \sum_{i=1}^{n} F_i u_i \tag{4-41}$$

将式（4-40）代入上式，可得：

$$u_{\text{eff}} = \frac{\sum\limits_{i=1}^{n} m_i u_i^2}{\sum\limits_{i=1}^{n} m_i u_i} \tag{4-42}$$

如将结构各点的侧移用位移形状向量和结构顶点位移 u_r 表示，则有：

$$u_i = \phi_{li} u_r \tag{4-43}$$

将式（4-43）分别代入式（4-39）和式（4-42），可得用位移形状向量表达的等效质量和等效位移，即：

$$M_{\text{eff}} = \frac{\left(\sum\limits_{i=1}^{n} m_i \phi_{li} \right)^2}{\sum\limits_{i=1}^{n} m_i \phi_{li}^2} \tag{4-44}$$

$$u_{\text{eff}} = \frac{u_r}{\gamma_1} \tag{4-45}$$

$$\gamma_1 = \frac{\sum\limits_{i=1}^{n} m_i \phi_{li}}{\sum\limits_{i=1}^{n} m_i \phi_{li}^2} \tag{4-46}$$

式中，γ_1 表示第一振型的振型参与系数；ϕ_{li} 表示第一振型第 i 质点的振型值。

等效单自由度体系的等效刚度 K_{eff} 取最大位移所对应的割线刚度，其中最大位移取其等效位移。

等效单自由度体系的周期 T_{eff} 可按下式计算：

$$T_{\text{eff}} = 2\pi \sqrt{\frac{M_{\text{eff}}}{K_{\text{eff}}}} \tag{4-47}$$

等效阻尼比 ζ_{eff} 可表示为：

$$\zeta_{\text{eff}} = \zeta_{\text{vis}} + \zeta_{\text{hys}} \tag{4-48}$$

式中，ζ_{vis} 表示黏滞阻尼比；ζ_{hys} 表示滞回阻尼比。

3. 目标位移

结构的目标位移是指结构在地震动输入下可能达到的最大位移（一般指结构的顶点位移）。如能求出等效单自由度体系的等效位移，则不难求出目标位移。所以，求解目标位移的基本方法，是先将多自由度体系转化为等效单自由度体系，然后采用弹塑性时程分析法或弹塑性位移谱法求出等效单自由度体系的最大位移，从而计算结构的目标位移。目前，求解目标位移的简化方法较多，下面介绍两种有代表性的方法。

1) 位移修正系数法

美国联邦救援署的研究报告 FEMA-440 提出采用下列公式计算目标位移：

$$\delta_1 = C_0 C_1 C_2 C_3 S_a \left(\frac{T_e}{2\pi}\right)^2 g \tag{4-49}$$

式中，C_0 表示等效单自由度体系谱位移与多自由度体系建筑物顶点位移关系的修正系数；C_1 表示最大非弹性位移期望值与线弹性位移关系的修正系数；C_2 表示滞回曲线形状、刚度退化和强度退化对最大位移反应影响的修正系数；C_3 表示由于 P-Δ 效应使位移增大的修正系数；S_a 表示与单自由度体系的等效周期和阻尼比相应的谱加速度反应；T_e 表示结构的等效周期。

系数 C_0 可采用下列方法之一确定：（1）采用控制点处的第一振型参与系数；（2）将结构顶层位移达到目标位移时的侧移作为形状向量，计算得到的第一振型参与系数作为 C_0；（3）按表 4-3 取值（其他层数可插值）。

修正系数 C_0 的取值　　　　　　　　　　　　　　　　　表 4-3

层数	1	2	3	5	≥10
修正系数 C_0	1.0	1.2	1.3	1.4	1.5

FEMA-440 对修正系数 C_1 推荐了两个备选方案，即：

方案 1：
$$C_1 = 1 + \left[\frac{1}{a(T_e/T_g)^b} - \frac{1}{c}\right] \cdot (R-1) \tag{4-50}$$

方案 2：
$$C_1 = 1 + \left[\frac{1}{a(T_e/T_g)^b}\right] \cdot (R-1) \tag{4-51}$$

其中：
$$R = \frac{mS_a}{F_y} \tag{4-52}$$

上列各式中，a、b、c 为与场地类别有关的系数，可按表 4-4 取值；其中 B 类表示岩石，其平均剪切波速范围为 760～1525m/s；C 类表示硬土或软岩石，其平均剪切波速范围为 360～760m/s；D 类表示密实土，其平均剪切波速范围为 180～360m/s；T_g 为地面运动特征周期；R 表示强度比，即体系的弹性强度需求与屈服强度之比；S_a 为按体系初始弹性周期确定的谱加速度值；m 为体系的质量；F_y 为由计算得到的结构屈服强度。

修正系数 C_1 的取值　　　　　表 4-4

场地类别	方案 1				方案 2		
	a	b	c	$T_g(s)$	a	b	$T_g(s)$
B	42	1.60	45	0.75	151	1.60	1.60
C	48	1.80	50	0.85	199	1.83	1.75
D	57	1.85	60	1.05	203	1.91	1.85

系数 C_1 和 C_2 的简化形式如下：

$$C_1 = 1 + \frac{R-1}{aT_e^2} \qquad (4-53)$$

$$C_2 = 1 + \frac{1}{800}\left(\frac{R-1}{T_e}\right)^2 \qquad (4-54)$$

式（4-53）中常数 a，对 B、C、D 类场地，分别取 130、90、60；当 T_e 小于 0.2s 时，取 C_1 等于 0.2；当 T_e 大于 1.0s 时，取 C_1 等于 1.0。对于式（4-54），当 T_e 小于 0.2s 时，取 C_2 等于 0.2；当 T_e 大于 0.7s 时，取 C_2 等于 1.0。

FEMA-356 建议，对于具有正的屈服后刚度的结构，调整系数 C_3 取 1.0；对于具有负的屈服后刚度的结构，调整系 C_3 按下式计算：

$$C_3 = 1 + \frac{|\alpha|(R-1)^{3/2}}{T_e} \qquad (4-55)$$

式中，α 为结构屈服后的刚度与初始弹性刚度的比值。而 FEMA-440 则建议取消 C_3，用强度比 R 来防止非线性分析过程中的不稳定性。

2）能力谱法

能力谱法最早是由 Freeman 于 1975 年提出的，后经发展被美国 ATC-40 等推荐使用。1999 年 Chopra 等人针对 ATC-40 方法的不足提出了改进的能力谱法。此法的基本思想是在同一图上建立两条谱曲线，一条是将力-位移曲线转化为能力谱曲线，另一条为将加速度反应谱转化为需求谱曲线，把两条曲线绘在同一图上，两条曲线的交点为"目标位移点"，亦称"性能点"。该图以位移为横坐标，加速度为纵坐标，称为 ADRS（Acceleration Displacement Response Spectrum）格式。由于通常意义上的"谱"是以周期为横坐标的，所以"能力谱"和"需求谱"应分别称之为能力曲线和需求曲线。其中建立能力曲线和需求曲线是能力谱法的关键，步骤如下：

（1）在结构上施加静力荷载，进行 Pushover 分析，直至结构倒塌或整体刚度矩阵 $\det|K| \leqslant 0$，可以得到结构的基底剪力 V_b 与顶点位移 u_r 曲线（图 4-15a）。

（2）建立能力曲线。假定结构的地震反应以第一振型为主，且在整个地震反应过程中结构沿高度的侧移可以用一个不变的形状向量表示，这样就可以将原结构等效为一个单自由度体系，而 V_b-u_r 曲线也相应地按下式逐点转化为等效自由度体系的谱加速度 S_a 与谱位移 S_d 曲线（ADRS 格式）（图 4-15b），即：

$$S_a = \frac{V_b}{M_1^*}, \qquad S_d = \frac{u_r}{\gamma_1} \qquad (4-56)$$

式中，γ_1、M_1^* 分别为结构第一振型的振型参与系数和模态质量，第一振型向量按顶点

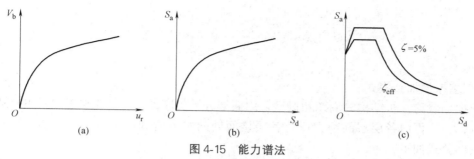

图 4-15 能力谱法

（a）pushover 曲线；（b）能力谱；（c）折减的弹性需求谱

向量位移为 1 正则化。

（3）建立需求曲线。可采用两种方法建立需求曲线：一是将规范的加速度反应谱转化为需求曲线，二是采用地面运动加速度时程作为结构的输入直接建立需求曲线。如采用前者，则可以按下式将标准的加速度反应谱（S_a-T 谱）转化为 S_a-S_d 谱曲线（ADRS 格式），即：

$$S_d = \left(\frac{T}{2\pi}\right)^2 S_a \tag{4-57}$$

式中，T 为结构自振周期。

对于不同的阻尼比，可以按式（4-57）建立不同的需求曲线，如图 4-15（c）所示。

（4）确定目标位移。将能力曲线与需求曲线绘在同一张图（ADRS 格式）上，其交点对应的位移为等效单自由度体系的等效位移 u_{eff}，再将其转化为原结构的顶点位移，即"目标位移"。

4. 水平荷载的加载模式

从理论上讲，水平荷载模式应该与地震作用下结构各层惯性力的分布一致，它所产生的内力、位移以及结构的破坏模式能大致反映地震作用下结构的状况。目前在 Pushover 分析中所采用的加载模式大概有以下 4 种。

1）均布加载模式

$$F_i = \frac{G_i}{\sum\limits_{j=1}^{n} G_j} V_b \tag{4-58}$$

2）倒三角形加载模式

$$F_i = \frac{G_i H_i}{\sum\limits_{j=1}^{n} G_j H_j} V_b \tag{4-59}$$

3）抛物线形加载模式

$$F_i = \frac{G_i H_i^{\,k}}{\sum\limits_{j=1}^{n} G_j H_j^{k}} V_b \tag{4-60}$$

式中，F_i、G_i、H_i 分别表示第 $i(j)$ 楼层处的水平荷载、重力荷载代表值和计算高度；V_b 表示结构底部总剪力；k 为参数，与结构基本周期 T 有关，按式（4-61）确定。

$$k = \begin{cases} 1.0 & T \leqslant 0.5\text{s} \\ 1.0 + \dfrac{T-0.5}{2.5-0.5} & 0.5\text{s} < T \leqslant 2.5\text{s} \\ 2.0 & T \geqslant 2.5\text{s} \end{cases} \tag{4-61}$$

4）多振型加载模式

根据加载前一步结构的周期和振型，用振型分解反应谱法计算结构各楼层的地震剪力（层间剪力），再由各层层间剪力反算各层楼面处的水平荷载，作为下一步的水平荷载模式。具体公式如下：

$$F_{ji} = \alpha_j \gamma_j \phi_{ji} G_i \tag{4-62}$$

$$V_{ji} = \sum_i^n F_{ji} \tag{4-63}$$

$$V_i = \sqrt{\sum_{j=1}^n V_{ji}^2} \tag{4-64}$$

$$F_i = V_i - V_{i+1} \tag{4-65}$$

式中，α_j、γ_j 分别表示第 j 振型的地震影响系数和振型参与系数；F_{ji}、ϕ_{ji}、V_{ji} 分别表示 j 振型 i 楼层的水平地震作用、水平振型值和楼层地震剪力；F_i、V_{ji}（V_{i+1}）分别表示第 i（$i+1$）楼层的水平地震作用和楼层地震剪力；n 为结构总层数。

上述 1）～3）加载模式属不变的加载模式，即不考虑结构受力过程中其刚度和强度变化而产生的地震力分布变化。这可能使 Pushover 分析结果在某些情况下与实际的非线性动力反应有较大差别，特别是在高振型影响较大以及结构层间剪力与层间变形关系对所采用的加荷载模式特别敏感时尤为明显。因此，对高振型影响较大的结构，应至少采用两种以上的加载模式进行 Pushover 分析。第 4）种加载模式考虑了高振型以及结构刚度变化对加载模式的影响。

4.4　多自由度体系动力分析方法

时程分析法，亦称动力分析法，它是根据选定的地震动与结构振动模型以及构件恢复力特性曲线，采用逐步积分法对运动微分方程进行直接数值积分来计算地震过程中每一瞬时结构的位移、速度与加速度反应，从而观察到结构在强震作用时，弹性与非弹性阶段的内力变化及结构开裂、损坏直至结构倒塌破坏的全过程。

4.4.1　多自由度体系地震反应的时程分析法

地震地面运动加速度是一系列随时间变化的随机脉冲，不能用简单的函数表达，因此运动方程的解只能采用数值分析方法。时程分析法的解题过程即为由 t 时刻的质点位移、速度、加速度反应以及地震动加速度（x_n、$\dot{x}_n$、$\ddot{x}_n$、$\ddot{x}_g$），推算 $t_{n+\Delta t}$ 时刻的位移、速度及加速度（x_{n+1}、$\dot{x}_{n+1}$ 及 $\ddot{x}_{n+1}$）反应值。因此，亦称逐步积分法。

求解逐步积分运动微分方程的方法很多，本节主要讨论地震反应弹性时程分析中的 Wilson-θ 法。

为了克服线性加速度法的有条件稳定问题，Wilson 对线性加速度法进行了修正，称之为 Wilson-θ 法。

如图 4-16 所示，假设时刻 t 和 $t+\theta\Delta t$ 之间，每一个质点的相对反应加速度与地震动加速度均为线形变化，在以 t 为原点的区间内，τ 满足 $0 \leqslant \tau \leqslant \theta\Delta t$，则 τ 时刻反应加速度可表示为：

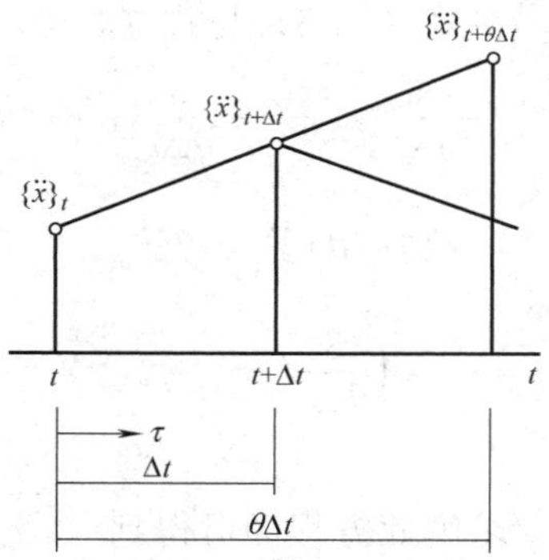

$$\{\ddot{x}(\tau)\} = \frac{\{\ddot{x}\}_{t+\theta\Delta t} - \{\ddot{x}\}_t}{\theta\Delta t} \cdot \tau + \{\ddot{x}\}_t \quad (4\text{-}66)$$

而在 t 与 $t+\theta\Delta t$ 时刻，振动微分方程可写为：

$$[m]\{\ddot{x}\}_t + [c]\{\dot{x}\}_t + [k]\{x\}_t = -\ddot{x}_g[m]\{1\} \quad (4\text{-}67)$$

$$[m]\{\ddot{x}\}_{t+\theta\Delta t} + [c]\{\dot{x}\}_{t+\theta\Delta t} + [k]\{x\}_{t+\theta\Delta t} = -\ddot{x}_{g(t+\theta\Delta t)}[m]\{1\} \quad (4\text{-}68)$$

图 4-16 Wilson-θ 法（多质点体系）

式（4-66）中，设 $\tau = \Delta t$，可得到：

$$\{\ddot{x}\}_{t+\theta\Delta t} = (1-\theta)\{\ddot{x}\}_t + \theta\{\ddot{x}\}_{t+\Delta t} \quad (4\text{-}69)$$

同理，地震加速度也可表示为：

$$\ddot{x}_{g(t+\theta\Delta t)} = (1-\theta)\ddot{x}_{gt} + \theta\ddot{x}_{g(t+\Delta t)} \quad (4\text{-}70)$$

将式（4-68）改写为：

$$\{\ddot{x}\}_{t+\Delta t} = \frac{1}{\theta}\{\ddot{x}\}_{t+\theta\Delta t} + \left(1 - \frac{1}{\theta}\right)\{\ddot{x}\}_t \quad (4\text{-}71)$$

对式（4-66）积分，得到：

$$\{\dot{x}(\tau)\} = \{\dot{x}\}_t + \{\ddot{x}\}_t\tau + (\{\ddot{x}\}_{t+\theta\Delta t} - \{\ddot{x}\}_t)\frac{\tau^2}{2\theta\Delta t}$$

$$\{x(\tau)\} = \{x\}_t + \{\dot{x}\}_t\tau + \{\ddot{x}\}_t\frac{\tau^2}{2} + (\{\ddot{x}\}_{t+\theta\Delta t} - \{\ddot{x}\}_t)\frac{\tau^3}{6\theta\Delta t} \quad (4\text{-}72)$$

设 $\tau = \theta\Delta t$，则：

$$\{\dot{x}\}_{t+\theta\Delta t} = \{\dot{x}\}_t + (\{\ddot{x}\}_t + \{\ddot{x}\}_{t+\theta\Delta t})\frac{\theta\Delta t}{2}$$

$$\{x\}_{t+\theta\Delta t} = \{x\}_t + \{\dot{x}\}_t(\theta\Delta t) + (2\{\ddot{x}\}_t + \{\ddot{x}\}_{t+\theta\Delta t})\frac{(\theta\Delta t)^2}{6} \quad (4\text{-}73)$$

$$\{\dot{x}\}_{t+\Delta t} = \{\dot{x}\}_t + \left[\frac{1}{2\theta}\{\ddot{x}\}_{t+\theta\Delta t} + \left(1 - \frac{1}{2\theta}\right)\{\ddot{x}\}_t\right]\Delta t$$

$$\{x\}_{t+\Delta t} = \{x\}_t + \{\dot{x}\}_t\Delta t + \left[\frac{1}{3\theta}\{\ddot{x}\}_{t+\theta\Delta t} + \left(1 - \frac{1}{3\theta}\right)\{\ddot{x}\}_t\right]\frac{(\Delta t)^2}{2} \quad (4\text{-}74)$$

式（4-73）中，以 $\{x\}_{t+\theta\Delta t}$ 为变量表示 $\{\ddot{x}\}_{t+\theta\Delta t}$ 与 $\{\dot{x}\}_{t+\theta\Delta t}$，则可得到：

$$\{\ddot{x}\}_{t+\theta\Delta t} = \frac{6}{(\theta\Delta t)^2}(\{x\}_{t+\theta\Delta t} - \{x\}_t) - \frac{6}{\theta\Delta t}\{\dot{x}\}_t - 2\{\ddot{x}\}_t \quad (4\text{-}75a)$$

$$\{\dot{x}\}_{t+\theta\Delta t} = \frac{3}{\theta\Delta t}(\{x\}_{t+\theta\Delta t} - \{x\}_t) - 2\{\dot{x}\}_t - \frac{\theta\Delta t}{2}\{\ddot{x}\}_t \quad (4\text{-}75b)$$

将式（4-75）与式（4-70）代入式（4-68），则可得到有关未知变量 $\{x\}_{t+\theta\Delta t}$ 的方程：

$$\left(\frac{6}{(\theta\Delta t)^2}[m]+\frac{3}{\theta\Delta t}[c]+[k]\right)\cdot\{x\}_{t+\theta\Delta t}=$$

$$-[(1-\theta)\ddot{x}_g+\theta\ddot{x}_{g(t+\Delta t)}][m]\{1\}+[m]\cdot\left[\frac{6}{(\theta\Delta t)^2}\{x\}_t+\frac{6}{\theta\Delta t}\{\dot{x}\}_t+2\{\ddot{x}\}_t\right]+$$

$$[c]\cdot\left(\frac{3}{\theta\Delta t}\{x\}_t+2\{\dot{x}\}_t+\frac{\theta\Delta t}{2}\{\ddot{x}\}_t\right)$$

$$\text{(4-76)}$$

求解此方程即可得到 $\{x\}_{t+\theta\Delta t}$。

将式（4-75a）代入式（4-71）后，可利用 $\{x\}_{t+\theta\Delta t}$ 表示 $\{x\}_{t+\Delta t}$，并将此结果代入式（4-74），则可得到 $t+\Delta t$ 时刻各质点的相对反应加速度、相对反应速度和相对反应位移，即：

$$\{\ddot{x}\}_{t+\Delta t}=\frac{6}{\theta(\theta\Delta t)^2}\ (\{x\}_{t+\Delta t}-\{x\}_t)\ -\frac{6}{\theta^2\Delta t}\{\dot{x}\}_t+\left(1-\frac{3}{\theta}\right)\{\ddot{x}\}_t$$

$$\{\dot{x}\}_{t+\Delta t}=\{\dot{x}\}_t+(\{\ddot{x}\}_{t+\Delta t}-\{\ddot{x}\}_t)\frac{\Delta t}{2}$$

$$\{x\}_{t+\Delta t}=\{x\}_t+\{\dot{x}\}_t\Delta t+(\{\ddot{x}\}_{t+\Delta t}-2\{\ddot{x}\}_t)\frac{(\Delta t)^2}{6}\qquad\text{(4-77)}$$

其绝对反应加速度为：

$$\{\ddot{x}+\ddot{x}_g\}_{t+\Delta t}=\{\ddot{x}\}_{t+\Delta t}+\ddot{x}_{gt+\Delta t}\{1\}\qquad\text{(4-78)}$$

式（4-77）中 $\{\ddot{x}\}_t$、$\{\dot{x}\}_t$ 及 $\{x\}_t$ 为前一个循环中已算出的结果，为已知量。

如此，采用逐次循环的方法，已知初始值，总可以计算得出每一个质点每一时刻的反应值。

4.4.2   多自由度体系地震反应的动力弹塑性分析

在动力弹塑性分析中解运动微分方程时，将涉及结构计算模型和恢复力模型的确定、地面运动加速度的选取和动力方程的数值解法等。动力方程的数值解法已在较多文献中有阐述。本节仅简要说明结构动力弹塑性分析涉及的其他几个问题。

1. 恢复力模型

结构或构件在受扰产生变形时企图恢复原有状态的抗力称为恢复力，恢复力与变形之间关系的曲线称为恢复力特性曲线。一般借助对结构或构件进行反复循环加载试验而获得恢复力曲线，其形状取决于结构或构件的材料性能以及受力状态等。恢复力特性曲线可以用构件控制截面的弯矩与转角、弯矩与曲率、荷载与位移或应力与应变等的对应关系来表示。

图 4-17 为一钢筋混凝土柱的荷载-位移恢复力曲线。在柱顶水平荷载 F 的反复作用下柱顶水平荷载 F 与水平位移 Δ 形成一系列滞回环线。由图 4-17 可见，在 F 值较小时，柱基本上处于弹性阶段，F-Δ 关系基本上为直线。随着 F 值增加，柱受力最大截面出现裂缝，其刚度下降，曲线斜率减小；当 F 值增加至柱受力最大截面屈服时，曲线趋于水平；

当 F 值略增加时,柱达到其最大水平承载力;此后随柱顶水平位移增加,柱的水平承载力下降,即出现承载力(强度)退化现象。当柱在最大承载力后卸载时,卸载曲线的斜率随着卸载点的向前推进而减小,卸载至零时,出现残余变形;当荷载反向施加时,曲线指向上一循环中滞回环的最高点,曲线斜率较之上一循环明显降低,即出现刚度退化现象,柱所经历的塑性变形越大,这种现象越显著。

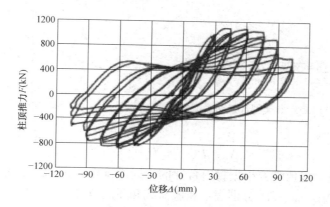

图 4-17 钢筋混凝土柱恢复力曲线

恢复力特性曲线反映了结构或构件的强度、刚度、延性和耗能能力等力学特征。

在结构动力弹塑性分析中,如直接采用图 4-17 所示的恢复力曲线,则计算非常复杂,因此须加以模型化。

恢复力模型主要包括骨架曲线和滞回规则。骨架曲线应能反映构件开裂、屈服、破坏等主要特征;滞回规则一般需确定正、负向加、卸载过程中的行走路线以及强度退化、刚度退化和滑移、捏缩等特征。

结构在低周往复水平荷载作用下,当按照位移控制加载时,为保持峰值荷载对应的位移相同,出现随着循环次数增加峰值荷载逐渐降低的现象,称为强度退化。当保持峰值荷载不变时,随循环次数的增加,峰值荷载对应的位移也随之增加,称为刚度退化。刚度的退化性质可用滞回环峰值点的割线刚度(等效刚度)或卸载至零点时的切线刚度(零载刚度)来表示。

结构的恢复力模型分曲线型和折线型两种。曲线型恢复力模型所给出的刚度变化是连续的,比较符合实际情况,但由于刚度的确定及计算方法上存在较多的不足,所以应用较少。目前广泛使用的是折线型恢复力模型。折线型恢复力模型主要分为双线性、三线性、四线性(带负刚度段)、退化二线性、退化三线性、指向原点型及滑移型等。

20 世纪 60 年代以后,研究人员提出了多种恢复力模型,其中较为常用的有:Romberg-Osgood 模型、Clough 模型、Takeda 模型等。

1)Romberg-Osgood 模型

Romberg-Osgood 模型最初是用来表示金属材料恢复力特性的模型(图 4-18,图 4-19),后来逐渐应用于土木工程结构。Romberg-Osgood 模型中骨架曲线用屈服强度 P_y、屈服位移 Δ_y 和形状指数 γ 三个基本参数来表征,即:

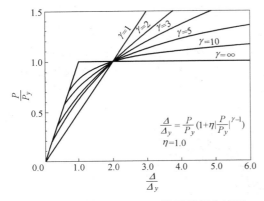

图 4-18   Romberg-Osgood 模型骨架曲线图

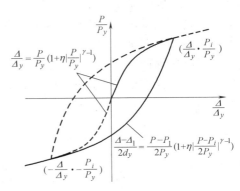

图 4-19   Romberg-Osgood 滞回模型

$$\frac{\Delta}{\Delta_y} = \frac{P}{P_y}\left(1 + \eta \left|\frac{P}{P_y}\right|^{\gamma-1}\right) \tag{4-79}$$

式中，η 为常系数，取值需要根据材料特性的不同而确定；P、Δ 分别表示加载至某一点对应的荷载、位移；P_y、Δ_y 分别表示屈服荷载和屈服位移。

滞回环形状定义为：

$$\frac{\Delta - \Delta_y}{2\Delta_y} = \frac{P - P_i}{2P_y}\left(1 + \eta \left|\frac{P - P_i}{2P_y}\right|^{\gamma-1}\right) \tag{4-80}$$

式中 P_i、Δ_y 为卸载时的坐标。

2）Clough 退化双线性模型

Clough 模型（图 4-20）于 20 世纪 60 年代提出，主要应用于钢筋混凝土受弯构件。早期的 Clough 恢复力模型没有考虑刚度退化，现在常用的 Clough 恢复力模型采用下式所示的刚度退化模型：

$$K_r = K_y \left|\frac{\Delta_m}{\Delta_y}\right|^{-\alpha} \tag{4-81}$$

式中，K_r 为相对应于 Δ_m 的退化刚度；Δ_m 为最大位移；α 为刚度退化指数；K_y 为相对应于 Δ_y 的屈服刚度。

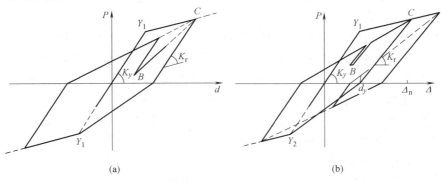

(a)   (b)

图 4-20   Clough 退化双线性模型

(a) $K_r = K_y$；(b) $K_r - K_y \left|\frac{\Delta_n}{\Delta_1}\right|^{-\alpha}$

　　该模型的滞回规则为：从开始加载到结构达到屈服荷载之前，恢复力曲线沿骨架曲线进行，当结构达到屈服荷载之后，卸载刚度按式（4-81）采用；当荷载卸载至零进行反方向加载时，则指向反向位移的最大值处（若反向未达到屈服，则指向反向屈服点），次滞回规则与主滞回规则相同。Clough 恢复力模型中的骨架曲线可以根据实际需要取为平顶或坡顶两种形式。

　　Clough 恢复力模型较好地反映了钢筋混凝土构件的主要滞回性能，同时，由于其所应用的滞回规则比较简单，因此应用较为广泛。一般来说，对坡顶型骨架曲线，屈服后刚度常取为屈服前刚度的 5%～10%。

　　3）Takeda 三线性模型

　　Takeda 三线性模型（图 4-21）适用于以弯曲破坏为主的结构或构件，具有以下特点：

　　（1）考虑由于结构或构件开裂所导致的刚度降低的现象，骨架曲线取为三折线：第一段直线适用于结构或构件达开裂荷载之前的线弹性阶段，第二段直线适用于混凝土受拉开裂后至屈服之前，第三段直线适用于纵向受拉钢筋屈服后。

　　卸载时的刚度退化规律与 Clough 模型相似，即卸荷刚度随着变形的增加而降低，按下式计算：

$$K_r = \frac{P_f + P_y}{\Delta_f + \Delta_y} \left| \frac{\Delta_m}{\Delta_y} \right|^{-\alpha} \tag{4-82}$$

式中，(Δ_f, P_f) 为开裂点；(Δ_y, P_y) 为屈服点。

　　（2）采用了较为复杂的主、次滞回规则。其要点为：卸载刚度按式（4-82）采用，主滞回反向加载时，按反方向是否开裂、屈服分别考虑，次滞回反向加载时，指向外侧滞回曲线的峰值点。依据以上原则，可列出 4 种滞回曲线，其中图 4-21（a）所示的滞回曲线是仅在一个方向开裂的典型，图 4-21（b）所示的滞回曲线是仅在一个方向屈服的典型，图 4-21（c）与图 4-21（d）所示的滞回曲线是中、小振幅的典型滞回曲线，后两图主要用来说明外侧滞回曲线峰值点的含义。

　　对于钢筋混凝土构件和型钢混凝土构件来说，由试验得到的滞回曲线比较复杂。为了尽可能真实详尽地模拟试验结果，往往需要采用一些较复杂的函数表达式和烦琐的计算规则，容易导致模型的复杂化。虽然在结构反应分析中复杂模型对于计算机计算时间的影响并不显著，但复杂模型毕竟不如简单模型便于应用，因此有必要将其简化为较为简单的、在形式上人们比较熟悉的模型。模型的简化不是任意的，必须在某些重要方面与原模型等效。在如何建立简化模型方面，日本学者北川博通过对结构的振动特性与滞回曲线的几何形状之间关系的讨论，提出了能够真实反映模型振动特性的等效模型的几何条件：

　　（1）等效模型的滞回环面积与原模型相等；

　　（2）等效模型的外包线与原模型相同。

　　当等效模型满足上述条件时，实际上便保证了等效模型与原模型具有相同的某种形式上的等效线性化体系。需要注意的是，实际结构物的恢复力特性与模型之间是有一定差异的。由于结构物的复杂性，模型不可能精确模拟实际结构物的恢复力特性，而只能模拟其主要倾向。

　　2. 地震波的选取

　　地震动具有强烈的随机性，分析表明，结构的地震反应随输入地震波的不同而差异很

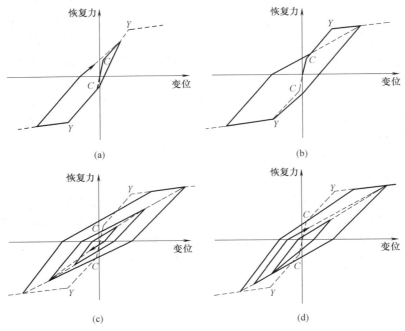

图 4-21 Takeda 三线性模型

大，相差高达几倍甚至十几倍之多。如要保证时程分析结果的合理性，必须合理选择输入地震波。一般来讲，选择输入地震波时应当考虑以下几方面的因素：地震波的峰值、频谱特性、地震动持时以及地震波数量。

1）地震波峰值加速度的调整

地震波的峰值加速度一定程度上反映了地震波的强度，因此要求输入结构的地震波峰值加速度应与设防烈度要求的多遇地震或罕遇地震的峰值加速度相当，否则应按下式对该地震波的峰值进行调整：

$$A'(t) = \frac{A'_{max}}{A_{max}} A(t)$$ (4-83)

式中，$A(t)$、A_{max} 分别表示原地震波时程曲线任意时刻 t 的加速度值、峰值加速度值；$A'(t)$、A'_{max} 分别表示调整后地震波时程曲线任意时刻 t 的加速度值、峰值加速度值。

2）地震波的频谱特性

频谱即地面运动的频率成分及各频率的影响程度。它与地震传播距离、传播区域、传播介质及结构所在地的场地土性质有密切关系。地面运动的特性测定表明，不同性质的土层对地震波中各种频率成分的吸收和过滤的效果是不同的。一般来说，同一地震，震中距近，则振幅大，高频成分丰富；震中距远，则振幅小，低频成分丰富。因此，在震中附近或岩石等坚硬场地土中，地震波中的短周期成分较多；在震中距很远或当冲积土层很厚而土质又较软时，由于地震波中的短周期成分被吸收而导致长周期成分为主。合理的地震波选择应符合下列两条原则：

（1）所输入地震波的卓越周期应尽可能与拟建场地的特征周期一致；

（2）所输入地震波的震中距应尽可能与拟建场地的震中距一致。

3）地震动持时

地震动持时也是结构破坏、倒塌的重要因素。结构在开始受到地震波的作用时，只引起微小的裂缝，在后续的地震波作用下，破坏加大，变形积累，导致大的破坏甚至倒塌。有的结构在主震时已经破坏但没有倒塌，但在余震时倒塌，就是因为地震动时间长，破坏过程在多次地震反复作用下完成，即所谓低周疲劳破坏。总之，地震动的持续时间不同，地震能量损耗不同，结构地震反应也不同。工程实践中确定地震动持续时间的原则是：

（1）地震记录最强烈部分应包含在所选持续时间内；

（2）若仅对结构进行弹性最大地震反应分析，持续时间可取短些；若对结构进行弹塑性最大地震反应分析或耗能过程分析，持续时间可取长些；

（3）一般可考虑取持续时间为结构基本周期的 5～10 倍。

4）地震波的数量

输入地震波数量太少，不足以保证时程分析结果的合理性；输入地震波数量太多，则工作量较大。研究表明，在充分考虑地震波幅值、频谱特性和持时的情况下，采用 3～5 条地震波可基本保证时程分析结果的合理性。

3. 地震动强度指标的选取

选定了地震波之后，必须确定地震动强度指标以综合反映该地震波对结构的影响。目前结构抗震分析中采用的地震动强度指标主要有以下两类：

1）单一参数的地震强度指标。如地面运动峰值加速度（PGA）、峰值速度（PGV）、峰值位移（PGD）以及谱加速度峰值（PSA）、谱速度峰值（PSV）、谱位移峰值（PSD）等。其中 PGA、PGV 和 PGD 反映了地震动峰值，我国抗震规范以及世界上大多数国家的抗震规范采用 PGA 作为地震动强度指标，日本则以 PGV 作为地震动强度指标，而 PSA、PSV 和 PSD 则反映了结构的地震反应，例如，可采用结构弹性基本周期对应的有阻尼的谱加速度值 $S_a(T_1)$ 作为地震动强度指标。

单一的地震动强度指标无法综合反映各因素对结构地震反应的影响。但一些研究结果表明，与 PGA 相关的指标在短周期结构范围内比较适用；与 PGV 相关的指标在中周期结构范围内比较适用；与 PGD 相关的指标在长周期结构范围内比较适用。将 $S_a(T_1)$ 作为地震动强度指标，可大大降低结构地震反应分析的离散性，但只适用于中、短周期的结构，对受高阶振型影响较大的长周期结构适用性较差。

2）复合型地震动强度指标。比如能够较好地描述地震动强度与结构损伤指标并考虑强震持时的 Park-Ang 指标、Fajfar 指标以及 Riddell 提出的三参数地震动强度指标等。

4.5 结构隔震和消能减震分析

结构减震控制技术是近年来发展起来并逐渐成熟的新技术，随着技术的不断进步和造价的不断降低，在工程实践中将得到越来越多的应用。本节内容主要介绍隔震与消能减震结构的设计。

4.5.1 结构隔震分析

1. 隔震结构的原理

基础隔震结构体系通过在建筑物的基础和上部结构之间设置隔震层，将建筑物分为上部结构、隔震层和下部结构三部分（图 4-22）。地震能量经由下部结构传到隔震层，大部分被隔震层的隔震装置吸收，仅有少部分传到上部结构，从而大大减轻地震作用，提高隔震建筑的安全性。

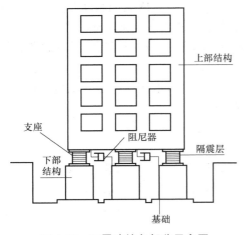

图 4-22　隔震建筑各部分示意图

经过人们不断的探索，如今基础隔震技术已经系统化、实用化。常用隔震技术包括摩擦滑移隔震系统、叠层橡胶支座隔震系统、摩擦摆隔震系统等，其中目前工程界最常用的是叠层橡胶支座隔震系统。这种隔震系统，性能稳定可靠，采用专门的叠层橡胶支座作为隔震元件。该支座由一层层的薄钢板和橡胶相互叠置，经过专门的硫化工艺黏合而成，其结构、配方、工艺需要特殊的设计，属于一种橡胶制品。目前常用的橡胶隔震支座有：天然橡胶支座（Natural Rubber Bearing，NB）、铅芯橡胶支座（Lead plug Rubber Bearing，LRB）、高阻尼橡胶支座（High Damping Rubber Bearing，HRB）等。天然橡胶支座和铅芯橡胶支座的结构如图 4-23 所示。

(a)　　　　　　　　　　　　　　　　　(b)

图 4-23　橡胶支座结构示意
（a）天然橡胶支座；（b）铅芯橡胶支座

目前工程界最常用的叠层橡胶支座隔震系统一般是在基础和上部结构之间，设置专门的橡胶隔震支座和耗能元件（如铅阻尼器、油阻尼器、钢棒阻尼器、黏弹性阻尼器和滑板支座等），形成高度很低的柔性底层，称为隔震层，使基础和上部结构断开，延长上部结构的传递，将其直接吸收或反馈回地面，同时利用隔震层的高阻尼特性，消耗输入地震动的能量，使传递到隔震结构上的地震作用进一步减小。

图 4-24 分别给出了普通建筑物的剪力反应谱和位移反应谱。一般砌体结构建筑物刚性大、周期短，所以在地震作用时建筑物的剪力反应大，而位移反应小，如图 4-24 中 A 点所示。如果我们采用隔震装置来延长建筑物周期，而保持阻尼不变，则剪力反应被大大降低，但位移反应却有所增加，如图 4-24 中 B 点所示。要是再增加隔震装置的阻尼，剪力反应继续减弱，位移反应得到明显抑制，这就是图 4-24 中的 C 点。可见，隔震装置的设置可以起到延长结构自振周期并增大结构阻尼的效果。

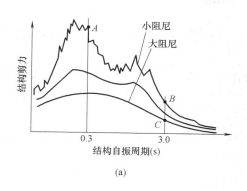 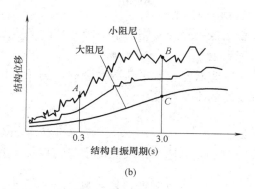

(a) (b)

图 4-24 结构剪力反应谱和位移反应谱

(a) 剪力反应谱；(b) 位移反应谱

隔震结构与传统结构的主要区别是在上部结构和下部结构之间增加了隔震层，在隔震层中设置了隔震系统。隔震系统主要由隔震装置、阻尼装置等部分组成，它们可以是各自独立的构件，也可以是同时具有几种功能的一个构件。

隔震装置的作用一方面是支撑建筑物的全部重量，另一方面由于它具有弹性，能延长建筑物的自振周期，使结构的基频处于高能量地震频率范围之外，从而能够有效地降低建筑物的地震反应。隔震支座在支撑建筑物时不仅不能丧失它的承载能力，而且还要能够忍受基础与上部结构之间的较大位移。此外，隔震支座还应具有良好的恢复能力，使它在地震过后有能力恢复原先的位置。

阻尼装置的作用是吸收地震能量，抑制地震波中长周期成分可能给仅有隔震支座的建筑物带来的大变形，并且在地震结束后帮助隔震支座恢复到原先的位置。

2. 橡胶隔震支座的力学特征

叠层橡胶隔震支座的力学特征主要包括竖向刚度、水平刚度、水平极限变形、屈曲荷载和阻尼等。

竖向压缩刚度和水平刚度可以根据橡胶的弹性理论，假定薄橡胶片的应力分布为抛物线形状而推导出来。但需注意橡胶材料为非线性弹性体，应力应变曲线为反 S 形。应用中需注意以上假定的适用范围。

1）竖向刚度

叠层橡胶隔震支座的竖向压缩刚度 K_v，是指支座在竖向压力作用下，产生竖向单位位移所需的竖向力，可以表示为：

$$K_v = \frac{E_c A}{T_r} \tag{4-84}$$

式中 E_c——橡胶的修正压缩弹性模量，$E_c = \left(\dfrac{1}{E_{sp}+E_\infty}\right)^{-1}$；

A——支座内部橡胶的平面面积；

E_{sp}——橡胶体压缩时的表观弹性模量；

E_∞——橡胶体积弹性模量；

T_r——内部橡胶总厚度。

2）水平刚度

叠层橡胶隔震支座的水平刚度是指支座上下板间产生单位相对位移时所需施加的水平力，记为 K_h。

将支座看作在水平荷载和竖向压力 P 同时作用下的压弯杆，根据 Haringx 理论可以得到支座的水平刚度：

$$K_h = \frac{P^2}{2k_r q \tan(qH/2) - PH} \tag{4-85}$$

式中 H——支座的橡胶总厚度与钢板总厚度之和；

     q——支座刚度转换系数，$q = \sqrt{\dfrac{P}{k_r}\left(1 + \dfrac{P}{k_r}\right)}$；

     k_r——支座的有效弯曲刚度，$k_r = E_{rb} I \dfrac{H}{T_r}$，$E_{rb} = \dfrac{E_r E_b}{E_r + E_b}$，$I$ 为支座的抗弯惯性矩；

     E_r——橡胶的弯曲弹性模量，$E_r = 3G\left(1 + \dfrac{2}{3}\kappa S_1^2\right)$，$\kappa$ 为橡胶材料的与硬度有关的弹性模量修正系数，S_1 为叠层橡胶隔震支座的第一形状系数。

在压缩荷载为零时，支座处于纯剪切状态，此时的水平刚度可以用下式表示：

$$K_h = \frac{GA}{T_r} \tag{4-86}$$

如果考虑到剪应变对切应变的影响，则可以用剪应变为 γ 时的等效剪切模量 $G_{eq}(\gamma)$ 代替上式中的剪切模量 G：

$$K_h = \frac{G_{eq}(\gamma)A}{T_r} \tag{4-87}$$

3）水平极限变形

叠层橡胶隔震支座的剪压承载力和极限水平变形能力都很大。在设计轴压应力为 $10\sim15\mathrm{MPa}$ 的情况下，水平切应变在 350％ 范围内时，支座不会出现压剪破坏。

4）屈曲荷载

屈曲荷载取为：

$$P_{cr} = \frac{1}{2}k_a\left(\sqrt{1 + \frac{4\pi^2 k_r}{H^2 k_a}} - 1\right) \tag{4-88}$$

式中 k_a——支座的有效剪切刚度，$k_a = GA\dfrac{H}{T_r}$。

5）阻尼性能

叠层橡胶隔震支座的阻尼，是评价在水平剪切变形过程中由于支座的非弹性变形而产生能量耗散能力的指标。由于隔震结构体系的上部结构在地震过程中基本上处于弹性状态，其提供的阻尼值很少，而隔震结构体系的水平变形集中于隔震层，所以，隔震结构体系的阻尼值基本上由隔震层提供。

隔震支座的阻尼比一般可以通过试验得到的滞回环面积近似计算得到，阻尼比的近似计算公式为：

$$\zeta = \frac{1}{\pi} \frac{W_d}{2K_h(T_r\gamma)^2} \tag{4-89}$$

式中　W_d——滞回环所包围的面积，可以通过积分或者图解求出；

　　　T_r——支座橡胶总厚度；

　　　γ——支座水平总应变。

3. 隔震结构动力分析计算

对隔震结构的动力分析，一般情况下可采用时程分析法。《建筑抗震规范》中规定的计算内容包括设防烈度地震下和罕遇地震下地震作用的计算。

设防烈度下地震作用计算结果主要用于计算水平地震影响系数并据此进行上部结构的截面抗震验算；也用于计算隔震层以下的结构、地下室和隔震塔楼下的底盘中直接支承塔楼结构的相关构件的嵌固刚度比和设防烈度下的抗震承载力验算。

罕遇地震作用下的地震作用计算结果用于以下几方面验算：结构在罕遇地震作用下薄弱层的弹塑性变形验算；隔震层在罕遇地震作用下水平位移的验算；隔震层在罕遇地震作用下稳定性的验算；隔震支座在水平和竖向罕遇地震作用下竖向拉力的计算；与隔震支座相连的上下部构件承载力验算；隔震层以下的结构、地下室和隔震塔楼下的底盘中直接支承塔楼结构的相关构件在罕遇地震下抗剪承载力验算。

1）隔震层水平等效刚度和等效阻尼比的确定

叠层橡胶隔震支座和阻尼器的刚度、阻尼比等性能参数在不同地震作用下会有所区别，在计算时应当根据具体情况选取相应的参数。

隔震层的水平等效刚度和等效阻尼比可按试验结果经计算确定：

$$K_h = \sum K_j \tag{4-90}$$

$$\zeta_{eq} = \sum K_j \zeta_j / K_h \tag{4-91}$$

式中　ζ_{eq}——隔震层等效黏滞阻尼比；

　　　K_h——隔震层水平等效刚度；

　　　ζ_j——j 振型隔震支座由试验确定的等效黏滞阻尼比，设置很多的消能器时，应包括消能器的响应阻尼比；

　　　K_j——j 振型隔震支座（含消能器）由试验确定的水平等效刚度。

2）计算结果分析

对于采用多条地震波进行时程分析的结果，宜取其包络值。

当需要考虑双向水平地震作用下的扭转地震作用效应时，其值可按下面两式中的较大值确定：

$$S_{Ek} = \sqrt{S_x^2 + (0.85S_y)^2} \tag{4-92}$$

$$S_{Ek} = \sqrt{S_y^2 + (0.85S_x)^2} \tag{4-93}$$

式中，S_x、S_y 分别为 x 向、y 向单向水平地震作用计算的地震扭转效应，按下面公式计算。

$$S = \sqrt{\sum_{j=1}^{m} \sum_{k=1}^{m} \rho_{jk} S_j S_k} \tag{4-94}$$

$$\rho_{jk} = \frac{8\sqrt{\zeta_j \zeta_k}(\zeta_j + \lambda_\mathrm{T} \zeta_k)\lambda_\mathrm{T}^{1.5}}{(1-\lambda_\mathrm{T}^2)+4\zeta_j \zeta_k(1+\lambda_\mathrm{T}^2)\lambda_\mathrm{T}+4(\zeta_j^2+\zeta_k^2)\lambda_\mathrm{T}^2} \tag{4-95}$$

式中，S_{Ek}——地震作用标准值的扭转效应；

　　S_j、S_k——j、k 振型地震作用标准值的效应，可取前 9～15 个振型；

　　　　ζ_j、ζ_k——j、k 振型的阻尼比；

　　　　　ρ_{jk}——j 振型与 k 振型的耦联系数；

　　　　λ_T——k 振型与 j 振型的自振周期比。

4. 隔震层的验算

隔震层的验算内容主要包括隔震支座的受压承载力验算，罕遇地震下隔震支座的水平位移验算，抗风装置的验算和隔震支座弹性水平恢复力的验算，隔震房屋抗倾覆验算，罕遇地震下拉应力的验算，隔震支座连接件的设计计算，隔震层顶部梁、板的刚度和承载力的验算，楼面大梁罕遇地震下的承载力验算和隔震支座附近的梁、柱冲切和局部承压验算等内容。

1) 隔震层受压承载力验算

隔震层受压承载力验算应当按照前面的内容进行，由于是依据受压承载力进行的隔震支座初步选型和布置，所以一般都能满足。但要注意因竖向地震作用和倾覆力矩引起的支座压应力的变化。

2) 罕遇地震下的水平向位移验算

罕遇地震下隔震支座的水平位移应当根据时程分析的结果确定，或者根据简化分析方法计算得到。

《建筑抗震规范》规定隔震支座对应于罕遇地震水平剪力的水平位移，应符合下列要求：

$$\mu_i \leqslant [\mu_i] \tag{4-96}$$

$$\mu_i = \eta_i \mu_\mathrm{e} \tag{4-97}$$

式中　μ_i——罕遇地震作用下，第 i 个隔震支座考虑扭转的水平位移；

　　$[\mu_i]$——第 i 个隔震支座的水平位移限值，对橡胶隔震支座，不应超过该支座有效直径的 0.55 倍和支座各橡胶总厚度 3.0 倍两者的较小值；

　　μ_e——罕遇地震下隔震层质心处或不考虑扭转的水平位移；

　　η_i——第 i 个隔震支座的扭转影响系数，应取考虑扭转和不考虑扭转时 i 支座计算位移的比值，当隔震层以上结构的质心与隔震层刚度中心在两个主轴方向均无偏心时，边支座的扭转影响系数不应小于 1.15。

3) 隔震房屋抗倾覆验算

进行结构整体抗倾覆验算时，应按罕遇地震作用计算倾覆力矩，并按上部结构重力代表值计算抗倾覆力矩，抗倾覆安全系数应大于 1.2。

$$1.2M_\mathrm{O} \leqslant M_\mathrm{RO} \tag{4-98}$$

式中　M_O——整体倾覆力矩；

　　M_RO——整体抗倾覆力矩。

上部结构传递到隔震支座的重力代表值应考虑倾覆力矩所引起的增加值。

根据《建筑抗震规范》规定，在罕遇地震作用下，隔震支座不宜出现受拉应力。当隔震支座不可避免处于受拉状态时，其拉应力不应大于1.0MPa。

4.5.2 结构消能减震分析

消能减震结构是通过在结构（称为主体结构）中设置的消能装置（称为阻尼器）来耗散地震输入能量，从而减小主体结构的地震反应，实现抗震设防目标。消能减震结构将结构的承载能力和耗能能力的功能区分开来，地震输入能量主要由专门设置的消能装置耗散，从而减轻主体结构的损伤和破坏程度。

结构的自身阻尼也会耗散地震输入能量，在结构中设置的消能装置相当于在主体结构中增加了附加阻尼，因此消能装置通常也称为阻尼器。

1. 消能减震装置与部件力学原理

消能减震结构中的附加耗能减震装置一般统称为阻尼器。根据附加阻尼器耗能机理的不同，可分为速度相关型阻尼器和位移相关型阻尼器两大类。速度相关型阻尼器通常由黏滞材料制成。位移相关型阻尼器通常由塑性变形好的材料制成，利用其在反复地震作用下良好的塑性滞回耗能能力来消耗地震能量。根据阻尼器的类型，阻尼器恢复力模型 $F_s(\dot{x}, x)$ 有以下几种形式：

速度相关型：
$$F_s(\dot{x}, x) = c\dot{x}^{\alpha}x \tag{4-99}$$

位移相关型：
$$F_s(\dot{x}, x) = f_s(x) \tag{4-100}$$

复合型：
$$F_s(\dot{x}, x) = c\dot{x}^{\alpha}x + f(x) \tag{4-101}$$

式中　c——黏滞型阻尼器的阻尼系数；

　　　α——黏滞型阻尼器的指数。

图4-25为各种阻尼器的恢复力-位移关系曲线，图4-25（a）为速度相关型阻尼器，图4-25（b）为位移相关型阻尼器；图4-25（c）为黏弹性阻尼器，是由速度相关型阻尼器和线弹性弹簧（线性力-位移关系）组合而成；图4-25（d）为摩擦型阻尼器，可认为是位移相关型阻尼器的弹性刚度趋于无穷时的情况。

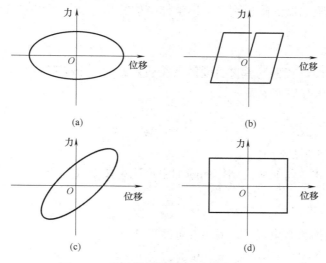

图4-25　阻尼器的恢复力-位移关系曲线

2. 阻尼器附加的有效阻尼比

由于消能减震结构附加了阻尼器，而且阻尼器的种类繁多，并具有非线性受力特征，其结构计算分析方法比一般抗震结构复杂，精确分析需要根据阻尼器的设置和恢复力的模型建立相应的结构模型，采用时程分析方法进行。

在时程分析中，为分析消能器附加给结构的有效阻尼比，根据《建筑抗震规范》，可以按照下式计算：

$$\xi_a = \frac{\sum\limits_{j=1}^{n} W_{cj}}{4\pi W_s} \tag{4-102}$$

式中　ξ_a——消能减震结构的附加有效阻尼比；

$\quad\quad W_{cj}$——第 j 个消能器在结构预期层间位移 Δu_j 下往复循环一周所消耗的能量；

$\sum\limits_{j=1}^{n} W_{cj}$——结构上所有消能器耗散能量之和；

$\quad\quad W_s$——设置消能部件的结构在预期位移下的总应变能。

对于扭转影响较小的剪切型建筑，消能减震机构在水平地震作用下的弹性能可以按照下式估计：

$$W_s = \frac{1}{2}\sum F_i u_i \tag{4-103}$$

式中　F_i——质点 i 的水平地震作用标准值；

$\quad\quad u_i$——质点 i 对应于水平地震作用标准值的位移。

阻尼器在整体结构中为附属部件，当主体结构基本处于弹性工作阶段时，其对主体结构的整体变形特征影响不大，因此可根据能量等效原则，将阻尼器的耗能近似等效为一般线性阻尼耗能来考虑，确定相应的附加阻尼比，并与原结构阻尼比叠加后得到总阻尼比，然后根据设计反应谱，取总阻尼比的地震影响系数，采用底部剪力法和振型分解反应谱法计算地震作用。

计算中应考虑阻尼器的附加刚度，即整体结构的总刚度等于主体结构刚度与阻尼器的有效刚度之和。

1）底部剪力法

根据动力学原理，有阻尼单自由度体系在往复振动一个循环中的阻尼耗能 W_c 与体系最大变形能 W_s 之比有如下关系：

$$4\pi\xi_c = \frac{W_c}{W_s} \tag{4-104}$$

式中　ξ_c——体系的附加阻尼比。

根据以上关系式，消能减震结构的附加阻尼比可按下式确定：

$$\xi_c = \frac{1}{4\pi} \cdot \frac{W_c}{W_s} \tag{4-105}$$

对于速度线性相关型阻尼器，其 W_c 可按下式计算：

$$W_c = \frac{2\pi^2}{T_1}\sum C_i \cos^2\theta_i \Delta u_i^2 \tag{4-106}$$

式中 T_1——消能减震结构的基本周期；

       C_i——第 i 个阻尼器的线性阻尼系数，一般通过试验确定；

       θ_i——第 i 个阻尼器的消能方向与水平面的夹角；

       Δu_i——第 i 个阻尼器两端的相对水平位移。

对于位移相关型阻尼器，其 W_c 可按下列公式计算：

$$W_c = \frac{2\pi^2}{T_1}\sum C_i \cos^2\theta_i \Delta u_i^2 \tag{4-107}$$

式中，A_i 为第 i 个阻尼器的恢复力滞回环在相对水平位移 Δu_i 时的面积，此时，阻尼器的刚度可取恢复力滞回环在相对水平位移 Δu_i 时的割线刚度。

整体结构的总阻尼比 ξ 为由式（4-102）计算的附加阻尼比 ξ_c 与主体结构自身阻尼比 ξ_s 之和，根据总阻尼比 ξ 计算地震影响系数，并按底部剪力法确定结构的地震作用。

2）振型分解反应谱法

对于采用速度线性相关性阻尼器的消能减震结构，根据其布置和各阻尼器的阻尼系数，可以直接给出消能减震器的附加阻尼矩阵 C_c，因此整体结构的阻尼矩阵等于主体结构自身阻尼矩阵 C_a 与消能减震器的附加阻尼矩阵 C_c 之和，即：

$$C = C_a + C_c \tag{4-108}$$

通常上述阻尼矩阵不满足振型分解的正交条件，因此无法从理论上直接采用振型分解反应谱法来计算地震作用。但研究分析表明，当阻尼器设置合理，附加阻尼矩阵 C_c 的元素基本集中于矩阵主对角附近，此时可采用强行解耦方法，即忽略附加阻尼矩阵 C_c 的非正交项，由此得到以下对应各振型的阻尼比：

$$\xi_j = \xi_{sj} + \xi_{cj} \tag{4-109}$$

$$\xi_{sj} = \frac{T_j}{4\pi M_j}\Phi_j^{\mathrm{T}} C_c \Phi_j \tag{4-110}$$

式中 ξ_j、ξ_{sj}、ξ_{cj}——分别为消能减震结构的 j 振型阻尼比、主体结构的 j 振型阻尼比和阻尼器附加的 j 振型阻尼比；

       T_j、Φ_j、M_j——分别为消能减震结构的第 j 自振周期、振型和广义质量。

按上述方法确定各振型阻尼比后，即可根据各振型的总阻尼比 ξ_j 计算各振型的地震影响系数，并按振型组合方法确定结构的地震作用效应。

本章小结

（1）地震是地球内部缓慢积累的能量突然释放而引起的地球表层的振动，是对人类构成严重威胁的一种突发性自然灾害。

（2）多自由度体系结构地震反应的分析方法可分为静力分析法、动力分析法等。

（3）多自由度体系结构的静力分析法包括底部剪力法、振型分解法和静力弹塑性分析方法等。

（4）多自由度体系结构的动力分析法包括弹性时程分析法和弹塑性时程分析法。后者是根据选定的地震动与结构振动模型以及构件恢复力特性曲线，采用逐步积分法对运动微分方程进行直接数值积分来计算地震过程中每一瞬时结构的位移、速度与加速度反应，从而观察到结构在强震作用时，弹性与非弹性阶段的内力变化及结构开裂、损坏直至结构倒塌破坏的全过程。

（5）隔震系统一般由隔震器、阻尼器等构成，它具有竖向刚度大、水平刚度小、能提供较大阻尼的特点。隔震层在竖向支撑建筑物的自重，水平方向具有弹性，能提供一定的水平刚度，延长建筑物的基本周期，以避开地震动的场地特征周期降低建筑物的地震反应。为了反映隔震建筑隔震层以上结构水平地震反应减小这一情况，引入"水平向减震系数"。地震作用计算时，水平地震影响系数最大值应进行折减，即乘以水平向减震系数。

（6）消能减震结构通过在主体结构中设置阻尼器来耗散地震输入能量，从而减小主体结构的地震反应，实现抗震设防目标。消能减震结构将结构的承载能力和耗能能力的功能区分开来，地震输入能量主要由阻尼器耗散，从而减轻主体结构的损伤和破坏程度。

思考与练习题

4-1　简述单质点地震反应弹性分析的基本原理。

4-2　简述振型分解法的基本原理和步骤。

4-3　简述静力弹塑性分析法的基本原理和步骤。

4-4　试简述恢复力模型的种类及各自特征。

4-5　简述隔震结构的工作原理及设计过程。

4-6　阻尼器有哪些类型？其性能特点是什么？

第5章　结构抗风理论与数值分析

本章要点及学习目标

本章要点：

(1) 结构风工程的起源及发展现状；(2) 自然风的产生机理及风致结构灾害；(3) 桥梁风致振动的类型及其数值分析方法；(4) 建筑结构风荷载的计算方法；(5) 建筑结构顺风向抗风设计和横风向风振。

学习目标：

(1) 了解结构抗风的重要意义；(2) 了解风的成因、自然风的分类、风力等级及风对结构的影响；(3) 掌握桥梁风致振动的类型，了解其数值分析的基本原理；(4) 掌握结构抗风设计中风荷载的计算原理和方法。

1940 年 11 月 7 日，美国华盛顿州建成仅四个月的塔科马海峡悬索桥（Tacoma Nar-rows Bridge）在约为 19m/s 的风速作用下发生强烈的风致振动并破坏，如图 5-1 所示。该桥跨度 853m、桥宽 11.9m、梁高 2.4m，完全符合基于挠度理论的结构静力设计要求，但当时的桥梁设计尚未意识到风荷载的动力作用，因此造成了旧塔科马海峡大桥风毁的惨剧。该事件促进了工程界对结构空气动力学问题的研究，土木工程领域逐渐形成了"风工程学"这一新兴学科。近几十年来，结构风工程研究已得到了很大的发展并日趋成熟和完善。

(a)　　　　　　　　　　　　　　　　　　(b)

图 5-1　旧塔科马海峡大桥

（a）风毁前；（b）颤振风毁

5.1 概述

5.1.1 自然界的风

风是地球表面的空气运动，由于太阳对地球大气的加热不均匀，导致大气中热力与动力现象的时空不均匀性，造成了同一海拔高度处大气压的不同，空气从气压高的地方向气压低的地方流动便形成了风。风的大小可用风力等级来描述，详见表 5-1。

蒲氏风力等级表

表 5-1

风级	名称	离地 10m 高度处风速（m/s）		陆上地物征象
		范围	中数	
0	静风	0～0.2	0	静，烟直上
1	软风	0.3～1.5	1	烟能表示方向，树叶略有摇动但风向标不能转动
2	轻风	1.6～3.3	2	人面感觉有风，树叶微响，风向标能转动
3	微风	3.4～5.4	4	树叶及小枝摇动不息，旗子展开
4	和风	5.5～7.9	7	能吹起地面灰尘和纸片，树枝摇动
5	劲风	8.0～10.7	9	有叶的小树摇摆，内陆的水面有水波
6	强风	10.8～13.8	12	大树枝摇动，电线呼呼有声，撑伞困难
7	疾风	13.9～17.1	16	全树摇动，迎风步行感觉不便
8	大风	17.2～20.7	19	小枝折断，人迎风前行感觉阻力巨大
9	烈风	20.8～24.4	23	建筑物有轻毁，屋瓦被掀起，大树枝折断
10	狂风	24.5～28.4	26	树木吹倒，一般建筑物遭破坏
11	暴风	28.5～32.6	31	大树吹倒，一般建筑物遭严重破坏
12	飓风	32.7～36.9	＞33	陆上少见，摧毁力极大

自然界常见的风环境主要分为季风、热带气旋、龙卷风和地方性风。热带气旋在纬度 5°～20°之间形成，故名热带气旋，按强度又依次分为：热带低压、热带风暴、强热带风暴、台风（也称之为飓风）。因季节性特征与海陆热力差异而产生的风称为季风，大陆冬季比海洋寒冷，形成大陆高压；夏季则相反，形成大陆低压。由于海洋与大陆之间存在水平气压梯度，于是便形成了季风。亚洲大陆面积最大，因而季风气候的影响最为明显。局部地形与气候特点也可能产生十分强烈的风暴，例如美国经常发生的龙卷风、我国西南部山口的峡谷风以及雷暴天气产生的下击暴流等都属于地方性风。

根据自然风的成因，影响自然风的主要因素有：

1）大气的吸热性能。虽然阳光是大气温度的直接能源，但影响大气温度的能源主要来自地球表面辐射。大气不易接受阳光辐射，太阳热辐射几乎可以全部投射到地球表面。地球表面被阳光辐射加热后，以地面辐射的形式向大气发射能量，其特征波长比太阳光长，很容易被大气吸收。因此，大气不直接从来自外层空间的阳光吸收热量，而是从地表辐射吸收热量。

2）大气的压强分布。大气压强本质上是由空气的重量产生的，因此地表处的压强较大，压强随高度增加而递减。另一方面，根据热力学第一定律，压强和体积的乘积与绝对温度的比值是一个常量，地表附近一个热空气团在快速上升时，其压强与温度变化过程可视为绝热变化过程，因此随着高空压力的降低，大气温度也会降低。如果热空气团上升过程气温总是高于周围大气温度，则会一直上升，称为不稳定层结；反之，则称为稳定层结，这时气团将不再上升。如果气团上升的绝热递减率正好等于大气气温沿高度分布的递减率，同时气团温度总是等于周围大气温度，则称为中性层结。总之，大气压强与温度沿高度递减的规律是造成气流垂直运动的重要原因。

　　3）气压的水平梯度力。地球表面各处的气压不相同，从而在同一水平面上产生水平气压梯度，这是空气水平运动的驱动力。例如，亚洲大陆最为辽阔，与海洋上空气压相比，冬天为高气压，夏天为低气压，于是形成了亚洲最为明显的季风气候。

　　4）边界层效应-地区表面对大气的摩擦力。空气作为一种具有黏性的流体，在物体表面上方一定高度内形成边界层。地球表面对空气运动的水平阻力使气流速度减慢，当高度超过大气边界层高度后，这种摩擦力效应可以忽略。由于工程结构都处在大气边界层之中，因此需将边界层效应仔细加以研究。此外，自然风还受地球自转产生的科里奥利力影响，在北半球，北风总是偏西，南风总是偏东，很少有正北风或正南风。大气中水汽也会影响气流运动，饱和暖湿气流含有水汽凝结的能量，其运动比干气流剧烈一些，台风就是一种典型的暖湿气流。

5.1.2　风致结构灾害

　　风灾是自然灾害中最频繁的一种，发生频率高，次生灾害大，给人类生命财产带来了巨大危害。根据联合国 20 世纪 90 年代的有关统计，人类所遭遇的各种自然灾害中，风灾给人类造成的经济损失超过其他如地震、水灾、火灾等灾害的总和。尤其对于台风、龙卷风等强对流天气，其常造成巨大的人员伤亡、大面积农田被淹没、大量房屋被毁坏以及电力与交通中断等，给人类生命财产与安全带来了巨大危害。其中，土木工程结构的损坏和倒塌是主要损失之一。

　　风对构筑物的作用从自然风所包含的成分看包括平均风作用和脉动风作用，从结构的响应来看包括静态响应和风致振动响应。平均风既可引起结构的静态响应，又可引起高耸结构的横风向振动响应。脉动风引起的响应则包括了结构的准静态响应，顺风向、横风向及竖向的随机振动响应。当这些响应的综合结果超过了结构的承受能力时，结构将发生破坏。

　　根据构筑物的结构类型，风对构筑物的破坏大致包括以下几个方面：

　　1. 高耸结构

　　高耸结构主要涉及桅杆和烟囱、电视塔等塔式结构，在风荷载作用下可能会产生较大幅度的振动，从而容易导致其疲劳或强度破坏，如图 5-2 所示。

　　近年来，世界范围内发生了数十起桅杆倒塌事故。1969 年 3 月，英国约克郡高 386m 的钢管电视桅杆被风吹倒；1985 年，位于联邦德国的一

图 5-2　风力发电机风毁

座高 298m 的无线电视桅杆在风荷载作用下倒塌；1988 年，位于美国密苏里一座高 610m 的电视桅杆受阵风倒塌，造成 3 人死亡。1991 年，位于波兰的 645m 高华沙无线电天线杆在风作用下倒塌。1999 年 9 月，我国香港湾仔某大楼的屋顶桅杆被 9915 号台风约克吹倒。

2. 桥梁结构

1940 年 11 月 7 日前半夜，建成仅 4 个月的主跨 853m 的美国旧塔科马海峡大桥在风速约 19m/s 的八级大风作用下，经历了几个小时的竖向振动后，诱发了强烈的风致扭转发散振动而坍塌。塔科马海峡大桥这一可怕的风毁事故震惊了当时的桥梁工程界，在为调查事故原因而收集有关桥梁风毁的历史资料中，人们发现从 1818 年起，至少已有 11 座悬索桥毁于强风（表 5-2），虽然当时对于这种风致振动的机理还未能做出科学的解释，但从此开启了全面研究大跨度桥梁风振机理及其抑振措施的序幕。

桥梁风毁事故一览表   表 5-2

桥名	所在地	跨径（m）	毁坏年份
Dryburgh Abbey Bridge（千镇修道院桥）	苏格兰	79	1818
Union Bridge（联合桥）	德国	140	1821
Brighton Chain Pier Bridge（布兰登桥）	英格兰	80	1836
Montrose Bridge（蒙特罗斯桥）	苏格兰	130	1838
Menai Straits Bridge（梅奈海峡桥）	威尔士	180	1839
Roche-Bernard Bridge（罗奇-伯纳德桥）	法国	195	1852
Wheeling Bridge（威灵桥）	美国	310	1854
Niagara-Lewiston Bridge（尼亚加拉-利文斯顿桥）	美国	320	1864
Tay Bridge（泰桥）	苏格兰	74	1879
Niagara-Clifton Bridge（尼亚加拉-克立夫顿桥）	美国	380	1889
Tacomma Narrow Bridge（塔科马海峡桥）	美国	853	1940

3. 大跨结构

体育场馆、会展中心等大跨空间结构也常遭受风灾。2002 年 8 月 31 日，受 0215 号强台风鹿莎的袭击，即将举行亚运会的韩国釜山市有四座体育场馆遭到不同程度的破坏，其中亚运会体育场棚顶被掀。2004 年河南省体育中心围护结构在八至九级的瞬时风袭击下严重受损，位于东侧屋盖中间部位约 100m 范围内的铝面板及其固定槽钢被风撕裂并吹落，雨篷吊顶被吹坏，三个 $30m^2$ 的大型采光窗被整体吹落。2005 年 8 月 6 日早晨，受 0509 号强台风麦莎的袭击，浙江宁波市北仑体艺中心屋顶七块 PTFE 顶膜中的南面第 3 块在经历了约 1h 的狂风后被从头到尾彻底撕毁，致使场馆严重漏水。

4. 房屋建筑结构

风荷载对房屋建筑结构的破坏主要表现为：

1）对多、高层结构的破坏作用。例如，1926 年的一次大风使得美国一座叫 Meyer-Kiser（图 5-3）的十多层大楼的钢框架发生塑性变形，造成围护结构严重破坏，大楼在风暴中严重摇晃。

2）对简易房屋，尤其是轻屋盖房屋造成的破坏。例如，2003 年一次台风袭击深圳，一民工工棚倒塌，造成 7 人死亡，10 余人受伤。1999 年第 14 号台风在厦门登陆，造成了

3000m 左右的轻型屋盖被吹落。2004 年第 14 号强台风云娜也造成了许多简易厂房、建筑工地的临时工棚以及民房被毁。

3）对外墙饰面、门窗玻璃及玻璃幕墙的破坏。例如，1971 年 9 月完成的美国波士顿约翰汉考克大楼，自 1972 年夏天至 1973 年 1 月，由于大风的作用，大约有 16 块窗玻璃破碎，49 块严重损坏，100 块开裂，后来不得不调换了所有的 10348 块玻璃，费用超过 700 万美元，不但超过了原玻璃的价值，同时还因采取了其他防护措施增加了造价。2005 年 8 月 29 日，飓风卡特里娜吹毁了新奥尔良凯悦酒店等许多建筑的窗户、幕墙和外墙饰面，并导致楼下汽车等大量物品被砸毁。

5. 输电系统等生命线工程

供电线路的电杆埋深较浅，在大风中容易被刮倒，造成停电事故，严重影响生产和生活。电线杆在台风中发生

图 5-3 Meyer-Kiser 大楼

破坏的典型案例如图 5-4 所示。1988 年 8807 号台风于 8 月 8 日袭击杭州，数以万计的树木被刮倒，水泥电线杆被折断、电线被吹断，电信和输电线路中断，造成全市严重停电、停水，铁路和市内交通一度中断。1996 年 9 月 9 日，在广东吴川-湛江沿海登陆的 9616 号强台风莎莉把湛江至茂名的一些 22 万伏高压输电塔拦腰折断；2005 年 8 月 6 日，无锡的一些高压输电塔被 0509 号强台风麦莎摧毁。

图 5-4 电线杆风毁

6. 电厂冷却塔

1965 年 11 月 1 日的一场平均风速为 18～20m/s 的大风把英国渡桥热电厂冷却塔群中位于下游的 4 座冷却塔中的 3 座吹毁，图 5-5 所示为调查委员会报告所列灾后现场情况。在事故原因的调查中发现：一方面由于风流在上游相邻冷却塔之间的间隙中产生了"穿堂风"效应，放大了作用在下游冷却塔上的平均风荷载；另一方面，由于下游塔处于上游塔的尾流区边缘，从而使其受到了由尾流脉动引起的很大的脉动风荷载。实践证明，在冷却塔群中，塔群所受风效应要比孤立单个塔严重得多。

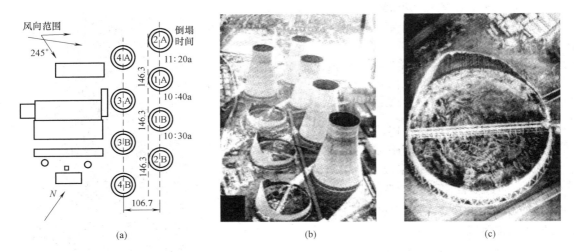

图 5-5　渡桥电厂厂区布置和冷却塔被毁
（a）厂区总体布置；（b）事故后整体遗址；（c）1A 塔倒塌遗迹

5.2　近地风特性

结构物主要受近地风荷载的影响，即大气边界层内空气流动特性的影响。从工程结构抗风研究的角度来看，了解自然风的基本特性主要是了解近地强风的基本特性。掌握近地风特性是工程结构抗风设计与检算的基本依据，因而开展近地风特性的系统研究是结构风工程领域的基础性工作。

根据平稳随机过程假设，自然风通常被分解为平均风 $\overline{U}$ 和脉动风 $u(t)$，见式（5-1）：

$$U(t)=\overline{U}+u(t) \tag{5-1a}$$

$$\overline{U}=\frac{1}{T}\int_{0}^{T}U(t)\mathrm{d}t \tag{5-1b}$$

式中　$\overline{U}$——平均风速；

　　　$u(t)$——均值为零的脉动风速；

　　　T——基本时距；

　　　t——时间。

于是，平均风特性包括平均风速、风向、攻角以及风剖面等，而脉动风特性主要包括紊流强度、阵风因子、紊流积分尺度、紊流功率谱密度等。这些风特性参数受风速的大小、风向的变化、地貌特征及地理位置等多个复杂因素的影响，因而具有较强的随机性。

5.2.1　平均风速和风向

基本风速是反映结构物所在地气候特点的一个重要参数。基本风速的取值与地面粗糙度、高度、重现期及基本时距直接相关。《公路桥梁抗风设计规范》JTG/T 3360-01—2018 中规定："当桥梁所在地区的气象台站具有足够的连续风速观测数据时，可采用当地气象台站最大风速的概率分布模型，由 10min 平均年最大风速推算 100 年重现期的数学期望值作为基本风速。当桥梁所在地区缺乏风速观测资料时，可利用全国基本风压分布图，将桥位所在地区的基本风压换算为基本风速。"

在结构风工程研究中，通常采用矢量分解法对实测风速数据进行分析处理。在矢量分解法中，通常将大气紊流风速矢量分解为顺风向水平分量、横风向水平分量和竖向分量，其具体思路是：首先确定一定基本时距内的主风向，然后通过矢量分解将水平脉动风速分解为沿主风向的顺风向分量和与其正交的横风向分量。设实测三维风速分别为 U_x、U_y 和 U_z，则水平平均风速 $\overline{U}_h$ 和风向角 β 可表示为：

$$\overline{U}_h=\sqrt{(\overline{U}_x)^2+(\overline{U}_y)^2} \tag{5-2a}$$

$$\cos\beta=\frac{\overline{U}_x}{\overline{U}_h} \tag{5-2b}$$

式中，$\overline{U}_x$ 和 $\overline{U}_y$ 分别表示基本时距内顺风向与横风向风速平均值；β 的变化范围为 $0°\sim 360°$，其所在的风向区域（如 NE、SE 等）可通过 $\overline{U}_x$ 和 $\overline{U}_y$ 的符号来确定。竖向风向与风速仪坐标 z 轴相同，因此竖向平均风速 W 可表示为：

$$W=\overline{U}_z \tag{5-3}$$

式中，$\overline{U}_z$ 表示基本时距内竖向风速平均值。

5.2.2 风剖面

在大气边界层中，由于下垫面的非均匀性，使近地面层的风速和风向随高度表现出明显的变化规律。风速的这种垂直分布特性被称之为风剖面。特别是在大风情况下，风剖面直接关系到高层建筑、桅杆结构等高耸建筑物的风荷载和风致响应，因此是建筑结构设计、施工与运营过程中备受关注的重点问题，也是结构抗风规范制定、修订的重要条例之一。

基本风速常以在 10m 高度处的风速为基准，并通过风剖面换算其他任意高度处的风速。由于风剖面的具体形状与地表粗糙度密切相关，因此相关研究工作者在理论推导的基础上结合实测数据进行修正，提出了多种风剖面的表达式，主要包括对数型和指数型两种。两种模型通常只在梯度风高度范围内适用，梯度风高度与地面粗糙度直接相关。当超出梯度风高度后，通常认为风速沿高度不再变化。气象学家认为采用对数律表示风剖面比较理想，在 100m 高度内可以较好地模拟实际风速分布，在强风时的适用范围可以达到 200m。然而，指数律的计算更为方便，且计算结果与对数律相差不大，因此被规范广泛采用。指数风剖面假定大气边界层内风速沿高度的分布服从幂指数律，即：

$$\frac{U_2}{U_1}=\left(\frac{Z_2}{Z_1}\right)^{\alpha} \tag{5-4}$$

式中 U_1、U_2——分别为高度 Z_1 和 Z_2 处的风速（m/s）；

α——考虑地表粗糙度影响的无量纲幂指数，《公路桥梁抗风设计规范》JTG/T 3360-01—2018 根据划分的 4 个类别的地形特征规定无量纲幂指数 α 的取值，具体见表 5-3。

不同地表粗糙度对应的 α 值

表 5-3

地表粗糙度类别	地 表 状 况	α
I	海面、海岸、开阔水平、沙漠	0.12
II	田园、乡村、平坦开阔地及低层建筑物稀少地区	0.16
III	树木及低层建筑物等密集地区、中高层建筑物稀少地区、平缓丘陵地区	0.22
IV	中高层建筑物密集地区、起伏较大的丘陵地	0.30

5.2.3　脉动风速

在基本时距内,纵向脉动风速 $u(t)$、横向脉动风速 $v(t)$ 和垂直脉动风速 $w(t)$ 可根据公式(5-5)进行计算:

$$u(t) = U_x(t)\cos\beta + U_y(t)\sin\beta - \overline{U} \tag{5-5a}$$

$$v(t) = -U_x(t)\sin\beta + U_y(t)\cos\beta \tag{5-5b}$$

$$w(t) = U_z(t) - W \tag{5-5c}$$

由于风的随机性,脉动分量 $u(t)$、$v(t)$ 和 $w(t)$ 通常视作均值为零的平稳随机过程。

5.2.4　紊流强度和阵风因子

紊流强度反映了风的脉动强度,是确定结构脉动风荷载的关键参数,也是校准风洞试验中紊流风环境的重要指标。阵风因子主要用于换算基本时距内的最大阵风风速,其与紊流强度具有一定的相关性,但由式(5-6)和式(5-7)可知两者侧重点不尽相同。

1. 紊流强度

紊流强度用于描述自然风中紊流分量与平均分量的比值,其定义为各方向脉动风速的均方差 σ_u、σ_v、σ_w 与平均风速 $\overline{U}$ 之比,分别用 I_u、I_v、I_w 表示,即:

$$I_i = \frac{\sigma_i}{\overline{U}}(i = u, v, w) \tag{5-6}$$

依据式(5-6)的定义,便可由桥址处实测数据计算出桥址处的紊流强度。显然,紊流强度与地面粗糙度和测点高度存在很大关系:测点越高,紊流强度越小;地面粗糙度越大,紊流强度也越大。顺风向、横风向及竖向紊流强度通常表现出 $I_u > I_v > I_w$ 的规律。当缺乏实测资料时,《公路桥梁抗风设计规范》JTG/T 3360-01—2018 建议 $I_v = 0.88I_u$,$I_w = 0.50I_u$。

2. 阵风因子

阵风因子定义为阵风持续时间 t_g 内平均风速最大值与基本时距内平均风速的比值。其中,阵风持续时间 t_g 通常取为 3s。

$$G_u(t_g) = 1 + \frac{\max[\overline{u(t_g)}]}{\overline{U}} \tag{5-7a}$$

$$G_v(t_g) = \frac{\max[\overline{v(t_g)}]}{\overline{U}} \tag{5-7b}$$

$$G_w(t_g) = \frac{\max[\overline{w(t_g)}]}{\overline{U}} \tag{5-7c}$$

由式（5-7）可知，持续时间 t_g 越大，对应的阵风因子则越小。显然，当 t_g 取为基本时距时，则有 $G_u=1$，$G_v=G_w=0$。

5.2.5 紊流积分尺度

大气边界层中紊流可视为多个不同频率涡旋的叠加。若每个涡旋的频率为 n，则涡旋的波长为 $\lambda=\overline{U}/n$，即表征涡旋大小的尺度。紊流积分尺度便是对紊流中涡旋平均尺寸的量度。紊流积分尺度对应于顺风向、横风向和垂直方向脉动速度分量 u、v、w 的涡旋，每个涡旋又有三个方向的尺度，因此一共有 9 个紊流积分尺度，例如 L_u^x、L_u^y 和 L_u^z 分别表示与纵向脉动速度 u 有关的涡旋在 x、y 和 z 三个方向上的平均尺寸。应用平稳随机过程理论，顺风向的紊流积分尺度可定义为：

$$L_u^x=\frac{1}{\sigma_u^2}\int_0^\infty R_{u_1 u_2}(x)\mathrm{d}x \tag{5-8}$$

式中，$R_{u_1 u_2}(x)$ 表示 (x_1, y_1, z_1, t) 与 (x_1+x, y_1, z_1, t) 两点间脉动分量 u 的互相关函数，类似地可以定义其余 8 个紊流积分尺度。

根据泰勒假设，若紊流涡旋以平均风速 $\overline{U}$ 沿顺风向迁移，则脉动风速 $u(x_1, t+\tau)$ 可以定义为 $u(x_1-x, \tau)$，其中 $x=\overline{U}t$。此时顺风向的紊流积分尺度 L_u^x 又可以表示为：

$$L_u^x=\frac{\overline{U}}{\sigma_u^2}\int_0^\infty R_u(\tau)\mathrm{d}\tau \tag{5-9}$$

式中，$R_u(\tau)$ 是脉动风速 $u(x_1, t+\tau)$ 的自相关函数，$R_u(0)=\sigma_u^2$。

紊流积分尺度的分析结果主要取决于数据记录的长度和平稳度，不同的实测结果相差很大。针对同一记录数据，采用不同的分析方法，也可能得到不同的结果，因此分析方法的选择对结果的稳定性非常重要。最理想的方法是在空间实现多点同时测量，然后利用空间相关函数直接积分法即式（5-8）求得紊流积分尺度。然而，空间多点同步测量通常很难实现，因而一般根据 Taylor 假设将多点测量简化为单点测量，再利用自相关函数积分法即式（5-9）进行计算。此外，紊流积分尺度还可以利用稳态随机信号自拟合法或功率谱密度函数法等计算得到。

5.2.6 紊流功率谱密度

紊流功率谱密度是描述脉动风速频域内能量分布的重要参数，可准确反映脉动风中各频率成分所做贡献的大小。脉动风紊流功率谱密度模型的准确性直接关乎结构抖振响应的预测精度。目前的紊流功率谱模型通常由大量实测风速功率谱密度的统计拟合获得。Davenport 曾根据世界上不同地点、不同高度处测得的 90 多次强风记录拟合得到水平脉动风速谱，后来很多学者在此基础上进行了改进。目前我国《公路桥梁抗风设计规范》JTG/T 3360-01—2018 采用的是 Kaimal 提出的表达式作为顺风向功率谱密度，采用 Panofsky 提出的模型作为竖向风谱。作为代表，Kaimal 谱的具体表达式为：

$$\frac{nS_u(n)}{(u^*)^2}=\frac{200f}{(1+50f)^{5/3}} \tag{5-10}$$

式中 $S_u(n)$——顺风向功率谱密度；

n——脉动风的频率；

f——莫宁坐标 $f=nZ/\overline{U}$；

Z——离地面高度；

u^*——气流摩阻速度，见式（5-11）。

$$u^* = k\overline{U}\Big/\Big(\ln\frac{Z}{Z_0}\Big) \tag{5-11}$$

式中　k——冯卡门系数，取为 0.4；

　　　　Z_0——地面粗糙长度，是地表面涡旋尺寸的量度，其实测值离散性很大，为了便于工程应用，一般根据地面类型由经验确定其取值范围。

5.3　桥梁结构抗风理论

5.3.1　风对桥梁结构的作用

风对桥梁的作用受到风特性、结构的动力特性以及风与结构的互相作用等方面的影响。当气流绕过一般为非流线型（钝体）截面的桥梁结构时，会产生涡旋和流动的分离，从而形成复杂的空气作用力。当桥梁结构的刚度较大时，结构保持静止不动，这种空气力的作用只相当于静力作用；当桥梁结构的刚度较小时，结构振动得到激发，这时空气力不仅具有静力作用，同时具有动力作用。风的动力作用激发了桥梁风致振动，而振动起来的桥梁结构又反过来影响空气的流场，从而改变空气作用力，形成了风与结构的相互作用机制。当空气力受结构振动的影响较小时，空气作用力作为一种强迫力，引起结构的强迫振动；当空气力受结构振动的影响较大时，受振动结构反馈制约的空气作用力，主要表现为一种自激力，导致桥梁结构的自激振动。

从工程结构抗风设计角度，可将自然风分解成不随时间变化的平均风和随时间变化的脉动风两部分，并分别考虑它们对桥梁的作用，如表 5-4 所示。

风对桥梁的作用分类　　　　　　　　　　　　　　　　　表 5-4

分类	现象				作用机制
静力作用	静风荷载引起的内力和变形				平均风的静风压产生的阻力、升力和力矩作用
	静力不稳定		扭转发散		静（扭转）力矩作用
			横向屈曲		静阻力作用
动力作用	抖振		限幅振动		紊流风作用
	自激振动	涡振			旋涡脱落引起的涡激力作用
		驰振	单自由度	发散振动	自激力的气动负阻尼效应——阻尼驱动
		颤振 扭转颤振			
		古典耦合颤振	二自由度		自激力的气动刚度驱动

在平均风作用下，假设结构保持静止不动，或者虽有轻微振动，但不影响空气的作用力，即忽略气流绕过桥梁时所产生的特征紊流以及旋涡脱落等非定常（随时间变化的）效

应，只考虑定常的空气作用力，称为风的静力作用。

在近地紊流风作用下，桥梁作为一个振动体系的气弹动力响应可分为两大类：（1）在风荷载作用下，由于结构振动对空气力的反馈作用，产生一种自激振动机制，如颤振和驰振。当达到临界状态时，结构将出现危险性的发散振动。（2）在脉动风作用下结构发生一种有限振幅的随机强迫振动，称为抖振。涡激共振虽带有自激的性质，但也是有限幅的，因而具有双重性。

5.3.2 静力作用

1. 静力风荷载

平均风产生的静荷载简称静力风荷载。当气流以恒定不变的流速和方向绕过假定静止不动的桥梁时，就形成了一个定常的流场。空气对桥梁表面的动压力的合力就是空气的作用力，也是定常的。由于桥梁是一个水平方向的线状结构，流场可近似看作是二维的，对于主梁，此时空气作用力通常可分解为三个分量，即静力三分力，分别为：

阻力：
$$F_H = \frac{1}{2}\rho\overline{U}^2 C_H H \tag{5-12a}$$

升力：
$$F_V = \frac{1}{2}\rho\overline{U}^2 C_V B \tag{5-12b}$$

扭矩：
$$F_M = \frac{1}{2}\rho\overline{U}^2 C_M B^2 \tag{5-12c}$$

式中　　　$\overline{U}$——离断面足够远的上游来流风速；

ρ——空气密度（kg/m³）；

H——梁高（m）；

B——梁宽（m）；

C_H、C_V、C_M——分别为主梁在体轴坐标下的阻力系数、升力系数与扭矩系数，它们分别由节段模型试验测定。

风的来流方向与水平面（桥面）存在夹角 α，且当风向斜向上时攻角为正。节段模型试验往往容易测量出风轴坐标系（坐标系沿风向建立）下的风荷载，如图 5-6（a）所示；而实际分析计算通常在体轴坐标系（坐标系沿梁截面形心主轴建立）下开展，如图 5-6（b）所示。体轴坐标系下的三分力定义见式（5-12），而风轴坐标系下对应的三分力则定义为式（5-13）。

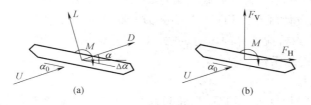

图 5-6　主梁静风力荷载

（a）风轴坐标系；（b）体轴坐标系

阻力：
$$D = \frac{1}{2}\rho \overline{U}^2 C_D(\alpha_0) B \tag{5-13a}$$

升力：
$$L = \frac{1}{2}\rho \overline{U}^2 C_L(\alpha_0) B \tag{5-13b}$$

扭矩：
$$M = \frac{1}{2}\rho \overline{U}^2 C_M(\alpha_0) B^2 \tag{5-13c}$$

式中，C_D、C_L、C_M 分别称为风轴坐标系下的阻力系数、升力系数与扭矩系数。由于静力三分力系数与来流攻角 α 有关，形状复杂的主梁断面在模型试验时应测得不同攻角下的三分力系数。风轴与体轴下的三分力可按式（5-14）进行换算。

$$\begin{pmatrix} F_V \\ F_H \\ F_M \end{pmatrix} = \begin{pmatrix} \cos\alpha & \sin\alpha & 0 \\ -\sin\alpha & \cos\alpha & 0 \\ 0 & 0 & 1 \end{pmatrix} \begin{pmatrix} L \\ D \\ M \end{pmatrix} \tag{5-14}$$

对于桥塔、拉索或桥墩，其静风荷载只计阻力，即：

$$F_H = \frac{1}{2}\rho V_g^2 C_H A_n \tag{5-15}$$

式中　C_H——桥梁各构件的阻力系数；

$\quad\quad A_n$——桥梁各构件顺风向投影面积（m^2）；对吊杆、斜拉索和悬索桥的主缆取为其直径乘以其投影长度；

$\quad\quad V_g$——设计的基准风速（m/s）。

计算桥塔和拉索承受的风荷载时，按风剖面变化考虑不同高度处的风速。桥墩或桥塔的阻力系数 C_H 可按现行《公路桥梁抗风设计规范》JTG/T 3360-01—2018 取值。对于断面形状复杂的桥墩、桥塔，阻力系数可通过风洞试验测定或数值模拟方法计算。

2. 风致静力失稳

桥梁风致静力失稳分为扭转发散失稳和横向屈曲失稳。在空气静力扭矩作用下，当风速超过某一临界值时，大跨悬索桥或斜拉桥主梁扭转变形的附加攻角所产生的扭转力矩增量超过了结构抵抗力矩的增量，主梁会出现一种不稳定的扭转发散现象；对于大跨度拱桥，其静风荷载主要表现为主拱结构所承受的阻力，且风荷载对主拱或者加劲梁的变形依赖性不强，因此其失稳的模式表现为主拱的侧向屈曲失稳。结构空气动力失稳前有一个振幅逐渐发散的过程，而风致静力失稳前征兆小，事故发生快，因而破坏性更大。

目前跨度范围内的斜拉桥和悬索桥的静力失稳临界风速往往大于设计风速或颤振临界风速，因而结构静风失稳问题并不突出。随着主梁跨度的增加、桥面宽度加大，超大跨度桥梁的静风失稳临界风速将显著降低，此时超大跨度桥梁的静风稳定问题仍需进一步研究。《公路桥梁抗风设计规范》JTG/T 3360-01—2018 规定：主跨大于 400m 的斜拉桥和主跨大于 600m 的悬索桥应计算静风稳定性，此规范适用于主跨 800m 以下的斜拉桥和主跨跨径 1500m 以下的悬索桥。

1）横向屈曲失稳

《公路桥梁抗风设计规范》JTG/T 3360-01—2018 建议悬索桥的横向屈曲临界风速可按下述公式计算：

$$V_{1b} = K_{1b} f_t B \tag{5-16a}$$

$$K_{1b} = \sqrt{\frac{\pi^3 \frac{B}{H} \mu \frac{r}{b}}{1.88 C_H \varepsilon \sqrt{4.54 + \frac{C_L'}{C_H} \frac{B_c}{H}}}} \tag{5-16b}$$

$$\mu = \frac{m}{\pi \rho b^2}; \quad b = \frac{B}{2} \tag{5-16c}$$

$$\frac{r}{b} = \frac{1}{b} \sqrt{\frac{I_m}{m}}; \quad \varepsilon = \frac{f_t}{f_b} \tag{5-16d}$$

式中　V_{1b}——横向屈曲临界风速（m/s）；

$\quad\quad B$——主梁全宽（m）；

$\quad\quad H$——主梁高度（m）；

$\quad\quad B_c$——主缆中心距（m）；

$\quad\quad m$——桥面系及主缆单位长度质量（kg/m）；

$\quad\quad I_m$——桥面系及主缆单位长度质量惯矩（kg·m²/m）；

$\quad\quad f_t$——对称扭转基频（Hz）；

$\quad\quad f_b$——对称竖向弯曲基频（Hz）；

$\quad\quad \varepsilon$——扭弯频率比；

$\quad\quad C_H$——主梁阻力系数；

$\quad\quad C_L'$——风攻角 $\alpha = 0°$ 时主梁升力系数的斜率，宜通过风洞试验或数值模拟技术得到。

悬索桥横向屈曲临界风速应满足下述规定：

$$V_{1b} \geqslant 2V_d \tag{5-17}$$

式中　V_d——桥面高度处的设计基本风速（m/s）。

2）扭转发散失稳

对于全桥结构而言，在初始风荷载作用下桥梁结构会产生变形，由于静力三分力系数是主梁断面转角的函数，因此变形增量会反馈影响风荷载，从而增加一个外荷载增量。发散机理从数学上可以用下式表示：

$$\{\delta\} = \{\delta_0\} + \{\Delta \delta_1\} + \{\Delta \delta_2\} + \cdots\cdots + \{\Delta \delta_n\} + \cdots\cdots \tag{5-18}$$

因此，给定风速下结构是否会出现失稳从数学上就归结于以上无穷级数的收敛问题。

《公路桥梁抗风设计规范》JTG/T 3360-01—2018 建议，悬索桥和斜拉桥的静力扭转发散临界风速可按下述公式计算：

$$V_{td} = K_{td} \cdot f_t \cdot B \tag{5-19}$$

$$K_{td} = \sqrt{\frac{\pi^3}{2} \mu \left(\frac{r}{b}\right)^2 \cdot \frac{1}{C_M'}} \tag{5-20}$$

式中，C_M' 为当风攻角 $\alpha = 0°$ 时主梁扭转力矩 C_M 系数的斜率，宜通过风洞试验或数值模拟技术得到。

静力扭转发散的临界风速应满足下述规定：

$$V_{td} \geqslant 2V_d \tag{5-21}$$

目前，规范对桥梁结构空气静力失稳的验算仅限于横向静风引起的侧倾失稳及纯升力矩作用下的扭转发散，验算公式通用性差，且未考虑结构与风荷载非线性因素的相互影响，无法获得准确的静风失稳点，更无法揭示结构失稳的全过程。

随着计算机技术的发展，精确的有限元方法在综合考虑静风荷载与结构非线性影响的基础上，采用增量与内外两重迭代相结合的方法，可实现对大跨径桥梁的静风稳定性分析。

首先，定义作用在主梁单位长度的静风荷载可分解为横向风荷载 P_H、竖向风荷载 P_V 和扭转力矩 M，具体表达式如下：

$$P_H = \frac{1}{2}\rho \overline{U}_d^2 C_H(\alpha)h \tag{5-22a}$$

$$P_V = \frac{1}{2}\rho \overline{U}_d^2 C_V(\alpha)B \tag{5-22b}$$

$$M = \frac{1}{2}\rho \overline{U}_d^2 C_M(\alpha)B^2 \tag{5-22c}$$

式中　　　　　　　　　$\overline{U}_d$——离断面足够远的上游来流风速；

ρ——空气密度；

h——梁高；

B——梁宽；

$C_H(\alpha)$、$C_V(\alpha)$、$C_M(\alpha)$——分别为有效攻角下主梁在体轴坐标下的阻力系数、升力系数与扭矩系数，它们分别由节段模型试验测定。

按照杆系结构空间稳定理论，问题可归结为求解如下形式的非线性方程：

$$[K_e(\delta) + K_g^{G+W}(\delta)]\Delta = F[P_H(\alpha), P_V(\alpha), M(\alpha)] \tag{5-23}$$

式中　　K_e、K_g——分别为结构的线弹性和几何刚度矩阵；

α——有效攻角；

P_H、P_V、M——分别为体轴下的风阻力、升力和升力矩；

上标 G、W——分别代表重力和风力；

Δ——结构位移。

从式（5-23）可知，不仅结构的刚度是结构变形的函数，而且右端项所表示的静风荷载也是结构变形的函数，为了求解该非线性方程，就必须采用迭代法。Newton-Rapson 法有较快的收敛速度，而增量法可以跟踪结构变形的全过程。因此，目前较为主流的分析方法是采用增量与内外两重迭代相结合。所谓增量就是指将风速按一定比例增加，内层迭代主要是进行结构的非线性计算，而外层迭代则是为了寻找结构在某一风速下的平衡位置。该方法的具体实施步骤如下：

（1）假定一初始风速 $\overline{U}_0$；

（2）计算在该风速下结构所受的静风荷载；

（3）采用 Newton-Rapson 法求解式（5-23），得到结构位移 Δ；

（4）从 Δ 中提取单元扭转角（为左右两节点扭转位移的平均值），重新计算结构的静风荷载；

（5）检查三分力系数的欧几里得范数是否小于允许值；

（6）如果小于允许值，则按预定步长增加风速，重复步骤（2）～（5）；否则，重复步骤（3）～（5）；

（7）如果在某一级风速下，出现迭代不收敛，则恢复到上一级风速状态，缩短步长，重新计算，直至相邻两次风速之差小于预定值为止。

为了跟踪结构失稳的全过程，该法采用增量法进行计算；为了寻找结构的静平衡位置，采用内层迭代；为了寻找结构的动平衡位置，采用外层迭代。所谓静平衡就是指某一固定静风荷载作用下结构的平衡状态；而动平衡则是指即使风速不变，结构的平衡状态也会随着作用其上的风荷载的变化而改变，直到风荷载变化不大时结构会达到一个新的平衡。由于采用了增量与内外两重迭代相结合的方法，因此在跟踪结构失稳的同时，保证了算法的稳定性与可靠性。

5.3.3 动力作用

1. 抖振

桥梁结构在紊流风场中诱发的强迫振动被称为抖振，对于任何暴露于自然风中的桥梁，其都会不可避免地发生风致抖振现象。随着风速的提高和桥梁跨度的增加，结构抖振响应幅值也将超线性增长，其虽然不会引起结构的直接破坏，但交变应力会引起构件的疲劳损伤，从而缩短结构的疲劳寿命；过大的振动幅度导致行车舒适度降低，在桥梁施工期间可能危及施工人员和机械的安全。因此，抖振是大跨柔性桥梁所面临抗风稳定性的关键问题之一。

在桥梁风工程领域，风荷载主要被分为平均风速引起的静风荷载、脉动风引起的抖振力和流固耦合引起的气动自激力三个部分。因此，在大跨度桥梁抖振分析理论中，强风作用下的桥梁运动方程可以表述为：

$$M\ddot{X}(t)+C\dot{X}(t)+KX(t)=F_{st}+F_b(t)+F_{se}(t) \tag{5-24}$$

式中
M——结构的质量；

C——结构阻尼；

K——考虑了自重的刚度矩阵；

$\ddot{X}(t)$、$\dot{X}(t)$、$X(t)$——分别为节点的加速度、速度与位移列阵；

F_{st}——静力风荷载；

$F_b(t)$——表征脉动风作用的抖振力；

$F_{se}(t)$——描述风-桥流固耦合的气动自激力。

在准定常假设下，脉动风不影响桥梁断面的静力三分力系数，因而气动三分力系数通过风洞试验表示为有效攻角的函数。由于脉动风引起风速的瞬时攻角发生变化，如图5-7所示。

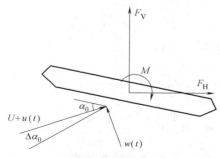

图5-7 考虑瞬时攻角效应的主梁风荷载

桥梁断面在平均风与脉动风共同作用下的三分力按瞬时风轴坐标系可以表示为：

$$L'(t) = \frac{1}{2}\rho\{[\overline{U}+u(t)]^2+w^2(t)\}C_L(\alpha_0+\Delta\alpha_0)B \tag{5-25a}$$

$$D'(t) = \frac{1}{2}\rho\{[\overline{U}+u(t)]^2+w^2(t)\}C_D(\alpha_0+\Delta\alpha_0)B \tag{5-25b}$$

$$M'(t) = \frac{1}{2}\rho\{[\overline{U}+u(t)]^2+w^2(t)\}C_M(\alpha_0+\Delta\alpha_0)B^2 \tag{5-25c}$$

式中，$\Delta\alpha_0$ 为脉动风引起的附加攻角。脉动风作用下的主梁断面在平衡位置做小幅振动，因而三分力系数可按泰勒公式进行展开并舍去非线性项；竖向脉动风速 $w(t)$ 相对较小，则附加攻角 $\Delta\alpha_0$ 亦为微小变量，因此：

$$\sin\Delta\alpha_0 \approx \Delta\alpha_0 = \tan\Delta\alpha_0 = \frac{w(t)}{\overline{U}+u(t)} \approx \frac{w(t)}{\overline{U}} \tag{5-26a}$$

$$\cos\Delta\alpha_0 \approx 1-\frac{\Delta^2\alpha}{2} \tag{5-26a}$$

将式（5-25）转化到平均风轴坐标系，并忽略高阶项，则有：

$$L_b(t) = \frac{1}{2}\rho\overline{U}^2B\left\{2C_L(\alpha_0)\frac{u(t)}{\overline{U}}+[C_L'(\alpha_0)+C_D(\alpha_0)]\frac{w(t)}{\overline{U}}\right\} \tag{5-27a}$$

$$D_b(t) = \frac{1}{2}\rho\overline{U}^2B\left\{2C_D(\alpha_0)\frac{u(t)}{\overline{U}}+[C_D'(\alpha_0)-C_L(\alpha_0)]\frac{w(t)}{\overline{U}}\right\} \tag{5-27b}$$

$$M_b(t) = \frac{1}{2}\rho\overline{U}^2B\left[2C_M(\alpha_0)\frac{u(t)}{\overline{U}}+C_M'(\alpha_0)\frac{w(t)}{\overline{U}}\right] \tag{5-27c}$$

结合式（5-28），便可将风轴坐标系的抖振力转换为体轴坐标系下的抖振力：

$$\begin{pmatrix}L\\D\\M\end{pmatrix}=\begin{pmatrix}\cos\Delta\alpha_0 & \sin\Delta\alpha_0 & 0\\-\sin\Delta\alpha_0 & \cos\Delta\alpha_0 & 0\\0 & 0 & 1\end{pmatrix}\begin{pmatrix}L'\\D'\\M'\end{pmatrix} \tag{5-28}$$

在准定常假定下，主梁断面抖振力具有两个主要特点：（1）三分力特性与脉动风频率无关；（2）沿主梁宽度方向的风荷载完全相关。对于低频段的紊流，即紊流尺度远大于主梁宽度时，准定常假定能够准确反映结构的受力特征；对于高频段的紊流，即紊流尺度小于主梁宽度时，基于准定常假定的抖振力与结构真实受力状态会产生较大差别。因此，Davenport 引入依赖于脉动风频率特性的气动导纳函数以修正准定常抖振力模型，使得 Davenport 抖振力模型中可以考虑脉动风的频率特性。在式（5-27）中引入 6 个气动导纳函数可得：

$$L_b(t) = \frac{1}{2}\rho\overline{U}^2B\left\{2C_L(\alpha_0)\chi_L\frac{u(t)}{\overline{U}}+[C_L'(\alpha_0)+C_D(\alpha_0)]\chi_L'\frac{w(t)}{\overline{U}}\right\} \tag{5-29a}$$

$$D_b(t) = \frac{1}{2}\rho U^2B\left\{2C_D(\alpha_0)\chi_D\frac{u(t)}{\overline{U}}+[C_D'(\alpha_0)-C_L(\alpha_0)]\chi_D'\frac{w(t)}{\overline{U}}\right\} \tag{5-29b}$$

$$M_b(t) = \frac{1}{2}\rho\overline{U}^2B\left[2C_M(\alpha_0)\chi_M\frac{u(t)}{\overline{U}}+C_M'(\alpha_0)\chi_M'\frac{w(t)}{\overline{U}}\right] \tag{5-29c}$$

式中，χ_L、χ_L'、χ_D、χ_D'、χ_M、χ_M' 为气动导纳函数。

在大跨度桥梁抖振分析中，气动导纳函数通常由风洞试验获得。当缺乏实测气动导纳函数时，气动导纳函数通常可取 Sears 函数或偏安全的取 1。自激力在颤振部分详述。

《公路桥梁抗风设计规范》JTG/T 3360-01—2018 建议，当判断桥梁结构对风作用敏感时，宜通过适当的风洞试验测定或数值模拟技术计算其气动力参数，进行抖振响应分析，必要时可通过全桥气动弹性模型试验测定其抖振响应。目前基于经典抖振理论，抖振响应的计算可分为频域法和时域法两大类。频域法采用傅里叶变换技术，通过激励的统计特性来确定结构相应的统计特性，如均值与方差等。时域方法是通过模拟随机荷载的统计特性，将激励转化为时间序列，通过动力有限元的方法确定结构的响应。近年来，考虑到气动力的非线性以及大跨度柔性结构的几何非线性等影响因素，时域方法逐渐成为主流。

2. 涡振

当流体绕过钝体断面后，在尾流中将出现交替脱落的旋涡，当被绕流的物体是一个振动体系时，周期性的涡激力将引起结构的涡激振动，当旋涡脱落的频率与结构的自振频率一致时将发生涡激共振。涡流脱落的示意图如图 5-8 所示。涡激振动是大跨度桥梁在低风速下很容易发生的一种风致振动形式，涡激振动带有自激性质，但振动的结构反过来会对涡脱形成某种反馈作用，使得涡振振幅受到限制，因此涡激共振是一种带有自激性质的风致限幅振动。日本东京湾大桥、丹麦大贝尔特东桥以及中国西堠门大桥在正式通车前都观测到了显著的竖向涡激共振。尽管涡激共振不是一种毁灭性的振动，但由于其低风速下即可诱发，且振幅大甚至影响结构施工安全、行车安全性等，因而避免或抑制桥梁在施工或成桥阶段发生涡激振动具有重要的意义。

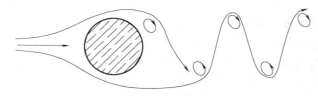

图 5-8 旋涡脱落

1898 年，Strouhal 通过实验发现当流体绕过圆柱体时旋涡脱落的频率、风速及圆柱体直径之间存在以下关系：

$$St = \frac{fd}{U} \tag{5-30}$$

式中　f——旋涡脱落频率；

　　　d——圆柱直径；

　　　U——风速；

　　　St——Strouhal 数，对于圆柱体，St 约为 0.2。

其他的钝体如方形、矩形或各种桥面都有类似的旋涡脱落现象。当钝体截面受到均匀流的作用时，截面背后的周期性旋涡脱落将产生周期变化的作用力——涡激力，且其涡激频率为：

$$f_v = St \frac{U}{d} \tag{5-31}$$

式中　d——截面投影到与气流垂直的平面上的特性尺度，对于一般钝体截面，可取迎风面的高度；

U——风速；

St——Strouhal 数。

涡激频率与结构的自振频率一致时将发生涡激共振。涡激共振可以激起弯曲振动也可以激起扭转振动，对于断面形状和阻尼的敏感性较高。由上式可知，涡频 f_v 与风速 U 呈线性关系，因而涡激振动只在某特定风速时才发生，当以频率为 f_s 振动的振动体系将对涡脱产生反馈作用，使涡频 f_v 在相当长的风速范围内被 f_s 所俘获，产生一种锁定现象。工程中，人们更关心的是涡振振幅的计算问题，而解决涡振振幅的关键问题是确定涡激力的解析表达式。至今，涡激力的经典解析表达式主要有以下几种：

1）简谐力模型

人们最初研究涡激振动的时刻，观察到的振动现象和简谐力非常的相似，认为作用在结构上的涡激力具有简谐力一样的形式，于是提出了最初的简谐涡激力模型，这一模型假定涡激力是和升力系数成正比的简谐力：

$$m(\ddot{y}+2\zeta\omega_n\dot{y}+\omega_n^2 y)=\frac{1}{2}\rho\overline{U}^2 BC_L\sin(\omega_s t+\phi) \tag{5-32}$$

式中　m——质量（kg）；

ρ——空气密度（kg/m³）；

$\overline{U}$——平均风速（m/s）；

B——结构参考宽度（m）；

ζ——阻尼比；

ω_n——结构振动频率（Hz）；

C_L——升力系数；

ω_s——漩涡脱落频率（Hz）；

ϕ——初相位角。

2）升力振子模型

20 世纪 60 年代，Scruton 提出升力振子模型，其基本形式如下：

$$m(\ddot{y}+2\zeta\omega_n\dot{y}+\omega_n^2 y)=\frac{1}{2}\rho\overline{U}^2 BC_L(t) \tag{5-33}$$

式中，升力系数是随时间变化的系数，具有范德波尔振荡特征，它与结构振动速度假定有如下关系：

$$\ddot{C}_L+\alpha_1\dot{C}_L+\alpha_2\dot{C}_L^3+\alpha_3 C_L=\alpha_4\dot{y} \tag{5-34}$$

式中，4 个系数 α_1、α_2、α_3、α_4 需要通过试验来识别确定。

升力振子模型将升力系数考虑为随时间变化的函数，具有范德波尔振荡特征，小振幅时阻尼小，大振幅时阻尼大。这一模型的主要缺点是模型参数的确定需要大量的试验，而升力系数随时间的变化规律需要通过测压试验的数据仔细分析，而测压时结构阻尼特性的影响使得难以得到理想的实验数据。

3）经验线性模型

经验线性模型是 Simiu 和 Scanlan 于 1986 年提出的一种经验线性模型，这一模型假定一个线性机械振子给予气动激振力、气动阻尼以及气动刚度。

$$m(\ddot{y}+2\zeta\omega_{n}\dot{y}+\omega_{n}^{2}y)=\frac{1}{2}\rho\overline{U}^{2}(2B)\Big[Y_{1}(K_{1})\frac{\dot{y}}{U}+Y_{2}(K_{1})\frac{y}{B}+\frac{1}{2}C_{L}(K_{1})\sin(\omega_{n}t+\phi)\Big]$$

$$(5\text{-}35)$$

式中，$K_{1}=B\omega_{n}/\overline{U}$，$Y_{1}$、$Y_{2}$、$C_{L}$、$\phi$ 为待拟合的参数。

引入以下符号：

$$\eta=\frac{y}{B}, \quad s=\frac{\overline{U}t}{B}, \quad \eta'=\frac{\mathrm{d}\eta}{\mathrm{d}s} \tag{5-36}$$

方程（5-35）可简化为以下形式：

$$\eta''+2\zeta K_{1}\eta'+K_{1}^{2}\eta=\frac{\rho B^{2}}{2m}\Big[Y_{1}\eta'+Y_{2}\eta+\frac{1}{2}C_{L}\sin(K_{1}s+\phi)\Big] \tag{5-37}$$

若定义：

$$K_{0}^{2}=K_{1}^{2}-\frac{\rho B^{2}}{m}Y_{2}(K_{1}) \tag{5-38a}$$

$$\gamma=\frac{1}{2K_{0}}\Big[2\zeta K_{1}-\frac{\rho B^{2}}{m}Y_{1}(K_{1})\Big] \tag{5-38b}$$

则式（5-37）可进一步简化为：

$$\eta''+2\gamma K_{0}\eta'+K_{0}^{2}\eta=\frac{\rho B^{2}}{2m}C_{L}\sin(K_{1}s+\phi) \tag{5-39}$$

上式表达了一个振子，其无量纲固有振动频率为 K_{0}，阻尼比为 γ，其定常解为：

$$\eta=\frac{\rho B^{2}C_{L}}{2m\sqrt{(K_{0}^{2}-K_{1}^{2})^{2}+(2\gamma K_{0}K_{1})^{2}}}\sin(K_{1}s-\theta) \tag{5-40}$$

$$\theta=\arctan\Big(\frac{2\gamma K_{0}K_{1}}{K_{0}^{2}-K_{1}^{2}}\Big) \tag{5-41}$$

因为在锁定区机械振子的固有频率控制了整个机械-气动力系统，所以模型的推导是在系统以固有频率振动的前提下得出的。该模型通过线性的函数来描述漩涡脱落这种非线性气动现象，带有一定的近似，且与简谐力模型一样不能解释锁定现象。

4）经验非线性模型

经验非线性模型是在经验线性模型的基础上，Simiu 和 Scanlan 于 1990 年通过增加一个非线性的气动阻尼项，把涡激力的描述引入到非线性的范围内，提出了经验非线性模型，如下所示：

$$m(\ddot{y}+2\zeta\omega_{n}\dot{y}+\omega_{n}^{2}y)=\frac{1}{2}\rho\overline{U}^{2}B\Big[Y_{1}\Big(1-\varepsilon\frac{y^{2}}{B^{2}}\Big)\frac{\dot{y}}{U}+Y_{2}\frac{y}{B}+\frac{1}{2}C_{L}(K_{1})\sin(\omega_{n}t+\phi)\Big]$$

$$(5\text{-}42)$$

这一模型除了增加一个非线性阻尼项外，与经验线性模型没有本质上的区别。

《公路桥梁抗风设计规范》JTG/T 3360-01—2018 建议混凝土桥梁或者结构基频大于 5Hz 的桥梁可以不考虑涡激共振的影响，钢桥或者钢质桥塔宜通过风洞试验做涡激振动测试。实腹式桥梁的竖向和扭转涡激共振发生风速分别可按下式计算：

$$V_{\text{cvh}}=2.0f_{\text{b}}B; \quad V_{\text{cv}\theta}=1.33f_{\text{t}}B \tag{5-43}$$

式中 V_{cvh}、$V_{\text{cv}\theta}$——竖向和扭转涡激共振发生风速；

f_b、f_t——竖向弯曲和扭转的振动频率；

B——主梁宽度。

实腹式桥梁竖向涡激共振振幅可按下式估算：

$$h_c = \frac{E_h \cdot E_{th}}{2\pi m_r \zeta_s} B < [h_a] = \frac{0.04}{f_b} \tag{5-44a}$$

$$m_r = \frac{m}{\rho B^2} \tag{5-44b}$$

$$E_h = 0.065\beta_{ds}(B/H)^{-1} \tag{5-44c}$$

$$E_{th} = 1 - 15\beta_t(B/H)^{1/2} I_u^2 \geqslant 0 \tag{5-44d}$$

$$I_u = \frac{1}{\ln\left(\dfrac{Z}{z_0}\right)} \tag{5-44e}$$

式中 h_c——竖向涡激共振振幅；

$[h_a]$——竖向涡激共振的允许振幅；

m——桥梁单位长度质量；

ζ_s——桥梁结构阻尼比；

B、H——主梁宽度和高度；

I_u——紊流强度；

Z——桥面的基准高度；

z_0——桥址处的地表粗糙高度；

β_{ds}——形状修正系数；

β_t——系数，对六边形截面取 0，其他截面取 1。

实腹式桥梁扭转涡激共振振幅可按下式估算：

$$\theta_c = \frac{E_\theta \cdot E_{t\theta}}{2\pi I_{pr} \zeta_s} B < [\theta_a] = \frac{4.56}{Bf_t} \tag{5-45a}$$

$$I_{pr} = \frac{I_p}{\rho B^4} \tag{5-45b}$$

$$E_\theta = 17.16\beta_{ds}(B/H)^{-3} \tag{5-45c}$$

$$E_{t\theta} = 1 - 20\beta_t(B/H)^{1/2} I_u^2 \geqslant 0 \tag{5-45d}$$

式中 θ_c——扭转涡激共振振幅；

$[\theta_a]$——竖向涡激共振的允许振幅；

I_p——桥梁单位长度质量惯矩。

总的来说，涡激振动不是一种危险性的发散振动，通过增加阻尼，或者适当的整流装置，如折翼板、扰流板和分流板等，均可以将其振幅限制在可以接受的范围内。

3. 驰振

如果浸没在气流中的弹性体本身发生变形或振动，那么这种变形或振动相当于气体边界条件的改变，从而引起气流力的变化，气流力的变化又会使弹性体产生新的变形或振动，这种气流力与结构相互作用的现象称为气动弹性现象。驰振是细长物体因气流自激作用产生的一种纯弯曲大幅振动，理论上是发散的，即不稳定的。这种振动最先发现于结冰的电线，振动激发的波在两根电杆之间快速传递，犹如快马奔腾，振幅可达电线直径的10 倍，因此称为驰振。

当气流经过一个在垂直气流方向上处于微振动状态的细长物体时，即使气流是攻角与风速都不变的定常流，物体与气流之间的相对攻角也在不停的随时间变化。相对攻角的变化必然导致三分力的变化，这一变化部分形成了动力荷载，即气动自激力。这种忽略了物体周围非定常流场存在而按照相对攻角变化建立的气动自激理论被称为准定常理论，相应的气动力称为准定常力。

如图 5-9 所示，均匀流以攻角 α 和速度 $\overline{U}$ 流过一个细长体定位断面。在风轴坐标系下，阻力 $D(\alpha)$ 和升力 $L(\alpha)$ 分别为：

$$D(\alpha) = \frac{1}{2}\rho \overline{U}_\alpha^2 C_D(\alpha) B \qquad (5\text{-}46a)$$

$$L(\alpha) = \frac{1}{2}\rho \overline{U}_\alpha^2 C_L(\alpha) B \qquad (5\text{-}46b)$$

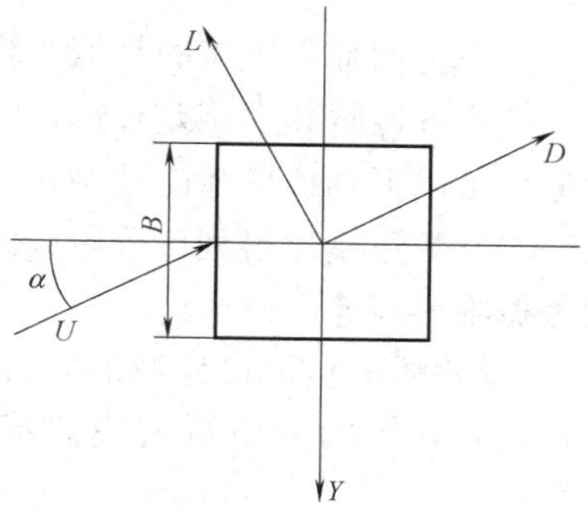

根据准定常理论可推导出在竖向（y 轴向下）的作用力为：

$$F_y(\alpha) = -\frac{1}{2}\rho \overline{U}^2 B \left(\frac{dC_L}{d\alpha} + C_D \right)\bigg|_{\alpha=0} \cdot \frac{\dot{y}}{\overline{U}}$$

$$(5\text{-}47a)$$

图 5-9 均匀流流过细长体断面

那么如图 5-9 所示断面的竖向振动方程现在可以写为：

$$m(\ddot{y} + 2\zeta\omega\dot{y} + \omega^2 y) = -\frac{1}{2}\rho \overline{U}^2 B \left(\frac{dC_L}{d\alpha} + C_D \right)\bigg|_{\alpha=0} \cdot \frac{\dot{y}}{\overline{U}} \qquad (5\text{-}47b)$$

将右端的准定常气动自激力项移至左边，速度 $\dot{y}$ 前的系数表示系统的净阻尼，用"d"表示有：

$$d = 2m\zeta\omega + \frac{1}{2}\rho \overline{U}B \left(\frac{dC_L}{d\alpha} + C_D \right)\bigg|_{\alpha=0} \qquad (5\text{-}47c)$$

显然，至少要：

$$\left(\frac{dC_L}{d\alpha} + C_D \right)\bigg|_{\alpha=0} < 0 \qquad (5\text{-}47d)$$

时才可能出现不稳定的驰振现象。因此，式（5-47d）左端又称为驰振力系数。又因为一般情况下阻力系数 C_D 总是正的，因此只有当：

$$C_L' = \frac{dC_L}{d\alpha} < 0 \qquad (5\text{-}47e)$$

才会出现不稳定的驰振现象。式（5-47e）的物理意义是升力系数关于攻角的斜率为负，即升力曲线的负斜率效应。

结构是否发生驰振，主要取决于结构横截面的外形，对于非圆形截面的边长比在一定范围内的类似矩形断面的钝体结构及构件，由于升力曲线的负斜率效应，微幅振动的结构能够从风流中不断吸收能量，当风速达到临界风速时，结构吸收的能量将克服结构阻尼所消耗的能量，形成一种发散的横风向单自由度弯曲自激振动。而圆形截面和八角形截面的升力系数的斜率是正的，属于稳定截面。桥梁结构的塔柱高而细长，应作倒角处理以提高驰振稳定性，特别是施工阶段独塔状态应注意避免发生驰振现象，另外结冰的拉索也有可能发生驰振现象。

结构即将发生驰振的临界风速 U_g 可令（5-47c）等于零得到：

$$2m\zeta\omega+\frac{1}{2}\rho\overline{U}B(C'_L+C_D)=0 \tag{5-48}$$

$$\overline{U}=\frac{-4m\zeta\omega}{\rho B(C'_L+C_D)} \tag{5-49}$$

桥塔驰振临界风速的数值计算基于以下基本假定：①流体力为准定常气动力；②由于高耸结构各低阶频率相差较远，因此认为驰振现象仅在桥塔的第一阶振型出现。通过有限元分析可以得到桥塔横向频率 ω_1、第一阶广义质量 M 和振型 $\varphi_1(z_i)$，再根据 CFD 计算软件进行数值模拟得到各分段截面的升力和阻力系数，回代入式（5-49）便可以得到桥塔的驰振临界风速。

《公路桥梁抗风设计规范》JTG/T 3360-01—2018 规定高宽比 $B/H<4$ 的钢主梁、斜拉桥和悬索桥的钢质桥塔应验算其自立状态下的驰振稳定性。驰振临界风速可用下式估算：

$$V_{cg}=-\frac{4m\zeta_s\omega_1}{\rho H}\cdot\frac{1}{C'_L+C_H} \tag{5-50}$$

式中　ω_1——结构一阶弯曲圆频率；

　　　ζ_s——结构阻尼比；

　　　H——构件断面迎风宽度。

结构断面的驰振力系数一般由风洞试验得到，初步设计时可以根据规范取值。驰振临界风速应满足下述规定：

$$V_{cg}\geqslant1.2V_d \tag{5-51}$$

驰振临界风速与结构阻尼比、密度比成正比，与升力曲线的斜率成反比。抵抗驰振的方法有以下 4 种：

（1）在塔顶安装调质阻尼器（TMD），提高结构阻尼比；

（2）对矩形截面采用倒角的方法，降低升力曲线的斜率；

（3）加大结构的刚度，提高弯曲频率；

（4）加大结构的密度和阻尼，如混凝土塔较钢塔阻尼比大。

4. 颤振

颤振也是桥梁结构最主要的气动弹性不稳定现象，最早发现于薄的机翼，是扭转发散振动或弯扭复合的发散振动。著名的旧塔科马桥事故，就是一种典型的由颤振引发的灾害。风的动力作用激发了桥梁风致振动，而振动起来的桥梁结构又反过来影响空气的流场，改变空气作用力，形成了风与结构的相互作用机制。当空气力受结构振动的影响较大时，受振动结构反馈的空气作用力将导致桥梁结构的自激振动。当空气的流动速度影响或改变了不同自由度运动之间的振幅及相位关系，使得桥梁结构能够在流动的气流中不断汲取能量，而该能量又大于结构阻尼所耗散的能量，这种形式的发散性自激振动称为桥梁颤振。

桥梁颤振物理关系复杂，其相关研究也经历了由古典耦合颤振理论到分离流颤振机理再到三维桥梁颤振分析的发展过程。早在 1940 年美国塔科马桥风毁事故之前，航空界就发现了机翼的颤振现象，并建立了适合早期飞机机翼（截面形状不变的等宽直机翼）的二维流动理论。

现在的桥梁颤振分析理论，是 Scanlan 在 1971 年将飞机机翼的颤振分析理论的基础上加以推广建立起来的。图 5-10 表示处在二维均匀流中的常见桥梁主梁断面。通过引入 8 个无量纲的颤振导数 H_i^*、A_i^*（$i=1$，2，3，4），近似地将一个二维均匀流中的桥梁主梁断面的自激力表达为状态向量的线性函数，即：

$$L=\frac{1}{2}\rho\overline{U}^2(2B)\left[KH_1^*\frac{\dot{h}}{U}+KH_2^*\frac{B\dot{\alpha}}{U}+K^2H_3^*\alpha+K^2H_4^*\frac{h}{U}\right] \tag{5-52a}$$

$$M=\frac{1}{2}\rho\overline{U}^2(2B^2)\left[KA_1^*\frac{\dot{h}}{U}+KA_2^*\frac{B\dot{\alpha}}{U}+K^2A_3^*\alpha+K^2A_4^*\frac{h}{U}\right] \tag{5-52b}$$

式中，$\overline{U}$ 为风速；ρ 为空气密度；$K=B\omega/\overline{U}=2k$，为折算频率；$B=2b$，为桥宽；$h$、$\alpha$ 分别代表桥梁结构的竖向位移、扭转角，其上加点代表一阶导数即相应的速度；U、B、ω、K、h、α、$\dot{h}$、$\dot{\alpha}$ 表示风场与断面的运动状态。颤振导数是表征桥梁断面气动自激力特征的一组函数，其实质就是气动自激力对状态向量的一阶偏导数。

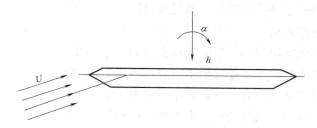

图 5-10 处于二维均匀流的桥梁断面

理想平板是指一块具有一定宽度，厚度为零，长度无限的直平板。1935 年 Theodorsen 便推导出了理想平板自激力的理论解，其表达式如下所示：

$$L=\pi\rho\overline{U}^2b\left[\frac{b\ddot{h}}{\overline{U}^2}+2C(k)\frac{\dot{h}}{U}+[1+C(k)]\frac{b\dot{\alpha}}{U}+2C(k)\alpha\right] \tag{5-53a}$$

$$M=\pi\rho\overline{U}^2b^2\left[C(k)\frac{\dot{h}}{U}+\frac{1}{2}[C(k)-1]\frac{b\dot{\alpha}}{U}+C(k)\alpha-\frac{1}{8}\frac{b^2\ddot{\alpha}}{\overline{U}^2}\right] \tag{5-53b}$$

式中　　L、M——每延米的升力和扭矩；

$\qquad$ b——半理想平板宽；

$\qquad$ k——无量纲折减频率，$k=\omega b/\overline{U}$；

$\qquad$ ω——圆频率；

$\qquad$ α、h——截面的扭转角和竖向位移；

其余参数同上。

$C(k)$ 为 Theodorsen 循环函数，可表示为：

$$C(k)=F(k)+G(k) \tag{5-54a}$$

$$F(k) = 1 - \frac{0.165}{1 + \left(\frac{0.0455}{k}\right)^2} - \frac{0.335}{1 + \left(\frac{0.3}{k}\right)^2} \tag{5-54b}$$

$$G(k) = -\frac{0.165 \times 0.0455/k}{1 + \left(\frac{0.0455}{k}\right)^2} - \frac{0.335 \times 0.3/k}{1 + \left(\frac{0.3}{k}\right)^2} \tag{5-54c}$$

将式（5-54）式代入（5-53），结合简谐振动的理论，并与颤振导数的定义式（5-52）进行对比，便可以得到理想平板的颤振导数的表达式为：

$$\left.\begin{array}{l} H_1^* = -\dfrac{\pi F}{8k}; \quad H_2^* = -\dfrac{\pi}{8k}\left(1 + F + \dfrac{2G}{k}\right) \\[3mm] H_3^* = -\dfrac{\pi}{4k^2}\left(F - \dfrac{kG}{2}\right); \quad H_4^* = \dfrac{\pi}{4}\left(\dfrac{1}{2} + \dfrac{G}{k}\right) \end{array}\right\} \tag{5-55a}$$

另外 4 个颤振导数的表达式为：

$$\left.\begin{array}{l} A_1^* = \dfrac{\pi F}{8k}; \quad A_2^* = \dfrac{\pi}{16k}\left(\dfrac{G}{k} - \dfrac{F-1}{2}\right) \\[3mm] A_3^* = \dfrac{\pi}{16k^2}\left(F - \dfrac{kG}{2} + \dfrac{k^2}{8}\right); \quad A_4^* = -\dfrac{\pi G}{8k} \end{array}\right\} \tag{5-55b}$$

式中　　H_1^*——由竖向运动引起的气动阻尼对自激升力的贡献；

　　　　H_2^*——由扭转运动引起的气动阻尼对自激升力的贡献；

　　　　H_3^*——由扭转运动引起的气动惯性和气动刚度对自激升力的综合贡献；

　　　　H_4^*——由竖向运动位移引起的气动惯性和气动刚度对自激升力的综合影响；

　　　　A_1^*——由竖向运动引起的气动阻尼对自激扭矩的贡献；

　　　　A_2^*——由扭转运动引起的气动阻尼对自激扭矩的贡献；

　　　　A_3^*——由扭转运动引起的气动惯性和气动刚度对自激扭矩的综合贡献；

　　　　A_4^*——由竖向运动引起的气动惯性和气动刚度对自激扭矩的综合影响。

　　桥梁颤振导数是表征桥梁断面气动自激力特征性的重要参数，由桥梁断面的形状确定，它可以看作是由状态向量 $(h, \alpha, \dot{h}, \dot{\alpha})$ 到自激力 (L, M) 的传递函数，同时也是无量纲风速 U 和来流攻角 α 的函数。颤振导数是分析桥梁结构颤振性能和机理及抖振响应的重要参数，是桥梁结构进行风致振动分析的前提条件。颤振导数的识别问题是近年来桥梁抗风研究中的一个重要领域，自 20 世纪 60 年代以来，国内外许多学者提出了各种试验方法和参数识别技术。到目前为止，只有理想平板断面得到了颤振导数的理论解。因此，对于一般的钝体桥梁断面，只有通过模型风洞试验或近些年发展起来的计算流体力学技术（CFD）模拟得到。图 5-11（b）是 CFD 技术中用来模拟流域内流场形状随时间变化流动情况的动网格模型。

　　识别颤振导数最终是为了确定结构的颤振临界状态及其对应的颤振临界风速。颤振临界风速的计算采用经典的半逆解法，简述如下。桥梁断面的振动方程为：

$$\begin{pmatrix} \ddot{h} \\ \ddot{\alpha} \end{pmatrix} + \begin{pmatrix} 2\zeta_h\omega_h - \dfrac{H_1}{m} & -\dfrac{H_2}{m} \\[3mm] -\dfrac{A_1}{I} & 2\zeta_\alpha\omega_\alpha - \dfrac{A_2}{I} \end{pmatrix} \begin{pmatrix} \dot{h} \\ \dot{\alpha} \end{pmatrix} + \begin{pmatrix} \omega_h^2 - \dfrac{H_4}{m} & -\dfrac{H_3}{m} \\[3mm] -\dfrac{A_4}{I} & \omega_\alpha^2 - \dfrac{A_3}{I} \end{pmatrix} \begin{pmatrix} h \\ \alpha \end{pmatrix} = 0 \tag{5-56}$$

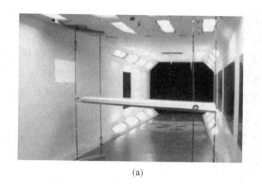 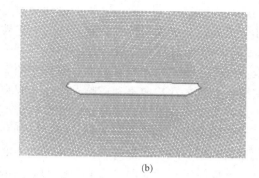

(a)   (b)

图 5-11 颤振导数识别
(a) 弹性悬挂节段模型试验；(b) CFD 模拟

在临界风速下，扭转和竖向运动的频率相同，记该未知频率为 ω，且 $X = \omega/\omega h$；扭转和竖向振动可分别表示为：$\alpha(t) = A_\alpha e^{i\omega t}$，$h(t) = A_h e^{i\omega t}$，带入方程可得到关于 X 的联立方程组。该方程组有解的充要条件是系数行列式为 0，从而得到 X 的复数方程。不将特征矩阵直接展开，但仍将其中的元素设法组合成 ω 和 K 的形式。将 K 的一个选定的值代入特征矩阵之中，得到一个关于的复系数矩阵，直接调用复系数矩阵特征值算法，得到 ω 的根 ω_i（有 4 个）。如果其中有一个 ω_f 是实数，那么这个 ω_f 是符合颤振临界状态条件的解，由它对应的 K_f 可计算出临界风速 U_f，如式：

$$U_f = \frac{\omega_f B}{K_f} \tag{5-57}$$

如果没有一个 ω_i 满足条件，则另选一个 K 值再算。K 值的选取可采用对分法搜索，方便计算机编程，实现全自动的搜索求解。这是二维颤振分析的全自动搜索法，基于的三条重要假定是：

（1）条带假定：桥梁主梁是平直等截面梁，每一个断面都有相同的气动性能，即具有相同的颤振导数曲线；

（2）二维流假定：流场特性沿桥长方向不变；

（3）正交风假定：来流风的方向与桥轴线垂直，这是最不利情况。

一般桥梁结构的竖向振型和扭转振型较纯，因此选取一阶竖向振型与一阶扭转振型组合的两自由度模型获得的颤振临界风速的解，往往与全桥模型风洞实验结果吻合较好。

20 世纪 60 年代以后，大跨度桥梁发展迅速，桥梁结构的振型往往不是单纯的挠曲状态或者扭转状态，因此斜拉桥的颤振往往是多个振型模态共同参与的结果，这就需要三维的多模态耦合颤振理论，同时，跨度日益增大的趋势也要求颤振分析更为精细化。有限元结构分析技术，为这种多模态分析提供了可能。例如，湖南大学陈政清院士与华旭刚教授提出了桥梁风致颤振三维分析的多模态参与单参数 M-S 搜索法，该分析过程不需要任何人工干预，计算结果稳定，一般桥梁设计人员也可以方便快捷地预测桥梁的颤振临界风速。

5. 拉索振动

拉索是斜拉桥的关键构件，由于斜拉索的柔度非常大，而其质量和阻尼比较小，故在风荷载、风雨共同作用及车辆荷载等活载作用下拉索极易发生振动。斜拉索大幅振动是不利的，主要表现在：第一，索的振动会引起索的疲劳，尤其在锚固处会更容易产生疲劳破坏，另外还会造成斜拉索防腐系统的老化破坏和斜拉索的整体疲劳失效；第二，索的大幅振动会引起行人对桥梁安全性的怀疑和不舒适感；第三，由于斜拉索与主梁的联合作用，斜拉索与主梁的振动相互影响，斜拉索的振动也会造成主梁的振动，从而对斜拉桥主梁的安全性和耐久性造成不利影响。因此，越来越多的学者开始关注斜拉索的振动问题，创立了多种关于斜拉索振动的理论，并发明了不同的减振器，以控制斜拉索的振动。

　　拉索振动可以分为两大类：风致振动与非风致振动。风致振动包括：涡激共振、尾流驰振、驰振、风雨激振等；非风致振动主要指参数共振和内共振。

　　气体流经斜拉索时，在斜拉索的上下部产生旋涡，当旋涡的脱落频率与索的某一阶横向固有振动频率相差不大时，斜拉索就会产生横风向共振，称为涡激共振。引发涡激共振的临界风速一般比较小，因此实桥上发生的涡激振动振幅不会太大；但由于激发振动的风速较低，故产生这种振动的累计时间较多，会引起索的疲劳破坏。尾流驰振是气流经过上游斜拉索后产生的尾流使下游斜拉索产生横风向的驰振。一般来流方向的下游斜拉索发生比上游斜拉索更强烈的风致振动。斜拉索的参数振动是指发生在拉索和塔梁之间的耦合振动。拉索的锚固端与桥塔和主梁相连接，在风荷载或汽车作用下，斜拉桥主梁和塔将会发生振动现象。如果塔或梁的振动频率和拉索的横向自振频率（固有频率）成倍数关系，则会引起较大振幅的斜拉索横向振动。

　　风雨激振是指在风雨交加的时候，风、雨联合作用导致的斜拉索振动，此种振动频率往往比较低，但是其振幅较大。自 20 世纪 80 年代中期，在日本的 Meiko Nishi 桥上首先观察到斜拉索风雨振后，这种振动现象在世界各地的斜拉桥上均被捕捉。由于拉索风雨振在较小风速与降雨量时也可能发生，且振动幅度较大，直接影响了行车舒适性和桥梁的正常使用，因而是斜拉桥抗风设计中的关注重点。

　　拉索风雨振是一种复杂的斜拉索振动，至今还没有完善的计算理论，现在主要通过现场实测、风洞试验和理论分析等手段进行研究。其中，现场实测是最早用于研究风雨激振的手段，可获得拉索风雨振最为准确的特征，也可验证风洞试验和理论分析结果的准确性与可靠性。风洞试验可以重现风雨激振的一些基本特征，还可以对各种影响因素进行参数分析，并进一步研究振动控制措施的有效性。拉索风雨振现象是一个固、液、气三相耦合系统，建立其运动微分方程比较困难。目前，风雨振理论分析的研究都是基于二维模型，但拉索风雨振完全是一个三维问题，因此其机理还有待进一步深入研究。

　　控制拉索振动有三种措施：空气动力学措施、结构措施与机械阻尼措施，如图 5-12 所示。由于风雨振的产生与上水线的形成有密切的关系，因此改变拉索表面形状以阻止上水线形成，如将 PE 护套外表面制成纵向肋条，缠绕螺旋线或压制一些凹坑，都能起到抑制风雨振的作用。较为有效的结构措施是设置辅助索，即将各拉索之间用一根或者多根辅助索联结起来形成一个索网。辅助索方法减少了拉索的自由长度，提高了整个索面的刚度，因而非常有效；但同时破坏了原有索面的景观，加之设计安装困难，实桥的应用较少。拉索易于振动主要是因为拉索具有非常低的固有结构阻尼，因此增加拉索阻尼是控制拉索振动特别是风雨振最直接的方法。常用的阻尼器有：高阻尼橡胶阻尼器、油阻尼器、剪切型黏滞阻尼器等。湖南大学陈政清院士课题组研制了一种磁流变阻尼器，配套安装于洞庭湖大桥的拉索减振系统被美国土木工程杂志（Civil Engineering Magazine）评价为世界上第一套应用磁流变阻尼器的智能控制系统，有效地抑制了拉索风雨振。我国南京长江二桥采用了 PE 护套外缠绕螺旋线，同时在拉索锚固区安装了油阻尼器。斜拉桥苏通大桥也采用了 PE 护套设置刻痕和磁流变阻尼器的混合控制措施，取得了不错的抑振效果。

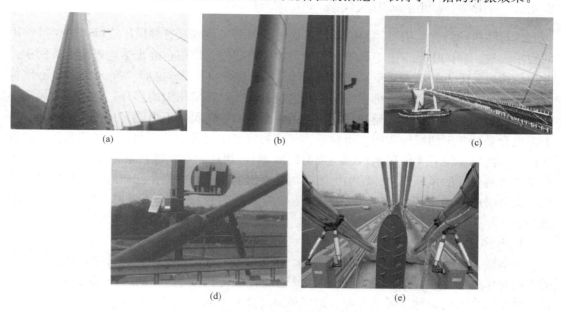

图 5-12　拉索减振方式

（a）PE 护套压制凹坑；（b）缠绕螺旋线；（c）诺曼底大桥辅助索；（d）油阻尼器；（e）磁流变阻尼器

5.4　建筑结构抗风理论

5.4.1　风对建筑结构的作用

风对建筑结构的作用主要表现为静力作用与动力作用。对于低矮建筑结构，通常只考虑风荷载的静力作用，即以风压计算结构风荷载；对于高耸的建筑结构，因结构刚度相对较小，风荷载对结构除了静力作用以外，还会诱发结构发生振动。由风荷载引起建筑结构产生振动的主要原因包括：

（1）自然风中的顺风向脉动风引起结构物的顺风向振动，这种形式的振动在一般高层建筑结构中都要予以考虑；

（2）结构物背后的漩涡脱落引起结构物的横风向的振动，对烟囱、高层建筑、桥塔等一些自立式细长柱体结构物，都不可忽视这种形式的振动；

（3）由别的建筑物的尾流引起的振动；

（4）由空气负阻尼引起横向失稳式振动。

由于风对结构的作用，所可能产生的后果包括：

（1）使结构物或结构构件受到过大的风力或不稳定；

（2）使结构物或结构构件产生过大的挠度或变形，引起外墙、外装饰材料的损坏；

（3）由反复的风振动作用，引起结构或结构构件的疲劳损坏；

（4）气动弹性的不稳定，致使结构物在风运动中产生加剧的气动力；

（5）由于过大的动态运动，使建筑物的居住者或有关人员产生不舒适感。

5.4.2　结构顺风向静动力风荷载

风对结构的静力作用可用静风荷载来描述，而静风荷载又有静风压或静风力两种常用的表示方式。静风压是指由于风的空气动力效应引起的、作用在静止结构表面单位面积上并与结构表面垂直的压力（正）或吸力（负），单位为"Pa"，也即"N/m²"。如不作特别说明，这里所说的风压均是指由风引起的超出无风时环境压力的部分。对于处在风场中的建筑物，不仅其外表面要受到风压的作用，而且由于建筑物不可能完全密封，因此其内表面也会受到一定的风压作用。而对于敞开式的建筑结构或构件（如体育场的屋盖、建筑入口处的雨篷、设有大面积出入口的大型厂房等），相应的结构部件的上下表面或内外表面都将受到较大的风压作用。结构上下或内外表面的风荷载可能是同向的，也可能是反向的，设计时应考虑它们的综合作用。对结构表面一定面积上静风压进行积分就得到静风力。

1. 顺风向静动力风荷载

一般的，在气流的三维流动中，在三个相互垂直的方向有三个风速分量。而平均风速的方向是水平的（设为 x 方向），与平均风速方向（或顺风向）一致的还包括脉动风速分量，其余两个方向的脉动风速分量（即横风向与竖直方向）则暂时不予讨论。

故顺风向的风速由两部分组成，t 时刻的风速 $U(z,t)$ 可写作：

$$U(z,t)=\overline{U}(z)+u(z,t) \tag{5-58}$$

式中　$\overline{U}(z)$——z 高度处的平均风速（m/s）；

$u(z,t)$——z 高度处的脉动风速（m/s）。

由式（5-58）t 时刻 z 高度处的风压 $W(z,t)$ 为：

$$\begin{aligned}
W(z,t)&=\frac{1}{2}\rho U^2\\
&=\frac{1}{2}\rho\overline{U}^2(z)+\frac{1}{2}\rho\left[2\overline{U}(z)u(z,t)+u^2(z,t)\right]\\
&=\overline{w}(z)+w(z,t)
\end{aligned} \tag{5-59}$$

式中　$\overline{w}(z)$——z 高度处的平均风压（kN/m²），$\overline{w}(z)=\frac{1}{2}\rho\overline{U}^2(z)$；

$w(z,t)$——z 高度处的脉动风压（kN/m²），$w(z,t)=\frac{1}{2}\rho[2\overline{U}(z)u(z,t)+u^2(z,t)]$。

由于脉动风速 $u(z,t)$ 远小于平均风速 $\overline{U}(z)$，通常对于风工程非常重要的大风情况时，$u(z,t)/\overline{U}(z)$ 很少会超过 0.2，故 $u^2(z,t)$ 与 $2\overline{U}(z)u(z,t)$ 相比较，可忽略。故 $w(z,t)$ 还可以写作：

$$w(z,t)=\rho\overline{U}(z)u(z,t) \tag{5-60}$$

对于脉动风压，当其作用于结构物上时，同时也与结构物的形状有关（在土木工程中大都钝体），需考虑体型系数。故将作用于结构物某面上（x,z）处的脉动风压 $w(x,z,t)$ 表达如下：

$$w(x,z,t)=\rho\mu_{\mathrm{s}}\overline{U}(z)u(x,z,t) \tag{5-61}$$

式中　μ_{s}——体型系数。

作用于结构物上的脉动风荷载，对结构产生的动力响应与结构物本身的动力特性有关，较直观或粗略的描述结构物的"刚"与"柔"。当结构刚性很强时，则脉动风引起结构物风振惯性力不明显，可略去，但需考虑脉动风的瞬时阵风荷载。当结构物较柔时，除静力风荷载外，还应计及风振惯性力的大小，即风振动力荷载。如果风振动力荷载用 $w_{\mathrm{d}}(z,t)$ 表示，则柔性结构物总风荷载 $W(z,t)$ 表达如下：

$$W(z,t)=\overline{w}(z)+w_{\mathrm{d}}(z,t) \tag{5-62}$$

工程中最为关心和用于设计的总风荷载应是能保证结构物安全的最大值。脉动风荷载或脉动风力是一种随机的动力作用力，应以概率理论作为基础进行分析。因此，作用于柔性结构物上的风振动力荷载应具有某一保证率下的最大值，工程中常用等效静力风荷载表达，如此式（5-62）改写如下：

$$W(z)=\overline{w}(z)+w_{\mathrm{d}}(z) \tag{5-63}$$

式中　$W(z)$——具有某一保证率的总风荷载（$\mathrm{kN/m^2}$）；

$w_{\mathrm{d}}(z)$——具有某一保证率的风振动力风荷载（等效静力风荷载）；

$\overline{w}(z)$ 与式（5-62）中含义相同。

工程计算中，常采用集中风荷载表达，则式（5-63）改写为：

$$P(z)=P_{\mathrm{c}}(z)+P_{\mathrm{d}}(z) \tag{5-64a}$$

或：
$$P_i=P_{ci}+P_{di} \tag{5-64b}$$

式中　$P(z)$、P_i——顺风向 z 高度处 i 点总静力风荷载（kN）；

$P_{\mathrm{c}}(z)$、P_{ci}——顺风向 z 高度处 i 点静力风荷载（kN）；

$P_{\mathrm{d}}(z)$、P_{di}——顺风向 z 高度处 i 点风振动力荷载（kN），$P_{\mathrm{d}}(z)=w_{\mathrm{d}}(z)A_z$ 或 $P_{di}=w_{di}A$；

$A_z(A_i)$——z 高度 i 点处相关的迎风面竖向投影面积（$\mathrm{m^2}$）。

2. 顺风向风振位移响应基本公式

如图 5-13 所示一房屋建筑，在风垂直的迎风表面 xz 上 l 点和 k 点的坐标分别为 (x,z) 和 (x',z')，这两点的脉动风压分别为 $w(x,z,t)$ 和 $w(x',z',t)$，则得其表达式：

$$w(x,z,t)=\rho\mu_{\mathrm{s}}\overline{U}(z)u(x,z,t) \tag{5-65a}$$

$$w(x',z',t)=\rho\mu_{\mathrm{s}}\overline{U}(z')u(x',z',t) \tag{5-65b}$$

由强风观察结果分析可知，式（5-65）的两式中的脉动风速 $w(x,z,t)$ 和 $w(x',z',t)$ 大体上服从正态分布规律，脉动风速的均值 $E(u)=0$，并且由前述脉动风的记录可近似作为平稳各态历经的随机过程。

1）结构位移响应方程

由随机振动的振型分解方法，任意高度 z 处的水平动位移 $y_{\mathrm{d}}(z,t)$ 可表示为：

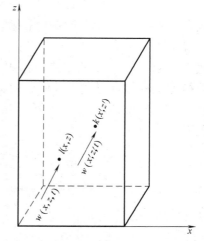

图 5-13　迎风面上两点的脉动风压

$$y_d(z,t)=\sum_{j=1}^{\infty}y_{dj}(z,t)=\sum_{j=1}^{\infty}\varphi_j(z)q_j(t) \tag{5-66}$$

式中 $y_{dj}(z,t)$——第 j 振型的动位移；

$\quad\quad\varphi_j(z)$——第 j 振型 z 高度处的坐标；

$\quad\quad q_j(t)$——第 j 振型的广义坐标。

假设振型 $\varphi_j(z)$ 对质量分布和刚度分布正交，阻尼项采用瑞雷阻尼，即可得到第 j 振型的运动方程：

$$\ddot{q}_j(t)+2\zeta_j(2\pi n_j)\dot{q}_j(t)+(2\pi n_j)^2 q_j(t)=F_j(t) \tag{5-67}$$

式（5-67）中，广义脉动风荷载 $F_j(t)$ 为：

$$F_j(t)=\frac{1}{M_j^*}\int_0^H\int_0^{B(z)}w(x,z,t)\varphi_j(z)\mathrm{d}x\mathrm{d}z \tag{5-68}$$

式中 $w(x,z,t)$——式（5-65a）的脉动风压；

$\quad\quad B(z)$——建筑物 z 高度处的迎风面宽度；

$\quad\quad H$——建筑物总高；

$\quad\quad M_j^*$——建筑物第 j 振型的广义质量，其表达式见式（5-69）。

$$M_j^*=\int_0^H m(z)\varphi_j^2(z)\mathrm{d}z \tag{5-69}$$

式中 $m(z)$——建筑物 z 高度处单位长度的质量分布。

2）位移响应根方差

采用准定常理论研究高层建筑顺风向风致响应时，常采用频域方法求解，步骤如下：

（1）选取纵向脉动风频率谱；

（2）根据式（5-68），推导顺风向广义力谱；

（3）由运动微分方程的机械导纳函数，得到位移响应谱；

（4）对位移响应谱积分，得到位移响应根方差值。

由维纳-辛钦关系式，第 j 阶振型和第 i 阶振型广义力互谱密度函数 $S_{F_jF_i}(n)$：

$$S_{F_jF_i}(n)=\int_{-\infty}^{+\infty}R_{F_jF_i}(\tau)\mathrm{e}^{-i2\pi n\tau}\mathrm{d}\tau \tag{5-70}$$

式中 $R_{F_jF_i}$——第 j 阶振型和第 i 阶振型广义力互相关函数。

$$R_{F_jF_i}(\tau)=E[F_j(t)F_j(t+\tau)] \tag{5-71}$$

式中，$E[\cdot]$ 表示期望值。将式（5-68）和式（5-71）代入式（5-70）中，将其中的系数换另一种表示形式，并假定 $l(x,z)$ 和 $k(x',z')$ 两点处的脉动风速纵向自功率谱相同，可计算得到 $S_{F_jF_i}(n)$ 的表达式。按照随机振动理论，建筑结构位移响应的功率谱 $S_y(z,n)$ 为：

$$S_y(z,n)=\sum_{j=1}^{\infty}\sum_{i=1}^{\infty}\varphi_j(z)\varphi_i(z)H_j(-in)H_i(in)S_{F_jF_i}(n) \tag{5-72}$$

式中 $\varphi_j(z)$、$\varphi_i(z)$——第 j 阶、第 i 阶振型的振型函数；

$\quad H_j(-in)$、$H_i(in)$——机械导纳函数。

$$H_j(-in)=\frac{1}{(2\pi n_j)^2\left[1-\left(\dfrac{n}{n_j}\right)^2-i2\xi_j\dfrac{n}{n_j}\right]} \tag{5-73a}$$

$$H_i(in) = \frac{1}{(2\pi n_i)^2 \left[1 - \left(\frac{n}{n_i} \right)^2 + i2\xi_i \frac{n}{n_i} \right]} \tag{5-73b}$$

实际上，对于建筑结构，尤其是高层建筑，其自振频率比较稀疏，阻尼也较小，共振峰可以分开，因此可以忽略式中的交叉项，则第 j 振型位移响应谱密度如下所示：

$$S_{yj}(z,n) = \sum_{j=1}^{\infty} \varphi_j^2(z) |H_j(in)|^2 S_{F_j}(n) \tag{5-74}$$

$$|H_j(in)|^2 = \frac{1}{(2\pi n_j)^4 \left\{ \left[1 - \left(\frac{n}{n_j} \right)^2 \right]^2 + \left[2\xi_i \frac{n}{n_j} \right]^2 \right\}} \tag{5-75}$$

对功率谱积分并开方，可得到第 j 振型位移响应的根方差如下：

$$\sigma_{yj}(z) = \sqrt{\int_{-\infty}^{+\infty} S_{yj}(z,n)\mathrm{d}n} \tag{5-76}$$

$$\sigma_y(z) = \sum_{j=1}^{m} \sigma_{jy}(z) \tag{5-77}$$

3）设计动位移和峰值因子

由于式（5-76）的位移根方差 $\sigma_y(z)$ 是随机脉动风荷载下的动位移响应，在进行工程设计时，应计及保证系数，或称为峰值因子（简称峰因子）（Peak factor），峰因子用"g"表示。建筑物 z 高度处最大峰值位移或设计最大动位移表示如下：

$$y(z) = g\sigma_y(z) = g\sum_{j=1}^{m} \sigma_{yj}(z) \tag{5-78}$$

式中，峰因子 g 与 1h 平均时间内穿越荷载效应平均值的次数有关，当平均荷载效应的概率分布是正态分布时，g 用下式表达：

$$g = \sqrt{2\ln\upsilon T} + \frac{0.577}{\sqrt{2\ln\upsilon T}} \tag{5-79}$$

式中 T——观察时间，通常取 1h（3600s）；

  υ——水平准跨越数。

这里，常用 g 的值范围为 3.0～4.0，我国《建筑结构荷载规范》GB 50009—2012 中 g 取为 2.2。

3. 建筑结构顺风向风振动力计算

本节在上一节的基础上，进一步讨论风振动力荷载和风振系数的计算。

1）基于阵型分解的等效静力风荷载

为便于叙述，下面选用多自由度体系予以说明。当脉动风荷载作用于各质点时，用向量 $\{P(t)\}$ 表示，于是，n 个质点体系仅考虑水平运动的微分方程为：

$$[M]\{\ddot{y}(t)\} + [C]\{\dot{y}(t)\} + [K]\{y(t)\} = \{P(t)\} \tag{5-80a}$$

将式（5-80a）改写为：

$$[K]\{y(t)\} = \{P(t)\} - [M]\{\ddot{y}(t)\} - [C]\{\dot{y}(t)\} \tag{5-80b}$$

式中 $[M]$、$[K]$、$[C]$——分别为多自由度体系的质量、阻尼和刚度矩阵；

  $\ddot{y}(t)$、$\dot{y}(t)$、$y(t)$——分别为不同质点处的水平加速度、速度和位移响应。

式（5-80b）右端项称为风的广义外荷载，亦可称为等效静力风荷载，用 $\{P\}_{eq}$ 表示，即：

$$\{P\}_{\text{eq}} = [K] y(t) \tag{5-81}$$

按照振型分解法，式（5-81）还可表达为：

$$
\begin{aligned}
\{P\}_{\text{eq}} &= [K] y(t) \\
&= [K][\varphi]\{q\} \\
&= [K][\{\varphi\}_1, \{\varphi\}_2, \cdots, \{\varphi\}_j, \cdots, \{\varphi\}_n][q_1, q_2, \cdots, q_j, \cdots, q_n]^{\text{T}} \\
&= [[K]\{\varphi\}_1 q_1, [K]\{\varphi\}_2 q_2, \cdots, [K]\{\varphi\}_j q_j, \cdots, [K]\{\varphi\}_n q_n]
\end{aligned}
\tag{5-82}
$$

式中，$[\varphi]$ 为振型矩阵；$\{q\}$ 为广义坐标；$\{\varphi\}_1, \{\varphi\}_2, \cdots, \{\varphi\}_j, \cdots, \{\varphi\}_n$ 分别为第 1，2，$\cdots$，j，$\cdots$，n 振型向量；$q_1, q_2, \cdots, q_j, \cdots, q_n$ 分别为第 1，2，$\cdots$，j，$\cdots$，n 广义坐标。其中，n 为自由度总数，注意与自振频率符号 n 含义的区别。

由多自由度体系的自振频率方程：

$$[K]\{\varphi\}_j = (2\pi n_j)^2 [M]\{\varphi\}_j \tag{5-83}$$

等效静力风荷载还可写作：

$$
\begin{aligned}
\{P\}_{\text{eq}} = [&(2\pi n_1)^2 q_1 [M]\{\varphi\}_1, (2\pi n_2)^2 q_2 [M]\{\varphi\}_2, \cdots, \\
&(2\pi n_j)^2 q_j [M]\{\varphi\}_j, \cdots, (2\pi n_n)^2 q_n [M]\{\varphi\}_n]
\end{aligned}
\tag{5-84}
$$

由式（5-84）可以看出，在脉动风的作用下，各质点处的等效静力风荷载可视为各振型上的惯性力作用。

上述推导是由多质点动力体系得到的，实际上，对于无限自由度体系，同样也可以得到相同的结论，即沿结构物高度方向的等效分布静力风荷载 $p(z)_{\text{eq}}$ 可视为有无穷多个（实际上取前面若干）振型上的惯性力作用。

2）风振动力荷载

由上述的推导，考虑峰因子 g（保证系数）之后，无限自由度体系第 j 振型最大峰值（或最大设计）分布风振惯性力 $p_{\text{d}j}(z)$ 为：

$$p_{\text{d}j}(z) = m(z)(2\pi n_j)^2 \varphi_j(z) g \sigma_{yj}(z) \tag{5-85}$$

在式（5-85）中，已将 $q_j(t)$ 改用符号 $\sigma_{yj}(z)$ 表示，即在本章所讨论的广义位移坐标 q_j 实际上是在脉动风作用下的位移响应根方差，即式（5-76）的表达式。

在高层建筑和高耸结构等结构中，一般只计入第一振型就足够了，由此可得：

$$p_{\text{d}}(z) \approx p_{\text{d}j}(z) = m(z)(2\pi n_1)^2 \varphi_1(z) g \sigma_{y1}(z) \tag{5-86}$$

或用 z 高度处的集中动力风荷载表示：

$$p_{\text{d}}(z) = p_{\text{d}_1}(z) h(z) = m(z) h(z)(2\pi n_1)^2 \varphi_1(z) g \sigma_{y1}(z) \tag{5-87}$$

式中　$h(z)$——z 高度处与集中动力风载有关的高度。

3）我国规范风振系数具体表达式

由前述可知，z 高度处静动力集中风荷载 $P(z)$ 由静、动两部分风荷载组成。现定义风振系数为静动力风荷载 $P(z)$ 与静力风荷载 $P_{\text{c}}(z)$ 的比值，用 $\beta(z)$ 表示，则其表达式为：

$$\beta(z) = \frac{P(z)}{P_{\text{c}}(z)} = \frac{P_{\text{c}}(z) + P_{\text{d}}(z)}{P_{\text{c}}(z)} = 1 + \frac{P_{\text{d}}(z)}{P_{\text{c}}(z)} \tag{5-88}$$

将式（5-87）和 $P_{\text{cz}} = \mu_{\text{s}} \mu_z w_0 A_z$ 代入上式，可得：

$$\beta(z) = 1 + \frac{m(z)h(z)(2\pi n_1)^2 \varphi_1(z)g\sigma_{y1}(z)}{\mu_s \mu_z w_0 A_z} \tag{5-89}$$

式中,迎风面积 $A_z = h(z)B(z)$,其中 $h(z)$ 和 $B(z)$ 为 z 高度处与集中风荷载有关的高度和迎风面宽度。

具体的,进一步代入式(5-64)、式(5-66)和式(5-67)之后,并将 n 改为 $0 \rightarrow \infty$ 范围内的积分,将 $\overline{U}(z) = \overline{U}_{10}\left(\frac{z}{10}\right)^\alpha$ 及 $w_0 = \frac{\rho}{2}\overline{U}_{10}^2$ 代入计算后,$\beta(z)$ 可简化写作:

$$\beta(z) = 1 + \xi_1 u_1 r_1(z) \tag{5-90}$$

式中,ξ_1 称为第一振型风振动力系数,或称为脉动增大系数,其表达式如下:

$$\xi_1 = (2\pi n_1)^2 \sqrt{\int_0^{+\infty} |H_1(in)|^2 S_f(n)dn} \tag{5-91}$$

式中,$|H_1(in)|^2$ 为传递函数的模。

式(5-90)中,u_1 为:

$$u_1 = \frac{2g(2\pi n_1)}{\xi_1 M_1^*} \left[\begin{array}{c} \int_0^H \int_0^H \int_0^{B(z)} \int_0^{B(z')} \mu_s \mu_s \left(\frac{zz'}{100}\right)^\alpha \varphi_1(z)\varphi_1(z') \cdot \\ \int_0^{+\infty} |H_1(in)|^2 R_{xz}(l,k,n)S_v'(n)dn dx' dx dz' dz \end{array} \right]^{\frac{1}{2}} \tag{5-92}$$

其中,$r_1(z)$ 为:

$$r_1(z) = \frac{m(z)\varphi_1(z)}{\mu_s \mu_z B(z)} \tag{5-93}$$

其中,$S_v'(n)$ 应根据达文波特脉动风度谱进行进一步表达。

我国规范中将 ξ_1(或 ξ_j)称为脉动增大系数,具体取值见表 5-5。

脉动增大系数 ξ　　　　　　　　　　　　　　　　　　　　　表 5-5

$w_0 T_1^2 (\mathrm{kN \cdot s^2/m^2})$	0.01	0.02	0.04	0.06	0.08	0.10	0.20	0.40	0.60
钢结构	1.47	1.57	1.69	1.77	1.83	1.88	2.04	2.24	2.36
房屋钢结构	1.26	1.32	1.39	1.44	1.47	1.50	1.61	1.73	1.81
混凝土及砌体结构	1.11	1.14	1.17	1.19	1.21	1.23	1.28	1.34	1.38
$w_0 T_1^2 (\mathrm{kN \cdot s^2/m^2})$	0.80	1.00	2.00	4.00	6.00	8.00	10.00	20.00	30.00
钢结构	2.46	2.53	2.80	3.09	3.28	3.42	3.54	3.91	4.14
房屋钢结构	1.88	1.93	2.10	2.30	2.43	2.52	2.60	2.85	3.01
混凝土及砌体结构	1.42	1.44	1.54	1.65	1.72	1.77	1.82	1.96	2.06

5.4.3 结构横风向风振

如前所述,建筑结构除了发生顺风向振动,还会发生横风向风振。当结构物上有风作用时,就会在该结构物两侧背后产生交替的旋涡,且将由一侧然后向另一侧交替脱落,形成所谓的卡门涡列。卡门涡列的发生会使建筑物表面的压力呈周期性变化,其结果是使结构物上作用有周期性变化的力,作用方向与风向垂直,称为横风向作用力或升力。

在这种作用下由交替涡流引起且与风向垂直的振动,按发生原因称为涡激振动。涡激振动一般是伴随着旋涡的出现而产生的强迫振动，是形状结构物必然伴随的现象。而驰振和颤振则因结构物断面形状的不同而有所差异，多发生在具有箱形截面和 H 形截面的结构物；横风向弯曲单自由度振动称为驰振，而扭转单自由度振动称为颤振，弯曲和扭转的两自由度耦合振动称为弯扭颤振。颤振和驰振现象可认为是由在结构物受风上侧断面边缘产生的伴随该结构振动而放出的所谓前缘分离涡流而引起的振动，它与涡激振动有本质的区别。而当一结构物处于另一结构物的卡门涡列之中时，可发生抖振。以上即为建筑结构物常见的几种横风向风振形式。

由于结构横风向风振的存在，结构会较易于发生风致破坏，尤其对于大型烟囱、输电线塔、冷却塔等特种结构，更应该对结构横风向风振稳定性进行验证。

本章小结

（1）风灾是自然灾害中最频繁的一种，发生频率高，次生灾害大，人类所遭遇的各种自然灾害中，风灾给人类造成的经济损失超过其他地震、水灾、火灾等灾害的总和。

（2）风对构筑物的作用从自然风所包含的成分看包括平均风作用和脉动风作用，从结构的响应来看包括静态响应和风致振动响应。

（3）平均风特性包括平均风速、风向、攻角以及风剖面等，而脉动风特性主要包括紊流强度、阵风因子、紊流积分尺度、紊流功率谱密度等。

（4）风对桥梁的作用受到风特性、结构的动力特性以及风与结构的互相作用三方面的影响。当桥梁结构的刚度较大时，空气力的作用只相当于静力作用；当桥梁结构的刚度较小时，结构振动得到激发，这时空气力不仅具有静力作用，而且具有动力作用。

（5）低矮建筑结构，通常只考虑风荷载的静力作用，即以风压计算结构风荷载；对于高耸的建筑结构，因结构刚度相对较小，风荷载对结构除了静力作用以外，还会诱发结构发生振动。

思考与练习题

5-1   简述风及其产生机理。

5-2   分析风对结构的作用及其破坏现象。

5-3   简述桥梁风致振动的主要类型。

5-4   简述控制拉索振动的常用措施。

5-5   简述结构顺风向位移响应的计算方法。

5-6   简述建筑结构横风向振动的成因。

第6章 钢结构抗火理论与数值分析

本章要点及学习目标

本章要点：

(1) 结构抗火设计方法；(2) 热传导分析方法与钢构件升温计算；(3) 高温下结构钢的性能；(4) 钢结构抗火性能非线性有限元分析。

学习目标：

(1) 了解工程结构抗火研究的重要意义及目的；(2) 掌握结构抗火设计方法；(3) 熟悉热传导分析方法与钢构件升温计算；(4) 掌握高温下结构钢的力学性能；(5) 熟悉钢结构抗火性能非线性有限元分析方法。

6.1 工程结构抗火研究概述

在各种灾害中，火灾是发生最频繁、最具危险性和毁灭性的灾害之一，其引起的直接经济损失约为地震的 5 倍，发生的频率居各灾害之首。据公安部消防局统计，2015 年，全国共接报火灾 33.8 万起，造成 1742 人死亡、1112 人受伤，直接财产损失 39.5 亿元。通过对 2000～2010 年公安部每年发布的火灾统计数据进行分析，可以发现目前我国火灾形势主要有以下 3 个特点：①全国每年火灾发生次数居于高位，平均每年发生火灾起数在 20 万起左右；②我国由于火灾导致的直接经济损失巨大，年均超过 13 亿元，死亡人数年均为 2087 人，受伤人数年均 2383 人；③建筑火灾发生次数最多，损失最大。中国火灾统计年鉴表明，建筑物火灾损失约占全部火灾的 80%。表 6-1 给出了 2002～2010 年我国发生的部分人员伤亡惨重或经济损失较大的建筑火灾案例。

我国 2002～2010 年发生的某些重大建筑火灾　　　　　　　　　表 6-1

发生时间	火灾地点	死/伤(人数)	经济损失(元)	火灾原因
2002.06.16	北京"蓝极速"网吧	25/12	10 万	报复纵火
2003.04.05	青岛正大公司熟食加工间	21/8	3748.5 万	电锅油温过高起火
2004.10.05	广东省惠州市 LG 电子公司	2/10	上亿	电焊违规操作
2005.12.15	吉林省辽源市中心医院	20/210	821.92 万	电工违章检修
2009.02.09	央视新址北配楼火灾	1/7	50 亿	违法燃放烟花
2010.11.15	"11·15"上海高层住宅火灾	58/70	5 亿	电焊工违章操作

备注：根据公安部消防局发布的数据和网络资源整理得到。

随着我国城市化不断推进，建筑行业得到了飞速发展，伴随着近几年国家重大体育、经济和文化盛会的相继开展，各类体育场馆、大型商场、剧场、仓库、车间、候车厅、高层建筑等如雨后春笋般大量出现，这类新型、大型、高层的特殊类型建筑从使用功能到所用的建筑材料较以往的建筑结构都发生了巨大的变化，使得建筑物内使用的电力、热力设施大幅增加，从而使该类建筑火灾发生的可能性也大大增加。

钢材的强度和弹性模量随温度的上升而下降，当温度超过 400℃后，钢材的强度和弹性模量开始急剧下降，当温度达到 650℃时，钢材已丧失大部分刚度和强度。在建筑物发生火灾时，室内的可燃物迅速燃烧，空气温度在短时间内即可达到 600℃，对于无任何保护措施的钢结构建筑，极容易发生破坏，来不及疏散人群和进行消防救援。鉴于建筑火灾发生的频繁性和它对钢结构造成危害的严重性，国际上很早就开始重视钢结构的抗火安全，通过对钢构件涂覆防火涂料、包覆防火板等防火保护措施来提高钢结构的抗火能力，保证其具备一定的耐火时间，以满足建筑设计防火规范规定的耐火极限要求。目前，我国第一部钢结构抗火设计标准《建筑钢结构防火技术规范》CECS 200：2006 对不同类型钢结构建筑的抗火要求、钢构件抗火验算方法、钢结构防火保护措施等都有较完整的规定，对于钢-混凝土组合结构，给出了钢管混凝土柱、压型钢板组合楼板、钢-混凝土组合梁的抗火设计和验算方法。

6.1.1　结构抗火研究的意义及目的

通过系统的理论分析和研究，建立一整套科学、可靠的建筑结构抗火设计方法，具有以下重要意义：①减轻结构在火灾中的破坏，避免结构在火灾中局部倒塌造成灭火及人员疏散困难；②避免结构在火灾中整体倒塌造成人员伤亡；③减少火灾后结构的修复费用，缩短灾后结构功能恢复周期，减少间接经济损失。

建筑结构抗火研究的主要目的有两方面：①制定一套合理、方便、实用的建筑结构抗火设计方法，确保结构在火灾的一定期限内具有足够的承载力，以便于组织人员撤离、消防人员灭火等工作的进行；②对火灾后结构的损伤程度作科学、准确的评价，并据此制定受损建筑结构的修复和加固方案，确保火灾后结构的安全性，最大限度地发挥经济效益。

6.1.2　防火、耐火与抗火

在有关结构抵御火灾的研究中，用到三个名词：防火、耐火与抗火。下面分别介绍一下这三个名词的定义。

1. 防火

当"防火"指"防止火灾"时，主要用于建筑防火措施，比如防火分区、消防设施布置等。

当"防火"指"防火保护"时，用于建筑防护有防火墙、防火门等，用于结构防火有防火涂料、防火板等。

2. 耐火

"耐"为"忍耐"和"耐久"的意思，具有时间上的意义。"耐火"主要指建筑在某一区域发生火灾时能忍耐多长时间而不造成火灾蔓延，及结构在火灾中能够耐多久而不破坏。

一般根据建筑与结构构件的重要性及危险性，来确定建筑物的耐火等级，并以此为基础，同时考虑消防灭火的时间需要，确定建筑部件（如防火墙、防火门、吊顶等）的耐火时间及结构构件（如梁、柱、楼板、承重墙等）的耐火时间。

3. 抗火

"抗"主要是"抵抗"的意思。"抗火"主要用于结构，结构抗火一般通过对结构构件采取防火保护措施，使其在火灾中承载力降低不多而满足受力要求来实现。结构抗火设计，为设计"结构防火"保护措施，使其在承受确定外载条件下，满足"结构耐火"的时间要求。

6.1.3　结构抗火设计方法

结构抗火设计方法的发展可分为四个阶段：基于试验的构件抗火设计方法，基于计算的构件抗火设计方法，基于计算的结构抗火设计方法，考虑火灾随机性的结构抗火设计方法。随着经济的发展，出现了许多新型的特殊建筑以及超高层、超大建筑，人们对结构抗火提出了更高要求，如采用传统的结构抗火设计方法得到的结果有时会偏于保守，有时又会不安全，为了克服传统的结构抗火设计方法的不足，自 20 世纪 70 年代起，一些发达国家就开始系统地研究以性能为基础的建筑防火设计方法，性能化防火设计越来越成为一种趋势。

1. 基于试验的构件抗火设计方法

这种方法以试验为设计依据，通过进行不同类型构件在规定荷载分布与标准升温条件下的耐火试验，确定在采取不同的防火措施（如防火涂料）后构件的耐火时间。通过进行一系列的试验可确定各种防火措施相应的耐火时间。进行结构抗火设计时，可根据构件的耐火时间要求，直接选取对应的防火保护措施。这种方法简单、直观、方便应用。然而，它存在严重缺陷，这种缺陷源于对荷载分布和大小以及构件的端部约束状态。由于实际结构所受的荷载分布和大小千变万化，构件端部约束同样千变万化，所以试验很难准确和全面的加以模拟。

2. 基于计算的构件抗火设计方法

为了解决基于试验的构件抗火设计方法存在的问题，钢结构构件抗火计算的理论研究引起了很多研究者的重视，开展了大量的研究。利用有限元方法和经典解析分析方法，基本上建立了能考虑任意荷载形式和端部约束状态影响的钢构件抗火设计方法。基于计算的钢结构抗火设计方法，以高温下构件的承载力极限状态为耐火极限判断，并考虑温度内力的影响，目前已被各国普遍接受并在设计规范中采纳。其计算过程如下：

（1）确定防火措施，设定一定的防火保护层厚度；

（2）计算构件在确定的防火措施和耐火极限条件下的内部温度；

（3）确定高温下钢的材料参数，计算结构中该构件在外荷载和温度作用下的内力；

（4）进行荷载效应组合；

（5）根据构件和受载的类型，进行构件抗火承载力极限状态验算；

（6）当设定的防火保护层厚度不合适时（过小或过大），可调整防火保护层厚度，重复上述步骤。

3. 基于结构整体作用分析的抗火设计方法

火灾下结构单个构件的破坏，并不一定意味着整体结构的破坏。特别是对于钢结构，一般情况下结构局部少数构件破坏将引起结构内力重分布，结构仍具有一定的承载能力。当钢结构抗火设计以防止整体结构倒塌为目标的时候，基于整体结构的承载能力极限状态进行抗火设计更为合理，目前结构在火灾下的整体反应分析尚是热门研究课题，且尚未提出能被有关规范采纳的适于工程实用的方法。

基于计算的钢结构抗火设计方法的基本流程可用图 6-1 表示。以火灾模型研究为界限可将结构抗火研究分为两大部分，即对火灾的研究（室内火灾模型研究）和对结构的抗火反应研究（热-应力耦合分析）。

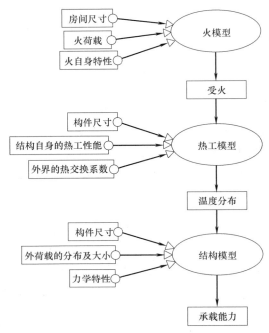

图 6-1　火灾下结构承载力的计算流程

对结构的抗火反应研究，本质上是一个热-应力耦合的分析过程，可以归纳为如下三个问题：

（1）火灾模拟整体结构中构件内部温度场分布；

（2）高温下材料的热物理性能和力学性能变化情况；

（3）整体结构中构件在火灾中的反应。

热-应力耦合分析的方法主要有直接耦合法和间接耦合法。直接法是直接建立考虑温度、结构位移自由度的有限元模型，同时考虑温度场和应力场的边界条件，直接进行耦合分析。间接耦合法是先建立温度场的有限元模型，通过施加温度场的边界条件，求解得出结构的温度分布，进行结构应力分析时，将不同荷载步的温度作为荷载读入应力场分析中，得到结构应力分布。间接耦合法计算火灾求解过程见图 6-2。

由于结构钢的导热性较好，对其进行抗火分析（尤其是整体抗火分析）时，分析方法一般采用有限元法。在温度场的有限元分析中，一般假设钢构件截面温度均匀分布，或者采用线性分布的温度场，或者把截面划分为几个区域，每个区域内假设均匀分布，单根构件采用梁单元或壳单元进行模拟。在工程结构应力场的有限元分析中，需要对结构的几何与材料的双重非线性进行考虑。其中，几何非线性问题通常指钢结构的大挠度、大位移问题，而材料非线性通常是研究非线性弹性和非线性弹塑性等问题。目前规范、标准中尚未给出适用于工程技术人员的整体结构的抗火设计方法。

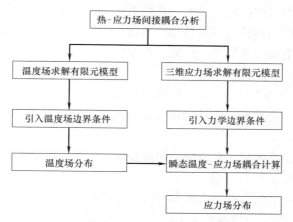

图 6-2　热-应力场间接耦合法求解过程

4. 考虑火灾随机性的结构抗火设计方法

现代结构设计以概率可靠度为目标，因为火灾的发生具有随机性，且火灾发生后空气升温的变异性很大，要实现结构抗火的概率可靠度设计，必须考虑火灾及空气升温的随机性。考虑火灾随机性的结构抗火设计方法是有待进一步研究的一个课题，但必将是结构抗火设计的发展方向。

5. 结构性能化抗火设计方法

当前国内外建筑结构抗火设计规范所采用的方法是先根据建筑物类别定出耐火等级，然后根据耐火等级规定结构构件的耐火极限。结构设计者则根据结构的极限状态，计算火灾下结构的耐火时间是否符合规范规定的耐火极限要求。然而，随着人们对结构抗火提出的更高要求，现行规范体现出以下不足：

（1）结构耐火极限要求主要考虑了发生火灾的危险性、建筑的重要性和结构构件的重要性，未从人员安全逃生及结构性能要求的角度，考虑综合经济及生命损失最小的目标；

（2）结构的耐火时间基于 ISO834 升温曲线确定，现有的研究表明，真实火灾与火荷载密度、通风条件、建筑形式等因素密切相关，ISO834 曲线并不能反应火灾的真实情况；

（3）以单独构件是否达到火灾下的极限状态来确定结构的耐火时间，未考虑整体结构中构件的相互影响，因而是不真实的；

（4）传统的结构抗火设计是一种格式化的设计方式，规范对特定情况下的结构抗火设计要求做出了明确的规定，设计人员仅限于被动的选择。

由于建筑物形式多样，建筑抗火设计要求本质上可各不相同，结构抗火性能化设计不明确规定某项解决方案，而是确定设计目标及能达到要求的可接受的方法。结构抗火性能化设计的一般层次化结构，包括设计总体目标、功能目标、性能要求及合适的各种解决方案与方法。

建筑钢结构抗火设计的总体目标是：

（1）不致因结构破坏影响建筑内人员的逃生及消防人员灭火；

（2）不致因结构破坏使建筑火灾损失更大。

为满足总体目标的要求，建筑钢结构抗火设计的功能目标包括：

（1）某些部位的结构构件或子结构及结构整体在火灾发生后的一定时间内不能坍塌，以保证建筑内的人员有足够的时间逃生，并使消防人员有足够的时间灭火；

（2）某些部位的结构构件或整体结构在火灾下不能产生影响继续使用的变形或倒塌，以使火灾后结构的功能能尽快恢复，以减小建筑火灾的间接经济损失，使建筑火灾总的损失最小。

与功能目标（1）对应的性能要求 A、B、C 分别为：

（1）性能要求 A：结构某些部位的构件在火灾发生后一定的时间内，应具有足够的承载力。

（2）性能要求 B：结构某些部位的子结构在火灾发生后一定的时间内，应具有足够的承载力。

（3）性能要求 C：整体结构在火灾发生后一定的时间内，应具有足够的承载力。

与功能目标（2）对应的性能要求 D：

结构某些部位的构件或整体结构，由火灾产生的残余变形不能超过一定的限值，以减小建筑火灾的间接经济损失，使建筑火灾总的损失最小。

图 6-3 所示为结构性能化抗火设计流程图。

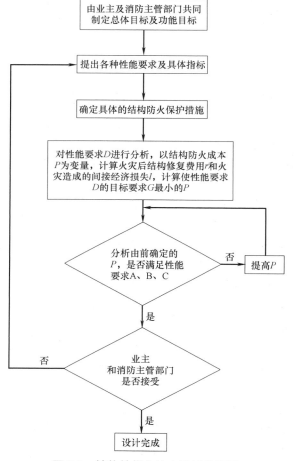

图 6-3   结构性能化抗火设计流程图

要实现结构性能化抗火设计，需解决下列理论问题：

（1）各种功能建筑的人员逃生模型；

（2）消防接警、出动、到达、灭火模型；

（3）各种功能建筑失火概率模型；

（4）各种情况建筑失火成灾概率模型，应考虑建筑布置、火灾荷载、喷淋装置等影响；

（5）建筑失火成灾后，实际火灾升温、降温模型，应考虑喷淋、消防灭火、建筑布置等影响；

（6）钢结构在火灾下的弹、塑性变形及极限承载力分析方法。

性能化抗火设计方法可充分考虑不同业主的不同要求及不同建筑结构抗火设计的不同要求，同时确保火灾发生后建筑物内人员的安全及结构抗火设计的最优综合经济指标，更具有科学性。要使钢结构性能化抗火设计方法得以具体实施，除需解决有关理论问题外，业主、设计人员、消防主管部门的观念更新也是一个重要的方面。

6.1.4　钢结构抗火分析的研究进展

自 20 世纪 80 年代，国外就开始深入广泛地研究钢结构的抗火，美国、日本、英国、德国、瑞典、澳大利亚、新西兰等在结构钢的高温性能、钢梁、钢柱、钢框架和高强度螺栓连接节点的抗火试验与理论研究方面取得了大量成果，编制了基于构件计算的钢结构抗火设计规范。

国内自 20 世纪 80 年代末 90 年代初才开始进行钢结构抗火研究，主要有同济大学、中国建筑科学研究院和原哈尔滨建筑大学进行了高温钢材特性、各类钢构件、高强度螺栓连接节点、钢框架结构的抗火试验与理论研究，并于 2006 年编制了中国工程建设标准化协会标准《建筑钢结构防火技术规范》CECS 200：2006。

钢结构抗火设计主要集中在以下 7 个方面：

（1）高温下材料的本构关系，如钢材在高温下的屈服强度、抗拉强度、弹性模量、应力-应变曲线；

（2）高温下材料的热工性能，如高温下钢材的热导率、比热、相对密度及膨胀系数；

（3）钢结构构件和结构内部温度场的研究与分析计算；

（4）钢结构构件在高温环境中的破坏特征，不同构件形状或尺寸、不同受火方式的影响规律，构件和结构的抗火极限及全过程分析；

（5）钢结构构件的耐火保护层计算；

（6）结构构件的耐火理论及相应的标准编制；

（7）钢结构在火灾条件下的整体抗火性能，其中比较著名的是英国的 BRE 在实验室对一幢 8 层足尺钢框架建筑做的 6 组火灾试验，试验发现整体结构比单个构件具有更高的耐火极限温度。

对建筑结构进行抗火数值模拟的方法很多，既有精细的数值方法又有简单实用的拟合公式计算，还有经典的解析方法等。根据所取结构形式的不同，数值模拟分析主要分为构件和结构整体两个层次。

在构件层次上，国内外的学者已经取得了很多研究成果，基本上能够考虑任意荷载形式和端部约束状态对构件的影响，其中国内较有代表的是：李国强等在试验中模拟钢梁在结构中的约束条件，利用变形协调条件求出由约束产生的温度内力。丁军等通过假设温度场的轮廓和保护层的周边形状一致，将有非轻质保护层钢构件的二维热传递问题简化为一维，并与二维方法进行了对比，给出了局部火灾下钢梁无保护的腹板和上下翼缘温度的简单计算方法。各国当前的钢结构抗火设计规范大多是基于构件层次的试验及数值模拟得到的。

随着数值分析方法的发展，可以对钢框架的火灾反应进行整体分析，并考虑构件间的半刚性连接、混凝土楼板的协同作用、梁截面、跨度、柱截面的影响以及降温阶段反向应变等影响因素。整体结构的试验代价太大，一般采用计算机程序来模拟，比如常用有限元方法进行分析计算，可以比较方便地将各种影响因素考虑进去。李国强等提出一种平面钢框架结构火灾非线性反应分析的方法，该方法考虑了材料和几何非线性温度沿截面高度呈线性分布及由温度变化引起的温度内力，能够较真实地模拟结构的实际升温过程，且计算工作量不大，适用于各种规模平面钢框架的抗火计算与设计。赵金城等提出一种直接迭代方法来分析受火钢框架的反应，该方法可以计算特定荷载水平和温度分布的结构总体反应，根据提出的理论，编制了有限元分析程序。Liew.J.Y.R等提出局部火灾下建筑钢框架的分析方法。对火灾的模拟，文中采用了 ISO 标准火和自然火两种火灾模型，但只考虑了整个室内均匀燃烧的情况。另外，该方法虽然考虑了构件连接的半刚性性质，却没有分析构件连接对结构抗火的影响。目前对于平面钢框架在高温下的全过程分析方面的理论研究已比较成熟，并在此基础上编制了各种分析程序，但这些计算程序用于工程设计还不够简便。现阶段钢框架整体结构抗火性能研究的主要理论由英国谢菲尔德大学的研究人员提出，并根据理论编制了相应的分析程序"VALCAN"。该理论能够对钢框架的火灾反应进行三维分析，能考虑构件间的半刚性连接、混凝土楼板的协同作用及降温阶段反向应变等影响因素。

大空间建筑火灾中，建筑结构对火灾环境的反应主要是由火灾中热对流、热辐射引起空气升温，火源热量由空气媒介经瞬态传热过程传递给构件，导致构件的升温，从而引起构件的材性和热物性变化。同时，构件在约束状态下由于升温产生附加应力，引起整体结构的应力重分配。由于大空间建筑的空间相当大，与一般室内火灾相比，其最大的特点是：不会像一般室内火灾那样产生室内所有可燃物同时燃烧的轰然现象，火灾（火源）将集中在一定的区域，空气升温也不会像一般室内火灾那样高，大部分情况下大空间火灾的烟气温度都较低，如果按照现有的耐火等级标准进行结构防火保护，会造成不必要的浪费。因此，研究大空间钢结构建筑在火灾中的反应，对其进行合理的抗火设计必须较准确地预测火场空气升温过程。

在大空间钢结构抗火设计中，性能化抗火设计方法起着越来越重要的作用。在《建筑钢结构防火技术规范》CECS 200：2006 中体现出了这种设计理念。根据规范，对于高大空间建筑宜采用实际火灾升温进行结构或构件抗火验算；对于特别重要的大跨度（$L \geqslant 80\text{m}$）和超高层（$H \geqslant 100\text{m}$）建筑，宜采用实际火灾升温进行结构整体抗火验算。

对于大跨度空间结构来说，目前国内外在这方面的研究还比较少。不过这一现状已经引起工程界的重视，随之进行了相关方面的工作，并取得了一定进展，主要表现在以下几个方面：大空间建筑火灾模型和温度场的研究，大空间建筑火灾中钢构件升温计算方法的研究，大跨度空间结构材料和一些结构体系的抗火性能研究，性能化抗火设计方法的研究与应用。

目前全世界有几十种比较完善的火灾模型可供使用，根据研究层次和方法可将其分为经验模型、网络模型、区域模型、场模型和复合模型，其中以区域模型和场模型应用较为广泛。前者为简化模型，可满足一般建筑室内火灾实际要求的精度，比较成熟的软件有CFAST、FAST、ASET等；后者为比较精确的模型，但计算量大，对计算机运算能力要求较高，比较成熟的软件有FDS、FLUENT、PHOENICS等。

火灾中燃烧物释放能量主要以烟气为媒介，通过热辐射和热对流传递给钢构件，钢构件内部则以热传导方式传递热量。弄清构件内部温度场的分布是进行构件及结构抗火分析的基础，构件内温度场是一个随温度变化的变温度场，一般需要通过对傅立叶导热微分方程进行数值求解获得构件内的温度分布，通常可按《建筑钢结构防火技术规范》CECS 200：2006中的增量法进行计算。影响钢构件中温度场分布的主要因素有：火灾空气升温条件、构件截面形状和尺寸、受火方式、钢材的热工性能、保护层的厚度和性质等。杜咏等以提出的大空间建筑火灾空气升温简化计算方法为基础，应用钢构件升温的增量法进行计算，分别拟合出大空间建筑火灾下无保护层钢构件和有保护层钢构件升温的简化计算公式，使用显式表达式代替迭代计算方法，在一定程度上提高了计算的实用性。

对于大跨度空间结构来说，广泛使用的材料除了常用结构钢材外，还有索材与膜材。同济大学、东南大学和哈尔滨工业大学均对工程中广泛应用于空间结构和预应力混凝土结构中的预应力钢绞线进行过高温下的力学性能试验，研究了预应力钢绞线的极限强度、名义屈服强度、弹性模量和应力-应变关系曲线随温度变化的规律，并根据各自的试验结果进行统计拟合，回归出相应的公式。结果表明：上述变量随着温度的升高而下降，不过下降的速度和比例不尽相同。目前广泛应用于膜结构工程中的PVC膜材、PTFE膜材和ETFE膜材均为不可燃物，具有优异的阻止火焰扩散的特性，即使在由于烟、火引起的膜融化情况下也具有相当的优势。国外选用阻燃的膜材还是不燃的膜材取决于建筑物的功能以及对建筑材料防火性能要求的规定，我国目前还无相应的规范要求。

大跨度空间结构与普通钢结构不同，有很多不同结构体系，所以需要对不同结构体系进行抗火性能的研究，如对网架结构、预应力组合网架结构、双曲索网结构、张弦梁结构、弦支穹顶结构等进行整体结构的数值模拟分析。这主要是因为：

（1）空间结构的特性决定其整体作用较普通钢结构更强，个别杆件的失效并不等同于整个结构的失效，因此需要进行整体性能研究，同时也是基于对普通钢结构在实际火灾中整体结构性能和足尺试验研究成果的认识，如钢梁悬链线承载力机制和楼板薄膜效应等。

（2）限于当前的大型结构试验技术、试验设备和试验经费等条件限制，试验研究滞后，而与此同时，计算机技术的快速发展使得数值模拟成为研究大跨度空间结构抗火性能的重要手段。

钢结构的抗火研究一直是建筑安全领域的研究重点，也取得了大量成就，但是仍有很多工作需要做，例如：

（1）目前对于我国大空间建筑的火灾荷载组成与分布情况进行系统的试验研究与统计调查的工作还比较少。因此，这些对于火灾科学、消防安全工程学和结构抗火研究领域都十分重要的基础研究还有待深入开展。

（2）构件截面温度场的研究已经相对完善，但针对温度场分布模式、保护层影响的分析还比较少，需进行大跨度空间结构的构件升温实用计算方法的研究。

（3）降温条件下的结构响应机理与安全评定准则和方法。

（4）材料高温下性能的研究。除常用结构钢材外，大跨度空间结构其他材料在高温作用下的研究还较少，进行结构抗火分析时所需要的力学性能参数非常缺乏，因此需要进行试验研究和理论分析。

（5）开展空间钢结构试验研究。当前受试验技术、试验经费等条件限制，大跨度空间结构无法进行试验研究，但试验却是最能直接反应结构抗火性能的手段，并能够为数值模拟提供基础性的资料和数据，因此，试验研究有待加强，以期为检验数值模拟的结果提供必要的参考。

（6）深化钢结构性能化抗火设计方法、实用计算方法和简化方法的研究。由于大空间建筑火灾的发生和发展以及大型结构在火灾中的反应十分复杂，一些关键问题还未得到很好地解决，应将试验研究、理论分析和数值计算结合起来，共同构筑建筑结构抗火的研究体系。

6.1.5　抗火设计基本规定

1. 抗火极限状态设计要求

当满足下列条件之一时，应视为钢结构构件达到抗火承载力极限状态：

（1）轴心受力构件截面屈服。

（2）受弯构件产生足够的塑性铰而成为可变机构。

（3）构件整体丧失稳定。

（4）构件达到不适于继续承载的变形。

当满足下列条件之一时，应视为钢结构整体达到抗火承载力极限状态：

（1）结构产生足够的塑性铰形成可变机构。

（2）结构整体丧失稳定。

钢结构的抗火设计应满足下列要求之一：

（1）在规定的结构耐火极限时间内，结构或构件的承载力 R_d 不应小于各种作用所产生的组合效应 S_m，即：

$$R_d \geqslant S_m \tag{6-1}$$

（2）在各种荷载效应组合下，结构或构件的耐火时间 t_d 不应小于规定的结构或构件的耐火极限 t_m，即：

$$t_d \geqslant t_m \tag{6-2}$$

结构或构件的临界温度 T_d 不应低于在耐火极限时间内结构或构件的最高温度 T_m，即：

$$T_d \geqslant T_m \tag{6-3}$$

2. 一般规定

（1）在一般情况下，可仅对结构的各构件进行抗火计算，满足构件抗火设计要求。

（2）当进行结构某一构件的抗火验算时，可仅考虑该构件的受火升温。

（3）有条件时，可对结构整体进行抗火计算，使其满足结构抗火设计的要求。此时，应进行各构件的抗火验算。

（4）进行结构整体抗火验算时，应考虑可能的最不利火灾场景。

（5）对于跨度大于 80m 或高度大于 100m 的建筑结构和特别重要的建筑结构，宜对结构整体进行抗火验算，按最不利的情况进行抗火设计。

（6）对第（5）条规定以外的结构，当构件的约束较大时，如在内力组合中不考虑温度作用，则其防火保护层设计厚度应按计算厚度增加 30%。

（7）连接节点的防火保护层厚度不得小于被连接构件保护层厚度的较大值。

6.2 建筑火灾模型

工程结构抗火分析需要考虑诸多因素的影响，涉及许多变量，包括火的燃烧曲线、结构构件的温度分布、热膨胀造成的各构件相互约束影响、材料力学性能随着温度的变化等。结构整个抗火分析分为两大部分：对火的分析和对结构的反应分析，其中对火的分析最重要的就是分析建筑火灾模型，确定室内升温曲线。

6.2.1 室内火灾标准升温曲线

为确定构件的抗火性能，许多国家和组织都制定了标准的室内火灾升温曲线，以便抗火设计和抗火试验使用，其中应用最广泛的为国际标准化组织（ISO）制定的 ISO834 标准升温曲线和美国与加拿大采用的 ASTM-E119 标准升温曲线。

为了对受热构件的破坏模式有统一的认识以及出于规范的需要，对构件的抗火程度需进行统一分级，国际标准化组织制定了 ISO834 标准升温曲线，如图 6-4 所示，标准升温速度很快，1min 时空气温度达到 300℃；3min 左右温度就达到 500℃，其表达式如（6-4）：

$$T_g(t) - T_g(0) = 345 \lg(8t + 1) \tag{6-4}$$

式中　$T_g(t)$ ——对应于 t 时刻室内的平均空气温度（℃）；

　　　$T_g(0)$ ——火灾发生前的室内平均空气温度，一般取 20℃；

　　　　　　t ——升温时间（min）。

美国和加拿大采用的为 ASTM-E119 标准升温曲线，如图 6-4 所示，其表达式为（6-5）：

$$T_g(t) - T_g(0) = 1166 - 532\exp(-0.01t) + 186\exp(-0.05t) - 820\exp(-0.2t) \tag{6-5}$$

式中　t ——时间（min）；

其余同上。

实际火灾一般会经历初期增长、全盛阶段和衰减三个阶段，ISO834 室内标准升温曲线并未考虑火荷载、受火房间几何参数和热工参数等因素的影响，与实际火灾有一定的差别，见图 6-5，但由于其表达式简单，便于燃烧炉的控制，大多数研究者予以采用。

6.2.2 大空间建筑火灾模型

随着我国各种大型公共建筑的不断涌现，对大空间建筑火灾规律的研究日益受到重视。由于建筑结构自身的限制和使用功能上的需要，大空间建筑火灾与普通建筑存在很大差别。只有掌握了火灾过程中空气温度的变化规律，才能进一步对整个结构和基本结构以

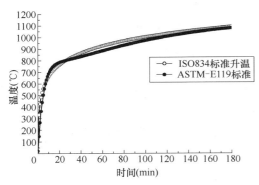

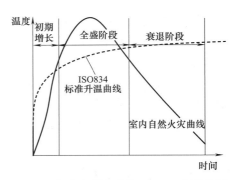

图 6-4   ISO834 和 ASTM-E119 标准升温曲线

图 6-5   室内自然火灾和 ISO834 标准升温

及构件进行抗火性能分析，但是对建筑室内火灾的全过程分析是一个十分复杂的问题。目前，大空间建筑钢结构的抗火设计是研究热点，采取的方法多是设定具体火灾场景，用区域模拟或场模拟预测空气温度，即在大空间结构建筑的抗火设计中，一般可将可燃物集中在一定区域内，通过建立火源模型，对火灾发展过程进行数值模拟与分析，并根据温度分布情况确定需要进行防火保护的部位。因此，在进行结构火灾分析之前，首先要明确火灾的发生过程，模拟出结构室内火灾模型和确定出室内空气的升温过程。

基于计算机所进行的室内火灾温度场和烟气流动的全过程分析即为火灾模拟化，室内火灾数值模拟方法主要有三种：经验模拟、场模拟和区域模拟。

经验模拟是通过经验模拟得出室内火灾空气升温计算公式，其模拟结果被工程设计广泛采用。如欧洲规范所给出的建筑室内火灾升温经验公式；同济大学李国强等提出的实用大空间建筑火灾空气升温经验公式。相比较而言，前者更适用于室内空间较小的建筑。对于大空间建筑结构，内部面积和高度均较大，火荷载密度却相对较低，火灾的发展状态与一般室内（通常指体积大小数量级约为 $100m^2$，且长宽比不大的空间）火灾有很大的差异，基本上不会出现轰燃现象。因此，需要建立一个更适合大空间建筑结构的火灾模型，基于上述原因，同济大学李国强等人提出了针对大空间建筑火灾（高度 $H \geqslant 6m$，独立楼（地）面面积不小于 $500m^2$ 的建筑空间）的实用空气升温经验公式，表达式如下所示：

$$T(x,z,t)-T_g(0)=T_z[1-0.8\exp(-\beta t)-0.2\exp(-0.1\beta t)][\eta+(1-\eta)\exp(-(x-b)/\mu)]$$

$$(6-6)$$

式中 $T(x,z,t)$——t 时刻距火源中心水平距离 x、距地面垂直距离 z 处的空气温度（℃）；

$T_g(0)$——火灾发生前的环境温度，一般取 20℃；

T_z——从火源中心距地面垂直距离 z（m）处的最高空气升温（℃）；

β——由火源功率和按 at 增长型火源确定的升温曲线形状系数；

η——距火源中心水平距离为 x（m）的温度衰减系数（无量纲），当 $x<b$ 时，$\eta=1$；

b——火源中心点至火源最外边缘距离（m）；

x——距火源中心水平距离（m）；

z——距地面的垂直距离（m）；

t——时间（s）；

μ——系数。

该实用经验公式适用于结构有限元分析中单元离散形式，便于结构抗火分析使用，并以较少的系数，涵盖了影响大空间建筑室内火灾升温过程的主要因素，能够满足工程应用精度。

场模拟是在计算流体力学和计算燃烧学的基础上发展起来的，原则上可用来模拟各种火灾过程，但计算代价高，本身也存在诸如湍浮力燃烧模拟、气固相耦合及热辐射与固相热解的耦合等方面的困难。随着计算机技术的发展以及火灾科学技术的深入研究，已出现多种场模拟软件。例如由美国国家技术标准局（NIST）开发研制的 FDS 程序，采用了先进的大涡模拟数值方法，可对非稳态 Navier-Stokes 方程求解，并且有友好、直观的后处理程序，计算结果也得到了较多的实验验证，是近两年来在火灾安全领域得到最广泛应用的计算软件之一。

区域模拟思想是由哈佛大学的 Emmons 首先提出的，区域模拟是把要研究的受限空间划分为不同的控制区域。通常将每个房间分为上下两个区域：上层烟气和下层空气，并假定每个区域内各物理参数均匀一致，然后由质量和能量守恒原理及理想气体定律即可导出一组常微分控制方程，而区域与区域之间及区域与其边界和火源之间的质量、能量交换可通过模拟建筑火灾各分过程来得到。由于区域模拟计算代价低，同时又抓住了建筑火灾过程的主要特征，因而被广泛应用。

6.3 热传导分析方法与钢构件升温计算

6.3.1 传热学基本理论

高温（火灾）下，结构构件的升温是通过与热空气之间的热传播及构件内部的热传导来实现的。整个传热过程分为两个阶段：第一阶段为热量由室内（或室外）以对流换热和物体间的辐射换热方式传递给构件外表面；第二阶段为在构件内部热量以固体导热的方式传递给构件内部各点。热传播主要以热传导、热对流和热辐射三种形式进行传热，它们有可能单独发生，也能同时存在。通过不同的传热方式（如热对流、热辐射），构件表面温度不断升高，然后热量在构件内部通过热传导传递，构件内部将形成不均匀的温度分布，并将随着升温时间的延续逐渐趋于稳定，从而形成一个瞬态的温度场。同时，材料的热物理学、力学性能随温度的升高而变化，结构材料在温度场影响下将产生相应的力学反应。

1. 热传递方式

热量传递三种基本方式：热对流、热辐射、热传导。火灾下热空气主要通过热辐射和热对流向构件传热，而热传导是构件内部主要的传热方式。

在一个热分析系统中，温度通常是空间和时间的函数，本模型的温度场随时间不断变化，是瞬态导热。在坐标系中可以用三维函数的形式表示为：

$$T = f(x, y, z, t) \tag{6-7}$$

式中　x、y、z——空间的坐标位置；

t——时间。

1) 热对流

热对流指固体的表面与它周围接触的流体之间，由于温差的存在引起的热量交换。通过对流传热的计算公式：

$$q_c = \alpha_c(T_g - T_b) \tag{6-8}$$

式中　α_c——对流传热系数；

　　　q_c——单位时间以对流方式向构件单位表面上传递的热量（W/m²）；

　　　T_g——空气温度（℃）；

　　　T_b——试件表面温度（℃）。

2) 热辐射

热辐射指高温物体发射电磁能量，并被其他物体吸收转化为热的热量交换。温度越高，单位时间辐射的热量越多。通过辐射传热的计算公式：

$$q_r = \phi\varepsilon_r\sigma[(T_g + 273)^4 - (T_b + 273)^4] \tag{6-9}$$

式中　ε_r——综合辐射系数，$\varepsilon_r = \varepsilon_f\varepsilon_m$；

　　　ε_f——与着火房间相关的辐射系数；

　　　ε_m——与构件表面特性相关的辐射系数；

　　　q_r——单位时间以辐射方式向构件单位表面上传递的热量（W/m²）；

　　　ϕ——形状系数，一般取 1.0；

　　　σ——史蒂芬-玻尔兹曼常数，取 5.67×10^{-8} W/(m²·K⁴)。

3) 构件内部的热传导

热传导指完全接触的两个物体之间或者一个物体的不同部分之间存在温度梯度而引起的内能交换，从温度高的地方传递到温度低的地方。构件截面导热微分方程为：

$$\rho c\frac{\partial T}{\partial t} = \frac{\partial}{\partial_x}\left(\lambda\frac{\partial T}{\partial t}\right) + \frac{\partial}{\partial_y}\left(\lambda\frac{\partial T}{\partial t}\right) \tag{6-10}$$

式中　ρ——介质密度（kg/m³）；

　　　c——介质比热 [J/(℃·kg)]；

　　　T——点 (x, y) 在 t 时刻的温度（℃）；

　　　λ——介质的导热系数 [W/(m²·℃)]。

2. 热分析

热分析分为稳态传热分析和瞬态传热分析两类。稳态传热系统的温度场不随时间变化；瞬态传热系统的温度场随时间明显变化。

1) 稳态传热

通常在进行瞬态热分析以前，先进行稳态热分析，以确定初始温度分布。稳态传热用于分析稳定的热载荷对系统或部件的影响。稳态热分析可以通过有限元计算确定由稳定的热载荷引起的温度、热梯度、热流率、热流密度等参数。

2) 瞬态传热

瞬态传热过程是指一个系统的加热或冷却过程。在这个过程中系统的温度、热流率、热边界条件以及系统内能随时间均有明显变化。由于在火灾过程中，钢构件的材料热性能、边界条件等随时间发生变化，故钢构件的瞬态热分析也是非线性的。

瞬态热分析用于计算一个系统随时间变化的温度场及其他热参数，并将之作为热荷载进行相应的应力分析。瞬态热分析基本步骤与稳态热分析类似，瞬态热分析中使用的单元与稳态热分析相同，主要的区别在于瞬态热分析中的荷载是随时间变化的。为了表达随时间变化的荷载，首先必须将荷载-时间曲线分为荷载步。荷载-时间曲线中的每一个拐点为一个荷载步。对于每一个荷载步，必须定义荷载值及时间值，同时必须选择荷载步为渐变或阶越。

3. 定解条件

为了求解温度场函数 T，必须要考虑两类边值条件，即初始条件和边界条件。

初始条件：火灾开始前，整个结构处于环境温度 T_0，此时假定整个结构的温度场均匀，则 T_0 称为初始温度，可表示为：

$$T(x,y,z,t=0)=T_0 \tag{6-11}$$

边界条件分四类：第一类是已知物体边界上的温度函数；第二类是已知物体边界上的热流密度；第三类是已知与物体接触的流体的温度和换热系数；第四类是已知固体与固体接触面的换热条件。

结构抗火分析一般是瞬态导热，常见的边界条件主要有三种：第一类边界条件是已知任一时刻物体边界面的温度值；第二类边界条件是已知任一时刻物体边界面上的热流通量值；第三类边界条件是已知与边界面直接接触的流体温度和边界面与流体之间的换热系数。钢构件的升温边界条件实际是热空气将热量传递给钢构件的，空气温度在火灾过程中是已知的，此种边界条件为第三类边界条件。在求解钢构件截面导热微分方程时还需附加几何条件、物性条件、时间条件和边界条件等，这样才能得到结构温度场的唯一解。

对结构抗火分析而言，除上面提到的三类边界条件外还必须考虑第四种边界条件，即辐射换热条件。热辐射在与火相关的分析和计算中极其重要，因为它是热量从火焰传递到燃料表面以及从一个正在燃烧的建筑传递到相邻建筑的主要方式。

有了热传导方程，又具备了单值条件，理论上可以确定唯一的温度场。但由于导热微分方程的复杂性，通常无法求出严格的解析解。目前，对于热传导方程的求解方法可归为三类：

（1）简化公式法：适用于钢结构构件，其基本假定为构件内部的温度均匀分布。当采用连续的时间步长进行逐步迭代计算时，这种方法的精确度可以达到很高。有些公式可以考虑加热高度绝热材料所需要的热量以及含水量对温度上升的滞后影响等，代表性公式有 ECCS（1985）、Milke（1995）和 Pettersson（1976）等。

（2）图解法：该法是对结构材料受热后的反应提供的图形化结果，方法形象直观，但目前大多数方法都针对标准火模型，适用性强。

（3）数值方法：解决热传导问题最强有力的工具是基于计算机的数值方法，如有限元法和有限差分法。这些求解技术已相当成熟，但是为热分析量身定做的界面友好的商业软件却不多，很多通用的有限元分析程序也可用来计算热传导问题，如 ANSYS、ABAQUS 和 NASTRAN 等。这些程序非常灵活，可以用于分析任何用户输入的三维模型，并且可以很方便地读入热分析计算出来的温度荷载来进行热-结构耦合计算，进而求解单个构件或整体结构在高温火灾下的全过程反应分析。

6.3.2　钢构件的温度分布

钢结构抗火分析首先必须确定构件的温度分布，火灾下钢构件的温度计算是防火设计的重要组成部分，包括温度在截面内均匀分布和非均匀分布。对于均匀受火的轻型钢构件，一般可假设其截面温度均匀分布，这种情况又可分为有无保护层两种情况来考虑。对于非均匀受火的钢构件和重型钢构件，应按截面温度非均匀分布考虑。目前主要是考虑温度在构件截面内均匀分布即基于一维传热的计算。要获得精确的、针对不同构件的钢构件内部升温过程，还需要对其内部的温度场进行模拟，从而确定火灾（高温）分析时是否需要对构件进行瞬态热分析。

1. 构件截面内温度均匀分布

若钢结构构件截面内温度均匀分布，则构件的传热问题便可简化为一维传热模型。根据单元体内的一维导热微分方程和热平衡方程可确定构件温度的计算公式。对于钢构件的温度计算，已经有一些计算方法。火灾下钢构件的升温情况与构件是否有防火保护层以及防火保护层的性质有关。

1）无保护层

由热平衡原理，采用集总热容法建立热平衡方程见式（6-12a）：

$$q = \rho_s c_s V \frac{\mathrm{d}T_s}{\mathrm{d}t} \tag{6-12a}$$

式中　T_s——钢构件温度（℃）；

　　　c_s——钢的比热 [J/(kg·℃)]；

　　　q——单位时间内外界传入单位长度构件内的热量（W/m）；

　　　V——单位长度构件的体积（m^3/m）；

　　　t——时间（s）；

　　　ρ_s——钢的密度，一般取 7850kg/m^3。

采用增量形式求解：

$$\Delta T_s = K \frac{1}{\rho_s c_s} \frac{F}{V} (T_g - T_s) \Delta t \tag{6-12b}$$

式中　K——综合传热系数 [W/(m^2·℃)]，$K = \alpha_r + \alpha_c$；

　　　α_r——以辐射方式由空气向构件表面传热的传热系数 [W/(m^2·℃)]；

　　　α_c——以对流方式由空气向构件表面传热的传热系数 [W/(m^2·℃)]；

　　　T_g——空气温度（℃）；

　　　T_s——构件表面温度（℃）；

　　　ρ_s——钢的密度（kg/m^3），一般取 7850kg/m^3；

　　　F——单位长度构件的受火表面积（m^2/m）；

　　　V——单位长度构件的体积（m^3/m）；

　　　Δt——时间间隔（时间步长）（s）时间步长 Δt 一般取值不应大于 5s。

2）有轻质保护层

当构件的保护层的质量较轻时，在升温过程中，其本身吸收的热量相对钢构件吸收的热量来说很小，可以忽略保护层吸收的热量对钢构件的升温计算的影响。一般认为，当保护层满足式（6-13a）给出的条件时，即可称为轻质保护层。

$$c_s \rho_s V \geqslant 2c_i \rho_i d_i F_i \qquad (6\text{-}13a)$$

式中 c_i——保护层的比热 $[J/(kg \cdot ℃)]$；

ρ_i——保护层的密度 (kg/m^3)；

F_i——单位长度构件上保护层的内表面积 (m^2/m)；

d_i——保护层的厚度 (m)。

采用增量形式求解：

$$\Delta T_s = \frac{\lambda_i / d_i}{\rho_s c_s} \cdot \frac{F_i}{V} (T_g - T_s) \Delta t \qquad (6\text{-}13b)$$

式中，λ_i 为保护层的导热系数 $[W/(m \cdot ℃)]$；时间步长 Δt 取值一般不应大于 30s。

2. 构件截面内温度非均匀分布

确定温度场非均匀分布的构件在火灾下的升温，一般应按二维传热问题来考虑，即考虑构件截面内温度不同部分之间的热传导，要求解二维传热问题是非常困难的，目前国内外多用有限元法求数值解。有限元法求解的基本过程为：首先将构件截面分割为若干单元，用内插函数矩阵将单元内任一点温度与单元节点温度联系起来。然后，利用变分法得到单元平衡方程。最后将所有单元平衡方程合成全截面的总平衡方程，利用已知的边界条件和初始条件，即可求出各个节点在各时刻的温度，进而求出截面上所有点的温度。用上述方法求截面温度分布仍然比较复杂，实际上为了方便应用，常将截面划分为几个温度均匀分布的块，各块之间的温度差按表格给出，如英国规范 BS5850，或假定温度沿截面高度线性分布。实际应用表明这种合理简化计算的精度较高。

6.3.3 钢构件升温计算

火灾中燃烧物释放热量主要以烟气为媒介，对于无保护层钢构件通过热辐射和热对流传输给钢构件，在钢构件内部以热传导方式传递热能，导致钢构件升温；对于有保护层钢构件烟气热量按上述方式先传给保护层然后再以热传导方式传给钢构件。由于升温将导致钢材的强度和弹性模量降低，从而导致钢构件抵抗荷载的能力降低。同时，钢构件由于升温产生热膨胀，当膨胀受到限制时，构件内部产生温度附加应力。因此，确定构件升温是定量分析上述影响构件及结构承载力因素的前提条件。

由式（6-12b）和式（6-13b）可知，火灾中钢构件的升温与构件的形状系数 F/V（又称表体比，即为单位长度构件的表面积与体积之比）、综合传热系数 K、钢材密度 ρ_s、比热 c_s 及空气升温过程有关。其中，空气升温过程关于时间的函数见式（6-4）或式（6-6），构件形状系数与构件截面几何尺寸有关；其余各参数可近似取常数便于计算简化。

6.4 高温下结构钢的性能

火灾高温对钢材的性能特别是力学性能具有显著的影响。掌握高温条件下钢材的性能是进行钢结构抗火分析与设计的前提和基础。与钢结构抗火计算相关的性能主要有两个方面：（1）高温下钢材的热工性能，包括导热系数、比热容、密度等，用于计算结构（构件）内的温度场；（2）高温下钢材的力学性能，包括热膨胀系数、强度、弹性模量、泊松比、应力-应变关系等，用于计算高温下结构的内力与变形以及验算构件的耐火性能。

6.4.1　高温下钢材的热工性能

1. 导热系数

导热系数是指在单位温度梯度下，单位时间内，单位面积上所传递的热量，其单位为 W/(m·K) 或 W/(m·℃)。

1）欧洲规范 EC3 与 EC4 提出的计算公式

$$k_s = \begin{cases} 54 - 3.33 \times 10^{-2} T & 20℃ \leqslant T \leqslant 800℃ \\ 27.3 & 800℃ \leqslant T \leqslant 1200℃ \end{cases} \tag{6-14}$$

一般情况下，也可取结构钢的导热系数为常数 45。

2）T. T. Lie 等提出的计算公式

$$k_s = \begin{cases} -0.022T + 48 & 0℃ \leqslant T \leqslant 900℃ \\ 28.2 & T \geqslant 900℃ \end{cases} \tag{6-15}$$

3）英国 BS5950 提出的计算公式

$$k_s = 37.5 \tag{6-16}$$

4）日本《建筑物综合防火设计规范》提出的计算公式

$$k_s = 52.08 - 5.05 \times 10^{-5} T^2 \tag{6-17}$$

图 6-6 给出了不同学者提出的高温下结构钢导热系数的对比图。

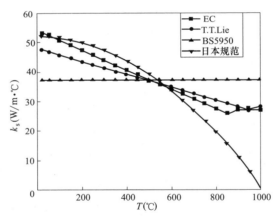

图 6-6　高温下结构钢的导热系数

2. 热膨胀系数

1）欧洲规范 EC3 与 EC4 提出的计算公式

$$\alpha_s = \begin{cases} 0.8 \times 10^{-8}(T-20) + 1.2 \times 10^{-5} & 20℃ \leqslant T \leqslant 750℃ \\ 0 & 750℃ < T \leqslant 860℃ \\ 2.0 \times 10^{-5} & 860℃ < T \leqslant 1200℃ \end{cases} \tag{6-18}$$

2）T. T. Lie 等提出的计算公式

$$\alpha_s = \begin{cases} (0.004T+12) \times 10^{-6} & T < 1000℃ \\ 0 & T \geqslant 1000℃ \end{cases} \tag{6-19}$$

3）日本《建筑物综合防火设计规范》提出的计算公式

$$\alpha_s = (11.0 + 5.75 \times 10^{-3}T) \times 10^{-6} \tag{6-20}$$

4）《钢结构设计标准》GB 50017—2017 提出的计算公式

$$\alpha_s = 1.2 \times 10^{-5} \tag{6-21}$$

图 6-7 给出了不同学者提出的高温下结构钢热膨胀系数的对比图。

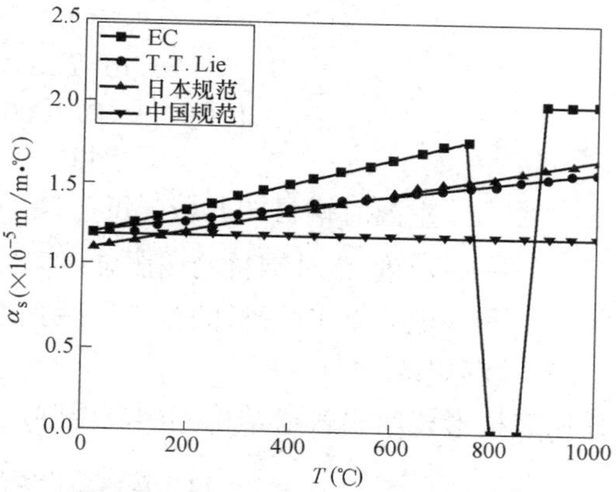

图 6-7 高温下结构钢的热膨胀系数

3. 比热容

比热容是指单位质量的物质温度升高或降低 1℃ 时所吸收或释放的热量，其单位为 J/(kg·℃) 或 J/(kg·K)。

1）欧洲规范 EC3 与 EC4 提出的计算公式

$$C_s = \begin{cases} 425 + 7.73 \times 10^{-1}T - 1.69 \times 10^{-2}T^2 + 2.22 \times 10^{-6}T^3 & 20℃ \leqslant T \leqslant 600℃ \\ 666 - 13002/(T - 738) & 600℃ < T \leqslant 735℃ \\ 545 + 17820/(T - 731) & 735℃ < T \leqslant 900℃ \\ 650 & 900℃ < T \leqslant 1200℃ \end{cases} \tag{6-22}$$

一般情况下，也可取钢的比热为常数 600。

2）T. T. Lie 等提出的计算公式

$$\rho_s C_s = \begin{cases} (0.004T + 3.3) \times 10^6 & 0℃ \leqslant T \leqslant 650℃ \\ (0.068T - 38.3) \times 10^6 & 650℃ < T \leqslant 725℃ \\ (-0.086T + 73.35) \times 10^6 & 725℃ < T \leqslant 800℃ \\ 4.55 \times 10^6 & T > 800℃ \end{cases} \tag{6-23}$$

3）ECCS 和英国 BS5950 提出的计算公式

$$C_s = 520 \tag{6-24}$$

4）日本《建筑物综合防火设计规范》提出的计算公式

$$C_s = 483 + 8.02 \times 10^{-4}T^2 \tag{6-25}$$

图 6-8 给出了不同学者提出的高温下结构钢比热容的对比图。

4. 密度

结构钢的密度随温度变化很小，可取为常数：$\rho = 7850 \text{kg/m}^3$。

6.4.2 高温下材料的力学性能

1. 高温下的强度

1）ECCS 给出的高温下普通结构钢的名义屈服强度

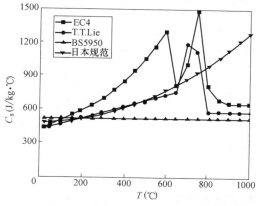

图 6-8 高温下结构钢的比热容

$$\frac{f_{yt}}{f_y}=\begin{cases}1+\dfrac{T}{767\ln(T/1750)} & 0℃\leqslant T\leqslant600℃ \\[4mm] \dfrac{108(1-T/1000)}{T-440} & 600℃\leqslant T\leqslant1000℃\end{cases} \tag{6-26}$$

式中　f_y——室温时钢材的屈服强度（N/mm^2）；

　　　　f_{yt}——温度 T 时钢材的屈服强度（N/mm^2）；

　　f_{yt}/f_y——温度 T 时钢材的名义屈服强度降低系数。

2）欧洲规范 EC3

以表格形式给出普通结构钢的高温强度降低系数，如表 6-2 所示。

温度（℃）	名义屈服强度降低系数 f_{yt}/f_y	比例极限降低系数 f_{pt}/f_y
20	1.000	1.000
100	1.000	1.000
200	1.000	0.807
300	1.000	0.613
400	1.000	0.420
500	0.780	0.360
600	0.470	0.180
700	0.230	0.075
800	0.110	0.050
900	0.060	0.0375
1000	0.040	0.0250
1100	0.020	0.0125
1200	0.000	0.000

EC3 普通结构钢的高温强度降低系数　表 6-2

注：表中其他温度时的强度降低系数用线性插值法得到。

图 6-9 给出了不同学者提出的高温下结构钢（Q235 钢和 Q345 钢）屈服强度的对比图。

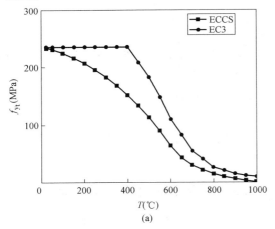

(a)

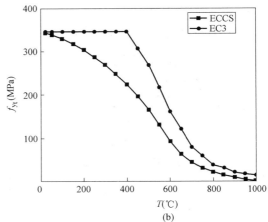

(b)

图 6-9　高温下结构钢的屈服强度

（a）Q235；（b）Q345

2. 高温下的弹性模量

1）ECCS 给出的高温下普通结构钢的弹性模量

$$\frac{E_T}{E} = \begin{cases} -17.2 \times 10^{-12} T^4 + 11.8 \times 10^{-9} T^3 \\ -34.5 \times 10^{-7} T^2 + 15.9 \times 10^{-5} T + 1 & 0℃ \leqslant T \leqslant 600℃ \\ 8.66 \times 10^{-4}(800 - T) & 600℃ \leqslant T \leqslant 800℃ \end{cases} \quad (6\text{-}27)$$

式中　E——钢材在常温下的弹性模量（N/mm²）；

　　　E_T——钢材在高温下的弹性模量（N/mm²）。

2）欧洲规范 EC3

给出普通结构钢的高温初始弹性模量降低系数，如表 6-3 所示。

EC3 普通结构钢的高温弹性模量降低系数　　　　　表 6-3

温度(℃)	20	100	200	300	400	500	600
E_T/E	1.000	1.000	0.900	0.800	0.700	0.600	0.310
温度(℃)	700	800	900	1000	1100	1200	
E_T/E	0.130	0.090	0.0675	0.045	0.0225	0.00	

图 6-10 给出了 ECCS 和 EC3 提出的高温下普通结构钢的弹性模量的对比图。

3. 高温下的泊松比

普通结构钢的泊松比受温度的影响较小，普遍认为高温下结构钢的泊松比与常温下相同，一般取 $\nu = 0.3$。

4. 高温下的应力-应变关系

1）Ramberg-Osgood 模型

$$\varepsilon = \sigma/E + \alpha(\sigma/E)^n \quad (6\text{-}28)$$

式中，α、n 为曲线拟合参数。该模型应用较多。

2）Dounas 模型

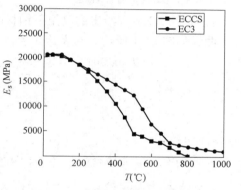

图 6-10　高温下钢材的弹性模量

$$\frac{f_{yt}}{f_y} = \begin{cases} \varepsilon_\sigma \cdot e(T) & 0 < \varepsilon_\sigma < \varepsilon_1 \\ 2\beta + b\sqrt{1 - \left(1 - \dfrac{0.03 - \varepsilon_\sigma}{a}\right)^2} & \varepsilon_1 < T \leqslant 2\alpha \\ b + 2\beta + \dfrac{\varepsilon_\sigma - 0.03}{0.0123 - 0.00085T} & \varepsilon_\sigma > 2\alpha \end{cases} \quad (6\text{-}29)$$

$$e(T) = \begin{cases} 404 - 0.194T & 20℃ \leqslant T \leqslant 200℃ \\ 483 - 0.59T & 200℃ < T \leqslant 700℃ \end{cases} \quad (6\text{-}30)$$

式中，ε_1、α、β、a、b 均为参数，由试验确定。该模型考虑了钢材屈服后的应力强化。

3）欧洲规范 EC3 模型

欧洲规范 EC3 给出的高温下不考虑结构钢屈服后强化时的应力-应变关系模型如表 6-4 所示。

EC3 高温下结构钢的应力-应变关系模型（不考虑屈服后强化）　　　表 6-4

应变范围	应力	切线模量
$\varepsilon \leqslant \varepsilon_{pT}$	$\varepsilon \cdot E_T$	E_T
$\varepsilon_{pT} < \varepsilon < \varepsilon_{yT}$	$f_{pT} - c + \dfrac{b}{a}\sqrt{a^2 - (\varepsilon_{yT} - \varepsilon)^2}$	$b(\varepsilon_{yT} - \varepsilon)/[a\sqrt{a^2 - (\varepsilon_{yT} - \varepsilon)^2}]$
$\varepsilon_{yT} \leqslant \varepsilon \leqslant \varepsilon_{tT}$	f_{yT}	0
$\varepsilon_{tT} < \varepsilon < \varepsilon_{uT}$	$f_{yT} - \dfrac{\varepsilon - \varepsilon_{tT}}{\varepsilon_{uT} - \varepsilon_{tT}} f_{yT}$	——
$\varepsilon = \varepsilon_{uT}$	0	——

注：1. $\varepsilon_{pT} = f_{pT}/E_T$；$\varepsilon_{yT} = 0.02$；$\varepsilon_{tT} = 0.15$；$\varepsilon_{uT} = 0.20$；

2. $a = \sqrt{(\varepsilon_{yT} - \varepsilon_{pT})(\varepsilon_{yT} - \varepsilon_{pT} + c/E_T)}$；$b = \sqrt{c(\varepsilon_{yT} - \varepsilon_{pT})E_T + c^2}$；$c = (f_{yT} - f_{pT})^2/[(\varepsilon_{yT} - \varepsilon_{pT})E_T - 2(f_{yT} - f_{pT})]$；

3. f_{yT} 为温度 T 时的屈服强度；f_{pT} 为温度 T 时的比例极限；

4. E_T 为温度 T 时的初始弹性模量；ε_{pT} 为温度 T 时的比例极限应变；

5. ε_{yT} 为温度 T 时的屈服应变；ε_{tT} 为温度 T 时对应屈服强度的最大应变；

6. ε_{uT} 为温度 T 时的极限应变。

4）T.T. Lie 等给出的高温下钢材的应力-应变关系

曲线如图 6-11 所示，其表达式为：

$$\sigma_s = \begin{cases} \dfrac{f(T, 0.001)}{0.001}\varepsilon_{s\sigma} & \varepsilon_{s\sigma} \leqslant \varepsilon_p \\ \dfrac{f(T, 0.001)}{0.001}\varepsilon_p + f[T, (\varepsilon_{s\sigma} - \varepsilon_p + 0.001)] - f(T, 0.001) & \varepsilon_{s\sigma} > \varepsilon_p \end{cases} \quad (6\text{-}31)$$

$$\varepsilon_p = 4 \times 10^{-6} f_y$$

$$f(T, 0.001) = (50 - 0.04T) \times [1 - \exp(-30 + 0.03T)\sqrt{0.001}] \times 6.9$$

$$f[T, (\varepsilon_{s\sigma} - \varepsilon_p + 0.001)] = (50 - 0.04T) \times [1 - \exp(-30 + 0.03T)\sqrt{\varepsilon_{s\sigma} - \varepsilon_p + 0.001}] \times 6.9$$

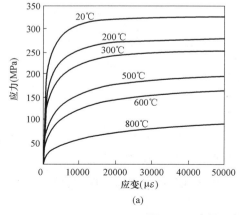
(a)

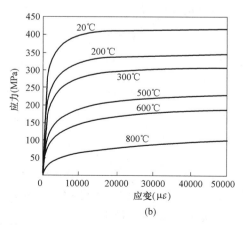
(b)

图 6-11　高温下结构钢的应力-应变关系

（a）Q235；（b）Q345

6.5 火灾下整体钢结构有限元分析理论

6.5.1 非线性温度场有限元理论

1. 温度场微分方程

1）传热学理论

结构热分析时遵循能量守恒定律，对于没有物质流入或流出的封闭系统：

$$Q - W = \Delta U + \Delta KE + \Delta PE \tag{6-32}$$

式中，Q 为热量；W 为做功；ΔU 为内能；ΔKE 为动能；ΔPE 为势能。

对于建筑火灾传热问题：$\Delta KE = \Delta PE = 0$；通常不考虑做功：$W = 0$，则：$Q = \Delta U$；稳态热分析时：$Q = \Delta U = 0$；瞬态热分析时流入或流出的热传递速率 q 等于系统内能的变化。

2）边界条件

热量传递按照传热方式的不同，将其分为三种基本方式：热传导、热对流和热辐射。一个复杂的传热问题可以采用这三种基本传热方式两种组合的形式传递热量，或者以三种同时存在的形式传递热量。

热传导用傅里叶定律表示的公式描述：

$$q^n = -k \frac{\mathrm{d}T}{\mathrm{d}x} \tag{6-33}$$

式中　q^n——热流密度（W/m^2）；

　　　k——导热系数 [W/(m·℃)]；

　　"—"——热量流向温度降低的方向。

热对流遵循牛顿冷却方程：

$$q^n = h(T_s - T_b) \tag{6-34}$$

式中　h——空气对流换热系数；

　　　T_s——构件表面的温度；

　　　T_b——空气温度。

建筑火灾中通常考虑两个或两个以上物体之间的辐射，火场中每个构件同时辐射并吸收热量。它们之间的热量传递可以用 Stefan-Boltzmann 方程来计算：

$$q = \varepsilon \sigma A_1 F_{12}(T_1^4 - T_2^4) \tag{6-35}$$

式中　q——热流率；

　　　ε——辐射率；

　　　σ——Stefan-Boltzmann 常数；

　　　A_1——辐射面的面积；

　　　F_{12}——形状系数；

T_1、T_2——构件表面 1、构件表面 2 的绝对温度。

3）导热微分方程

根据能量守恒与转化定律，建立热分析时的导热微分方程：

$$\rho c \frac{\partial T}{\partial t} - \frac{\partial}{\partial x}\left(\lambda_x \frac{\partial T}{\partial x}\right) - \frac{\partial}{\partial y}\left(\lambda_y \frac{\partial T}{\partial y}\right) - \frac{\partial}{\partial z}\left(\lambda_z \frac{\partial T}{\partial z}\right) - q_v = 0 \tag{6-36}$$

导热微分方程表述了空间域和时间域内火灾内构件各点的温度变量的内在联系，是物体内的导热过程遵循的客观规律。

2. 温度场有限元分析方程

传热过程是指一个系统的加热或冷却过程，在这个过程中系统的温度、热流率、热边界条件以及系统内能随时间不断发生变化。热分析时其温度场函数不仅与空间域 Ω 有关，而且还与时间域 t 有关。可利用微分方程等效积分形式的 Galerkin 法在空间域有限元离散后，得到一阶常微分方程组。经过推导，得到非线性瞬态热分析的热平衡矩阵方程为：

$$[C(T)]\{\dot{T}\}+[K(T)]\{T\}=[Q(T)] \tag{6-37}$$

式中 $[K(T)]$——导热矩阵；

$[C(T)]$——热容矩阵；

$\{T\}$——节点温度向量；

$\{\dot{T}\}$——温度对时间的导数；

$[Q(T)]$——节点热流率向量。

6.5.2　钢结构分析有限元理论

1. 材料非线性

高温下，结构构件产生很大变形甚至破坏，材料必然屈服进入塑性阶段，本文采用增量方法阐述应变增量与应力增量之间的关系，采用增量理论确定塑性应力应变关系，主要内容如下：

1）屈服准则：判断材料处于弹性阶段还是塑性阶段的准则。在弹塑性理论中，对于复合应力状态，等效应力定义为：

$$\bar{\sigma}=(\sigma_x^2-\sigma_x\sigma_y+\sigma_y^2+3\tau_{xy}^2)^{\frac{1}{2}} \tag{6-38}$$

式中 σ_x——x 方向正应力；

σ_y——y 方向正应力；

τ_{xy}——x 平面指向 y 方向的切应力。

试验表明，Von Mises 屈服准则适用于韧性较好的材料。本文依据 Von Mises 屈服准则来确定钢梁的屈服荷载。

$$\left.\begin{array}{ll}\bar{\sigma}<f_y & \text{弹性状态}\\[2mm]\bar{\sigma}\geqslant f_y & \text{塑性状态}\end{array}\right\} \tag{6-39}$$

式中 $\bar{\sigma}$——等效应力；

f_y——单向受力时的屈服极限。

2）硬化准则：初始屈服准则随塑性应变的发展规律。针对 Von-Mises 屈服准则，采用双线性等向强化准则，并考虑材料应变强化的等效应力应变曲线来计算。

3）塑性流动增量理论：判断材料屈服后塑性变形增量的方向，假定塑性应变增量与应力偏量成正比，采用 Prandl-Reuss 理论，计算表达式如下：

$$\{d\varepsilon^{P}\} = \{d\varepsilon_{x}^{P}, d\varepsilon_{y}^{P}, d\varepsilon_{z}^{P}\}^{T} = d\bar{\varepsilon}^{P}\left\{\frac{\partial\bar{\sigma}}{\partial\sigma}\right\} \\ \left\{\frac{\partial\bar{\sigma}}{\partial\sigma}\right\} = \left\{\frac{3\sigma_{x}'}{2\bar{\sigma}}, \frac{3\sigma_{y}'}{2\bar{\sigma}}, \frac{3\tau_{xy}'}{\bar{\sigma}}\right\}^{T} \right\} \tag{6-40}$$

其中应力偏量:

$$\sigma_{x}' = \sigma_{x} - (\sigma_{x} + \sigma_{y})/3 \\ \tau_{xy}' = \tau_{xy} \right\} \tag{6-41}$$

定义等效塑性应变增量:

$$\{d\bar{\varepsilon}^{P}\} = \frac{\sqrt{2}}{3}\left\{2\left[(d\varepsilon_{x}^{P})^{2} + (d\varepsilon_{y}^{P})^{2} - (d\varepsilon_{x}^{P})(d\varepsilon_{y}^{P})\right] + \frac{3}{2}d\gamma_{xy}^{2}\right\}^{\frac{1}{2}} \tag{6-42}$$

当考虑塑性强化效应时,等效应力与塑性应变之间有关系:

$$\bar{\sigma} = H\left(\int d\bar{\varepsilon}^{P}\right) \tag{6-43}$$

$$d\bar{\sigma} = \frac{\partial\bar{\sigma}^{T}}{\partial\sigma}(d\sigma) = H'd\bar{\varepsilon}^{P} \tag{6-44}$$

考虑到总应变由弹性应变和塑性应变两部分组成:

$$d\sigma = [D_{e}]\{d\varepsilon^{e}\} = [D_{e}](\{d\varepsilon\} - \{d\varepsilon^{P}\}) \tag{6-45}$$

由式 (6-42)、式 (6-45) 可以求得:

$$d\bar{\varepsilon}^{P} = [W]\{d\varepsilon\} \\ [W] = \frac{\left\{\frac{\partial\bar{\sigma}}{\partial\sigma}\right\}^{T}[D_{e}]}{H' + \left\{\frac{\partial\bar{\sigma}}{\partial\sigma}\right\}^{T}[D_{e}]\left\{\frac{\partial\bar{\sigma}}{\partial\sigma}\right\}} \\ [D_{ep}] = [D_{e}] - [D_{e}]\left\{\frac{\partial\bar{\sigma}}{\partial\sigma}\right\}[W] \right\} \tag{6-46}$$

式中 $[D_{e}]$——弹性应力应变矩阵;

$\quad [D_{ep}]$——弹塑性应力应变矩阵;

$\quad\quad H'$——单轴试验中强化阶段等效应力和等效塑性应变曲线的斜率。

2. 几何非线性理论

根据假定,采用相应于 Lagrange 描述法下固定不动的直角坐标系 x、y、z 以及相应于坐标轴向的位移函数 u、v、w,任一点变形后的位移函数为:

$$\bar{u} = u + z\theta_{y} \\ \bar{v} = v + z\theta_{x} \\ \bar{w} = w \right\} \tag{6-47}$$

式中 θ_{x}、θ_{y}——分别为对 x 和 y 轴的转角;

$\quad u$、v、w——任一点变形后位移。

并且有：

$$\left.\begin{array}{l} u=u(x,y) \\ v=v(x,y) \\ w=w(x,y) \end{array}\right\} \tag{6-48}$$

采用 Green 应变，则有：

$$\left.\begin{array}{l} \varepsilon_x=\dfrac{\partial \bar{u}}{\partial x}+\dfrac{1}{2}\left(\dfrac{\partial \bar{w}}{\partial x}\right)^2 \\[3mm] \varepsilon_y=\dfrac{\partial \bar{v}}{\partial y}+\dfrac{1}{2}\left(\dfrac{\partial \bar{w}}{\partial y}\right)^2 \\[3mm] \varepsilon_{xy}=\dfrac{\partial \bar{u}}{\partial y}+\dfrac{\partial \bar{v}}{\partial y}+\left(\dfrac{\partial \bar{w}}{\partial x}\right)\left(\dfrac{\partial \bar{w}}{\partial y}\right) \end{array}\right\} \tag{6-49}$$

将式（6-48）代入式（6-49），可得单元内某点的应变-位移非线性关系为：

$$\begin{Bmatrix} \varepsilon_x \\ \varepsilon_y \\ \varepsilon_z \end{Bmatrix}=\begin{Bmatrix} \dfrac{\partial u}{\partial x} \\[3mm] \dfrac{\partial v}{\partial y} \\[3mm] \dfrac{\partial v}{\partial x}+\dfrac{\partial u}{\partial y} \end{Bmatrix}-z\begin{Bmatrix} \dfrac{\partial^2 w}{\partial x^2} \\[3mm] \dfrac{\partial^2 w}{\partial y^2} \\[3mm] \dfrac{\partial^2 w}{\partial x \partial y} \end{Bmatrix}+\dfrac{1}{2}\begin{Bmatrix} \left(\dfrac{\partial w}{\partial x}\right)^2 \\[3mm] \left(\dfrac{\partial w}{\partial y}\right)^2 \\[3mm] 2\dfrac{\partial w}{\partial x}\dfrac{\partial w}{\partial y} \end{Bmatrix} \tag{6-50}$$

其矩阵形式为：

$$\begin{aligned} \{\varepsilon\}&=[B]\{\delta\} \\ [B]&=[B]^{\mathrm{L}}+[B]^{\mathrm{NL}} \end{aligned} \tag{6-51}$$

式中　$[B]$——形变矩阵；

　　　$[B]^{\mathrm{L}}$——线性形变矩阵；

　　　$[B]^{\mathrm{NL}}$——几何非线性形变矩阵；

　　　$\{\delta\}$——位移矩阵；

　　　$\{\varepsilon\}$——应变矩阵。

3. 单元及整体刚度矩阵

在火灾下进行结构分析时，由于构件变形较大，必然涉及几何非线性和材料非线性问题。依据虚功原理得到考虑几何非线性和材料非线性的单元切线刚度矩阵：

$$[K]^{\mathrm{e}}=[K]_0^{\mathrm{e}}+[K]_l^{\mathrm{e}}+[K]_\sigma^{\mathrm{e}} \tag{6-52}$$

式中　$[K]_0^{\mathrm{e}}$——线性刚度矩阵；

　　　$[K]_l^{\mathrm{e}}$——位移刚度矩阵；

　　　$[K]_\sigma^{\mathrm{e}}$——应力刚度矩阵。

结构的整体刚度方程：

$$[K]\{U\}=\{P\} \tag{6-53}$$

式中　$\{U\}$、$\{P\}$——分别是位移向量和结构荷载向量；

　　　$[K]$——整体刚度矩阵，是位移向量的函数。

6.5.3　非线性方程求解方法

上述建立的瞬态热分析矩阵方程和结构分析矩阵方程均为非线性方程，采用增量迭代法求解上述非线性方程，以达到获得温度场及结构变形的整个历史。本文结构非线性分析中采用 Newton-Raphson 方法。Newton-Raphson 方法：对于非线性问题，ANSYS 程序的方程求解器用一系列的带校正的线性近似来求解非线性问题。其非线性求解是将荷载分成一系列的荷载增量，求解完成每一个增量后，进行下一个荷载增量的计算，之前程序调整刚度矩阵以反映结构刚度的非线性变化，并迫使在每一个荷载增量的末端解达到平衡收敛。在每次求解前，Newton-Raphson 方法估算出残差矢量，之后程序使用非平衡荷载进行线性求解，检查收敛性。如不满足收敛准则，重新估算非平衡荷载，修改刚度矩阵，进行求解。持续这种迭代过程直到收敛为止。图 6-12 显示了 Newton-Raphson 法求解过程。

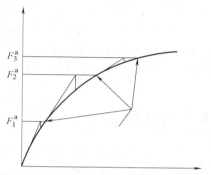

图 6-12　Newton-Raphson 法求解示意图

ANSYS 程序提供了许多命令来增强计算的收敛性，如自适应下降、线性搜索、自动荷载步及二分法等，激活这些命令来加强计算的收敛性，如果不能得到收敛，那么程序继续计算下一个荷载或者终止。

6.5.4　有限元分析程序

目前常用的有限元商业软件如 ANSYS、ABAQUS 和 PATRAN/MARC 等均能进行考虑几何非线性和材料非线性的热-结构耦合分析。相对而言，PATRAN/MARC 界面层次分明，建模思路清晰，基于现代 CAD 的建模技术，建模较为方便，但 PATRAN/MARC 建立的计算模型比较复杂，计算所需要的内存大，一般是 ANSYS 计算所需内存的三倍；ABAQUS 的优势在于非线性求解能力较强，分析计算精度较高；ANSYS 相对容易使用，其独有的 APDL 语言使得 ANSYS 建模参数化、分析求解以及后处理都较方便。

本章小结

（1）热-应力耦合分析的方法主要有直接耦合法和间接耦合法。直接法是直接建立考虑温度、结构位移自由度的有限元模型，同时考虑温度场和应力场的边界条件，直接进行耦合分析。间接耦合法是先建立温度场的有限元模型，通过施加温度场的边界条件，求解得出结构的温度分布，进行结构应力分析时，将不同荷载步的温度作为荷载读入应力场分析中，得到结构应力分布。

（2）结构整个抗火分析分为两大部分：对火的分析和对结构的反应分析，其中对火的分析最重要的就是分析建筑火灾模型，确定室内升温曲线。基于计算机所进行的室内火灾温度场和烟气流动的全过程分析即为火灾模拟化，室内火灾数值模拟方法主要有三种：经验模拟、场模拟和区域模拟。

（3）钢结构抗火分析首先必须确定构件的温度分布，火灾下钢构件的温度计算是防火设计的重要组成部分，包括温度在截面内均匀分布和非均匀分布。对于均匀受火的轻型钢构件，一般可假设其截面温度均匀分布，这种情况又可分为有无保护层两种情况来考虑。对于非均匀受火的钢构件和重型钢构件，应按截面温度非均匀分布考虑。

（4）火灾高温对钢材的性能特别是力学性能具有显著的影响。掌握高温条件下钢材的性能是进行钢结构抗火分析与设计的前提和基础。与钢结构抗火计算相关的性能主要有两个方面：①高温下钢材的热工性能，包括导热系数、比热容、密度等，用于计算结构（构件）内的温度场；②高温下钢材的力学性能，包括热膨胀系数、强度、弹性模量、泊松比、应力-应变关系等，用于计算高温下结构的内力与变形以及验算构件的耐火性能。

（5）为了全面准确地了解钢结构在火灾下的结构反应过程，一般用有限元方法对钢结构进行高温下的结构反应分析。根据有限元方法可以编制相应的火灾反应分析与抗火设计程序，或者采用现有的商业有限元软件进行计算。

思考与练习题

6-1　简述防火、耐火和抗火的区别。

6-2　简述不同发展阶段结构抗火设计方法的优缺点。

6-3　简述抗火极限状态的设计要求。

6-4　简述火灾下钢构件的温度计算方法。

6-5　简述火灾下整体钢结构非线性有限元分析理论。

第7章 结构连续倒塌分析

本章要点及学习目标

本章要点：

（1）连续倒塌的物理现象及定义；（2）抗连续倒塌的设计方法；（3）抗连续倒塌设计中的结构分析方法；（4）抗连续倒塌过程中的荷载传递路径。

学习目标：

（1）了解抗连续倒塌的重要意义；（2）掌握抗连续倒塌的设计方法；（3）熟悉抗连续倒塌设计中各种结构分析方法的优劣；（4）熟悉抗倒塌过程中各种荷载传递路径的机理。

7.1 概述

7.1.1 连续倒塌的起源和典型事件

1968年5月16日的上午，一栋位于英国伦敦Ronan Point公寓区的22层预制混凝土装配式建筑结构发生部分倒塌，如图7-1所示。该事件共造成4人死亡和17人受伤以及严重的财产损失。灾后调查还原了整个倒塌事件的过程，如图7-2所示。位于第18层住户的家用煤气泄漏产生了爆炸，将该单元的外墙板炸飞，使其上方住户单元由于失去承重墙的支撑而发生倒塌。倒塌坠落下来的重物冲击下方的楼层单元并使它们均发生倒塌破坏。该事件使土木工程界首次认识到建筑结构"多米诺效应"式的倒塌，并将其命名为连续倒塌（Progressive Collapse）或者不成比例的倒塌（Disproportionate Collapse）。

图7-1 英国Ronan Point公寓倒塌事件

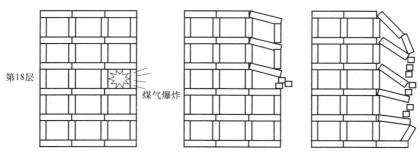

第18层

煤气爆炸

图 7-2　Ronan Point 公寓倒塌事件过程示意图

1995 年 4 月 19 日上午，位于美国俄克拉荷马城市中心的 Murrah 联邦政府大楼遭受恐怖分子的卡车炸弹袭击而发生大面积的倒塌并造成 168 人死亡，大楼倒塌后状况见图 7-3 （a）。由于整栋大楼倒塌破坏严重，丧失修复的可能性，所以剩余部分最终被爆破拆除。灾后调查还原了整个倒塌过程，见图 7-3 （b），炸弹炸毁了邻近马路的边框架柱 G16、G20 和 G24 以及部分楼板，进一步导致了 G16 和 G24 支撑的转换梁的破坏并由此引起更多楼板的破坏。图 7-4 展示了分别由爆炸和连续倒塌引起的结构破坏面积。相比之下，连续倒塌极大地加剧了 Murrah 大楼的破坏，造成了更多面积的倒塌。

(a)

柱 G28

柱 G24
柱 F24
柱 G20
柱 G16
弹坑
柱 G12
转换梁

(b)

图 7-3　美国 Murrah 联邦政府大楼倒塌事件
(a) 倒塌实物图；(b) 倒塌过程示意图

2001 年 9 月 11 日上午，位于美国纽约的世贸中心双子塔受到基地组织恐怖分子劫持的客机的撞击，撞击位置见图 7-5 （a）。飞机撞击引起了航空燃油的泄漏和熊熊大火，并首先使南塔（WTC-2）发生倒塌，然后使北塔（WTC-1）倒塌。倒塌过程中，大量建筑物残骸坠落冲击到邻近区域，见图 7-5 （b），并将燃烧物扩散到更大范围，引起更多建筑物的破坏，并最终使 7 号楼（WTC-7）在火灾之后发生倒塌。此次灾难共造成 2763 人死亡。由于该事件中结构倒塌的具体原因和过程非常复杂，观点之一是大火引起的高温弱化了结构的钢梁和钢柱，从而使其丧失了支撑上部结构的能力，进而使结构发生了连续倒塌。

虽然结构的连续倒塌是小概率事件，但是其后果极其严重，通常造成严重的生命和财产损失。为此，上述三个典型事件引起了学术界以及工程界对结构连续倒塌的广泛关注和研究高潮，并且使各个国家针对如何防止结构连续倒塌制定了相关的规范、规程。

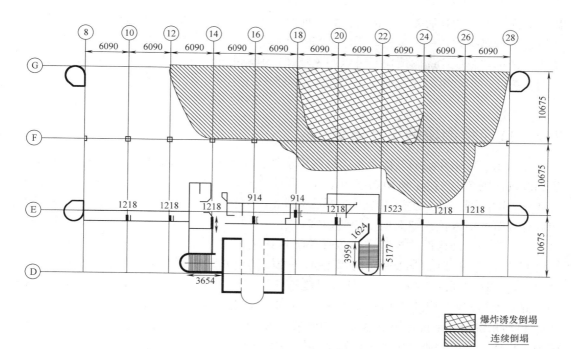

图 7-4　Murrah 联邦大楼倒塌诱因示意图

图 7-5　世贸中心倒塌事件

（a）飞机的撞击位置；（b）倒塌过程

7.1.2　连续倒塌的定义

美国规范（ASCE 7-10）将连续倒塌（Progressive Collapse）定义为"由初始事件引起的局部破坏，从一个构件传递到另一个构件，并最终引起整个结构或者不成比例的大范围的倒塌"。欧洲规范（EC 1-7）将结构的抗连续倒塌能力称之为结构的鲁棒性（Robustness），并将其定义为"在遭遇火灾、爆炸、冲击以及人为误操作等初始事件时，结构不应该发生与初始事件不成比例的破坏"。从上可以看出，这里定义的连续倒塌强调的是与初始事件不成比例的倒塌（Disproportionate Collapse），避免"多米诺效应"将初始局部破坏放大，关注的是后果与原因的比较。而有学者认为任何倒塌本质上是一个连续过程，所以连续倒塌指的是一种过程。所以，"连续倒塌"在字面解释上可能会产生歧义。严格地讲，采用"不成比例的倒塌"可以避免歧义，但是由于历史习惯，"连续倒塌"用得更普遍。为此，本章也沿袭习惯并采用连续倒塌来描述不成比例的破坏。

7.2　抗连续倒塌的设计方法

在 7.1.1 节中介绍的三次重大连续倒塌事件直接促成了结构抗连续倒塌设计方法的产生和改进。图 7-6 总结了典型连续倒塌事故和规范颁布的时间表，可以看到有两次规范制定和修订的热潮。第一次为 1968 年 Ronan Point 事件之后，在英、加、美等国首先在结构设计规范中引入抗连续倒塌设计的内容；第二次为 1995 年 Murrah 联邦政府大楼倒塌事件后，美国的结构设计规范进一步强化了抗连续倒塌设计的内容，同时一些政府机构（例如美国总务管理局 GSA 和国防部 DoD）开始制定并陆续颁布了专门的抗连续倒塌设计规范，而这期间的"9·11"事件对规范的修订起到了巨大的推进作用。近年来，中国的《混凝土结构设计规范》GB 50010—2010 和《高层建筑混凝土结构技术规程》JGJ 3—2010 也均相继引入了抗连续倒塌设计的要求。为了便于工程人员进行结构的抗倒塌设计，中国工程建设标准化协会标准《建筑结构抗倒塌设计规范》CECS 392—2014 对结构抗倒塌设计的流程和方法做了进一步的说明和规定。

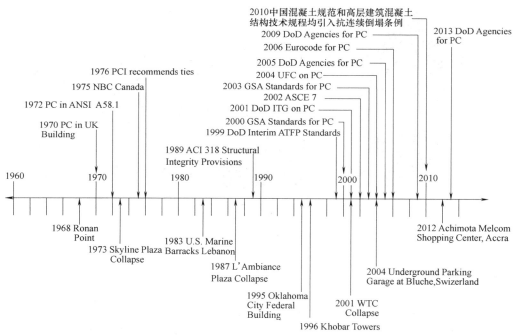

图 7-6　典型连续倒塌事件和规范制定时间表（PC 表示连续倒塌）

7.2.1　抗连续倒塌设计的方法论

当前学术界对结构抗连续倒塌设计的方法分为两类：与初始灾害荷载独立的抗连续倒

塌设计和与初始灾害荷载相关的抗连续倒塌设计。由于造成初始破坏的灾害荷载种类多、随机性强等特点，例如不知何时何地发生一个多大当量的恐怖炸弹袭击，从而使得荷载的量化非常困难，所以干脆假定局部破坏已经发生（例如柱子或者承重墙失效），考察剩余结构能否跨越局部破坏而不发生倒塌的能力。这种方法虽然回避了灾害荷载作用的不确定性，但是分析剩余结构防倒塌能力的方法流程适用于所有结构，所以该方法更加容易标准化。

相比之下，与初始灾害荷载相关的抗连续倒塌设计旨在描述结构灾变的整个过程，既要考虑灾害荷载作用下的局部构件响应和损伤，又要考虑与之同步或者随后发生的整体结构倒塌响应，分析难度显著提升。例如，火灾引起的结构倒塌分析就需要首先考察在高温作用下局部范围内构件的损伤情况，然后同步考虑这些损伤是否会造成结构变形过大甚至倒塌。所以，现有针对抗连续倒塌的设计规范、规程普遍采用第一类方法。

7.2.2 抗连续倒塌设计的规范方法

目前各国规范的结构抗连续倒塌设计方法可以分成四类：概念设计、拉结强度设计、拆除构件设计和关键构件设计。其中，概念设计无需计算，拉结强度设计和关键构件设计均需简单计算，而唯独拆除构件设计需要结构分析。至于具体采用何种方法与所参照的规范和建筑结构的防护等级相关。表 7-1 罗列了各国规范对各种设计方法的采用情况，其中"☆☆"表示规定了比较详细的设计流程和设计参数，可操作性强；"☆"表示仅要求采用相应的设计方法，但并没有规定具体操作流程和参数；"- -"表示没有采用该方法。

各国规范所采用的抗连续倒塌设计方法   表 7-1

规范名称	设计方法			
	概念设计	拉结强度设计	拆除构件设计	关键构件设计
欧洲荷载规范(EC1-7)	☆	☆☆	☆	☆☆
美国混凝土规范 ACI 318-08	☆☆	- -	- -	- -
美国荷载规范 ASCE 7-10	☆	- -	☆	☆
美国总务管理局规范 GSA 2003	- -	- -	☆☆	- -
美国国防部规范 UFC 4-023-03 2013	- -	☆☆	☆☆	☆☆
《混凝土结构设计规范》 GB 50010—2010	☆	☆	☆	☆
《高层建筑混凝土结构技术规程》 JGJ 3—2010	☆	- -	☆	☆☆

1. 概念设计

概念设计主要从结构体系的备用路径、整体性、延性、连接构造和关键构件的判别等方面进行结构方案和结构布置设计，避免存在易导致结构连续倒塌的薄弱环节。通过增加结构的冗余度确保在某些构件失效条件下结构可形成新的荷载传递路径，但具体何种形式的传力路径还需通过结构分析得知。

在传力路径中，增强构件的连续性和连接构造至关重要，因为荷载传递路径和原来的设计意图不同。例如，图 7-7（a）展示了框架结构中的梁端区域在重力荷载作用下均是负弯矩区，但如果某一框架柱失效，其上方节点区域就变成了正弯矩区，见图 7-7（b）。而且，在框架梁变形很大时会出现轴拉力。若该结构是钢筋混凝土结构，节点区的底部钢筋应该保持连续贯通，否则就无法形成上述描述的荷载传递路径。

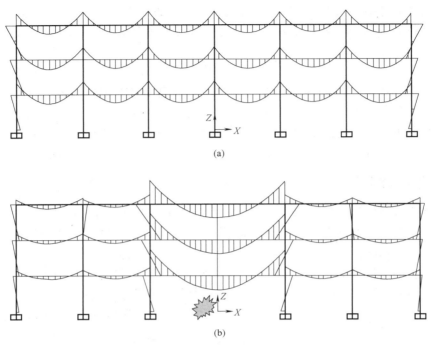

图 7-7   典型框架在竖向荷载作用下的弯矩图
(a) 正常情况下；(b) 中柱移除情况下

此外，构件和连接应具有较好的延性，即在维持一定承载力的条件下具有较好的变形能力，将外荷载做的功转化为构件内能。而且，在结构方案布置一定的前提下，如果某些构件的初始破坏会带来潜在的大范围倒塌，例如转换梁下方的支撑柱，则需要对这些构件进行整体加强，使其不容易在局部灾害荷载下完全失效。最后，还可设置结构缝，一旦发生局部构件破坏，可将破坏范围控制在一个分区内，阻止连续性倒塌范围的扩大。

概念设计的缺点是难以量化，依赖于设计人员的水平和经验。尽管如此，对于一般结构，通过以上概念设计的指导，可有效增强结构的整体性，在一定程度上可提高结构抗连续倒塌能力。

2. 拉结强度设计

拉结强度设计方法的提出源自 Ronan Point 倒塌事件后的事故调查。该方法是一种指示性的方法，只需指定平面单位宽度内必须提供多大的轴拉力或者在给定宽度内提供某一总轴拉力，无需对整个结构进行受力分析，简便易行。目前的欧洲规范（EC 1-7）和美国规范（UFC 4-023-03 2013，简称 UFC 2013）均将拉结力的大小与恒荷载和活荷载的组合建立了比例关系。而且，提供拉结力的载体可以是框架梁也可以是楼板，对混凝土结构而言就是这些构件内的连续贯通钢筋。但值得指出的是，拉结力抵御倒塌的机理是在结构大变形的基础之上，如图 7-8 所示，因为拉结力的竖向分力可平衡重力荷载。所以，变形越大，拉结力平衡重力荷载的效果越明显。与此同时，图 7-8 中虚线圈出的构件端部在任何拉结件（例如钢筋和螺栓）发生断裂前的转动能力非常关键。考虑到板通常比梁的高度小，转动时不易引起钢筋的断裂，所以美国规范（UFC 2013）建议将提供拉结力的钢筋放置在板内。

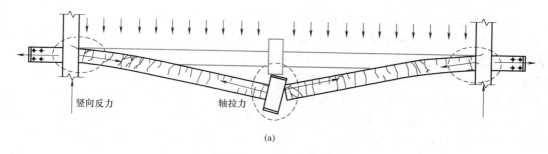

(a)

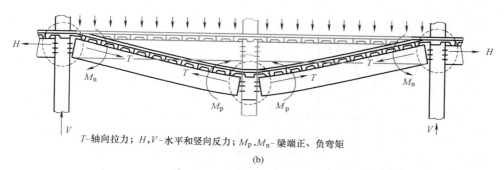

T-轴向拉力；H,V-水平和竖向反力；M_p,M_n-梁端正、负弯矩

(b)

图 7-8 拉结强度设计对应的框架梁的悬索作用（图中受力示意以节点连接为受力体）
(a) 钢筋混凝土梁；(b) 钢梁

拉结强度设计是最简便的保证结构整体性的构造措施，其理念就是将结构各构件拉结在一起，增加结构的连续性和延性并可发展备用荷载传递路径。拉结强度需在平面内的外围拉结、内部横向和纵向拉结以及竖向拉结四个方面满足要求，如图7-9所示。外围拉结需连接或者嵌固到竖向构件中（例如框架柱），然后内部横向和纵向拉结连接到外围拉结，从而形成一张拉结网。竖向拉结一般可以通过框架柱或者承重墙来提供，其主要作用是防止在某一层承重构件失效后上一层承重构件直接断开坠落从而形成撞击。最后，虽然欧洲

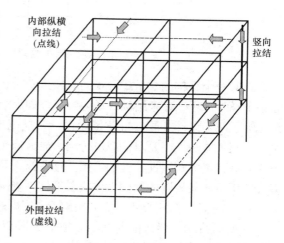

图 7-9 框架结构中拉结强度设计的种类

和美国规范均给出了拉结强度设计的计算，但只有美国规范（UFC 2013）给出了具体的拉结构造措施。

拉结强度设计虽然是一种指示性的方法，缺少具体的量化和坚固的理论基础，但是它为结构提供了最低限度的抗连续倒塌的构造措施。目前比较一致的观点是该方法比较适用

于低风险的建筑结构。目前装配式结构开始在国内推广，拉结强度设计对干式连接的预制混凝土结构尤为重要。

3. 拆除构件设计

拆除构件设计法是一种基于与初始灾害荷载独立的抗连续倒塌设计方法，按一定规则逐个拆除竖向构件，计算剩余结构的跨越能力。例如，对框架结构，可拆除柱的工况类型如图 7-10 所示包括角柱、边邻角柱、对邻角柱、边中柱、邻边中柱和内柱六种工况。美国规范（UFC 2013）规定在给定楼层内可依次移除长边中柱、短边中柱以及角柱，甚至置于公共空间的框架内柱；沿高度方向，依次在第一层、顶层、中间层以及柱子尺寸有变化的楼层进行柱子移除后的分析。如果竖向构件主要是承重墙，在给定楼层内依次移除长边和短边中部墙体以及角部墙体，此外，存在几何突变部位的墙体（例如墙体跨度突变、凹角部位以及相邻墙体所受荷载差异较大等）也需移除分析；沿高度方向的楼层选取和框架结构类似。

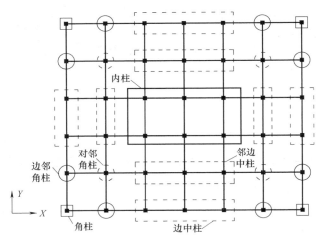

图 7-10　典型框架结构的柱子移除工况

在对剩余结构的分析中，最为真实反映结构响应的应该是非线性动力分析。因为柱子移除是个瞬时过程，带来结构的动力响应，如果结构构件变形过大，还会进入非线性状态。但是，为了便于设计人员进行防倒塌设计，规范里还提出了诸如线弹性和非线性静力分析方法。这两种方法均需要对荷载进行动力放大修正，且采用线弹性静力分析时对构件的变形能力还需进行考虑非线性特性的修正。这些修正系数均可通过规范查询。但是，线弹性静力分析仅适用于比较规则的结构形体或者形体不规则但各构件内力与抗力比值不大的情况。

一旦确定分析方法后，需要对剩余结构布置荷载。如果采用非线性动力分析，所有区域都施加均布楼（屋）面荷载 G，取值为恒荷载和活荷载的组合。但如果采用静力分析，在移除柱上方直接受影响区域的楼面荷载需要乘以相应的放大系数，以考虑动力放大效应的影响，如图 7-11 所示，而其余区域施加的楼面荷载不必修正。如果是动力分析，所有区域均布置一倍楼面荷载即可。在结构分析结束后，检查每个构件及连接的内力或者变形是否超过了极限承载力或者极限变形能力。在美国规范（UFC 2013）中，不允许任何构件或连接的内力和变形超过其对应承载力或允许极限变形能力。而在欧洲规范（EC 1-7）中，允许构件破坏，然后移除并对更新后的剩余结构进行第二轮计算，按此持续步骤直至结果稳定下来，如果初始失效构件上下端相连楼层失效面积分别不超过 100m² 或对应楼层总面积的 15%，见图 7-12，则认为满足抗连续倒塌的要求。如果分析到一定阶段，发现初始失效构件上下端相连的楼层失效面积超过上述规定，则认为发生连续倒塌，停止计算。

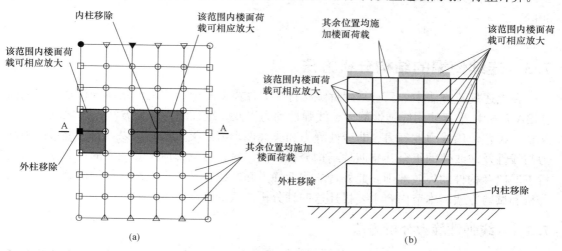

图 7-11　框架结构在外柱或内柱失效情况下的楼（屋）面荷载布置（若采用静力分析失效柱上方区域的楼面荷载应乘以相应放大系数）

（a）平面图；（b）A—A 断面

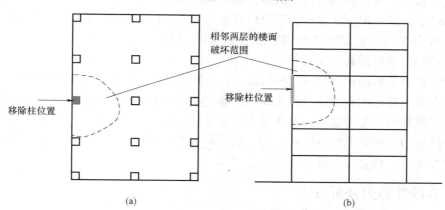

图 7-12　欧洲规范（EC 1-7）判断连续倒塌是否发生的依据（相邻两层失效面积分别不超过 100m² 或对应楼层总面积的 15%）

（a）平面图；（b）剖面图

由于美国规范（UFC 2013）主要适用于与国防设施相关的建筑结构，而欧洲规范（EC 1-7）主要适用于民用建筑结构，所以前者对倒塌的防范要求更高。

4. 关键构件设计

在美国规范（UFC 2013）中，第一层的边框架柱或者外墙体基本上均被视作关键构件，然后根据构件实际抗弯强度计算对应的抗剪设计值，做到强剪弱弯。为此，如果某结构处于抗震区，对应的抗震内力调整可能已经能满足此项要求。

在欧洲规范（EC 1-7）中，如果拆除某构件后的一系列结构分析表明最终楼层失效面积超过 100m² 或所在楼面总面积的 15%，则应将首先被拆除的构件视为关键构件，增强其安全储备。欧洲规范规定，关键构件在原有荷载组合的基础上各个方向还应能承受额外的偶然作用均布荷载 $34kN/m^2$，该值是通过参考 Ronan Point 公寓承重墙的失效荷载得到的。根据《高层建筑混凝土结构技术规程》JGJ 3—2010，该偶然作用荷载值被设置为 $80kN/m^2$。

7.3　连续倒塌的结构分析方法

在上述规范方法中，只有采用拆除构件法时才需对剩余结构进行整体分析。其中规范（GSA 2003）推荐使用线弹性静力、线弹性动力以及非线性动力三类方法，而规范（UFC 2013）推荐使用线弹性静力、非线性静力和非线性动力三类方法。所以，目前通过静力动力与线性及非线性的组合共有四种结构分析方法。每种方法都应配套相应的荷载组合、分析工况以及构件的失效准则。此外，非线性静力和非线性动力也是在抗倒塌研究中常用的分析和试验方法。本节内容主要描述这四种分析方法的优缺点。

7.3.1　线弹性静力分析方法

连续倒塌分析最基本、最简单的方法就是线弹性静力分析方法，其特点主要为失效承重构件是通过静态方式拆除，不直接考虑该拆除过程引起的动力响应，而通过放大荷载的方式来进行修正。所以这种分析方法通常采用比较保守的荷载条件。又由于该方法假定材料为线弹性，所以采用高度保守的评价标准来间接考虑构件的非线性特性。通常采用分析所得弹性内力与构件实际能提供的塑性承载力的比值（Demand-to-capacity ratio，简称DCR）来判断对应构件是否失效。

线弹性静力分析的优点包括：相对简易；计算速度快；易操作和易评估验证结果。该方法的缺点是不能考虑动力效应和非线性性能。线弹性静力分析的局限有：对大型复杂结构的分析结果缺少足够说服力；只适用于具有结构性能可预测的简单结构。

线弹性静力分析的所需步骤有：建立模型；静力分析；稳定性分析；校核与评估分析结果。总体而言，该方法非常保守。

7.3.2　非线性静力分析方法

非线性静力分析广泛用于分析在水平荷载作用下的结构性能，称为"推覆分析（Pushover analysis）"。该方法通过逐步增大施加于结构的力（荷载控制）或者位移（位移控制），允许构件发展其非线性性能，直到获得结构构件能承受的最大荷载或者最大位移。该方法可用于确定在水平荷载作用下的结构延性，其中延性是以最大位移和屈服位移之比来衡量的。通常，具有高延性的结构具有更好的抗震性能。在一个设计良好的结构内，推覆分析可以让很多构件参与结构的变形从而找到合理的设计（例如强柱弱梁）。

对于连续倒塌分析，该方法可通过逐步增加竖向荷载（包括重力）直至达到指定的设计荷载或者一直加载到结构倒塌，称之为"垂直推覆分析（Pushdown analysis）"。在多数情况下，"垂直推覆分析"通过荷载控制加载，因为通过评估在正常使用荷载下的结构性能可判断连续倒塌的潜在可能性。该方法判断构件是否破坏的准则是对变形控制为主的构件为端部的转动能力（如弯矩）。而对受力控制为主的构件为对应的承载力（如剪力）。

该方法的优点是考虑了结构构件材料非线性和几何非线性（P-Δ 效应），可将梁的压拱和悬索作用以及板的压膜和拉膜作用发挥出来。所以该方法可将结构防倒塌的抗力形式完整地呈现出来。其缺点有：不考虑动力效应；相对复杂；计算成本较高；分析结果相对保守。由于结构的荷载动力增大系数随着结构塑性变形而变化，所以在修正动力响应放大荷载时，需要工程判断。

非线性静力分析所需步骤有：建立模型；评估构件承载力和变形能力并建立力与位移关系曲线（例如塑性铰的弯矩-转角关系）；非线性静力分析；判断与分析结果。值得指出的是构件的力与位移的关系曲线是非线性的。

7.3.3 线弹性动力分析方法

线弹性动力分析方法包括实时拆除主要支承构件，从而产生实时线弹性运动。因此，将这种分析方法作为一种时程分析方法更为合适。该法比线弹性静力法更精确，因为它考虑了动力放大系数、惯性力和阻尼力。

线弹性时程分析的优点是考虑了动力效应。其缺点包括：不能考虑非线性；计算成本高；操作较为复杂；需要额外计算获得时间步与内力；当结构发生显著塑性变形时，计算所得的荷载动力放大系数、惯性力与阻尼力可能不对。该方法局限是只适用于塑性变形不大的结构。

线弹性时程分析的所需步骤有：建模；执行线弹性静力分析确定内力；然后将待拆除的构件删除并将其内力作为反力作用在结构上，如图 7-13 中的 P_0；重新进行静力计算确定平衡状态的内力分布；然后在移除构件位置设置一个反向力和对应时程曲线，模拟竖向构件及其支撑力快速消失的过程，如图 7-13 中的 P；进行时程分析；判断与分析结果。该方法对处于弹性阶段的结构偏保守，但对处于显著塑性变形的结构可能偏不安全。

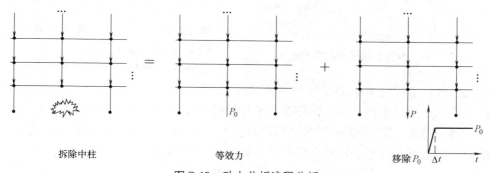

图 7-13 动力分析流程分析

7.3.4 非线性动力分析方法

结构的抗连续倒塌响应本质上是一个动力过程，变形较大时还涉及材料和几何非线性。所以，最真实的连续倒塌分析方法需要进行非线性时程分析，其特点为结构的主要支承构件是动态拆除的，且允许结构材料发生非线性行为。动力和非线性的引入可能会导致分析结果中出现较大的变形、能量耗散以及材料屈服、开裂和断裂等。

非线性动力分析的优点是真实且考虑动力和非线性效应。其缺点有：计算成本非常大；要求对分析结果进行大量的校核与确认；操作复杂；不正确的假设或建模可能导致错误结果；由于计算复杂导致难以判断结果好坏。

非线性动力分析所需步骤与线弹性动力分析的基本相同，只是在建模时需要仔细评估构件承载力和变形能力并建立力与位移的关系曲线，而且最后需要进行敏感性分析来判断结果的有效性，以减少建模误差或者假定带来的不真实结果。

7.3.5   小结

上述四种方法各有优劣，具体采用何种方法需根据实际需求进行。如果是进行结构抗连续倒塌设计，偏保守的方法可以采用。如果是进行灾后分析或者相关的科研，非线性性能应该考虑在内，从而揭示倒塌过程中的真实物理现象。值得指出的是，采用简单方法（例如线弹性静力）分析时所采用的修正系数均是通过与非线性动力分析所得结果的比较而来的。

7.4   防连续倒塌过程中的荷载传递路径

剩余结构能够跨越初始破坏区域而不发生倒塌是因为结构本身具备一定的强度储备，同时通过构件之间的协同作用，形成了新的荷载传递路径。在新的传力路径下，结构构件通常表现出超出常规理想塑性承载力的非线性特性，如图 7-14 所示。这些非线性特性可以极大地提高构件承载力，从而避免倒塌。本节将介绍与这些非线性特性对应的荷载传递路径。

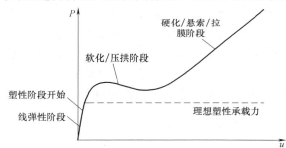

图 7-14   框架构件的抗力发展阶段

图 7-15 展示的是梁悬索作用（Catenary action）。当梁变形很大时（例如挠度超过一倍梁高时），梁的抗弯承载力降低，而相应的悬索拉力得以发挥，该拉力的竖向分力提高了梁的抗倒塌承载力。值得注意的是，发挥悬索作用的前提是：①梁内有连续的拉结组件，例如钢筋混凝土梁内的连续贯通钢筋或者钢梁等；②梁端需要有较强的轴向约束；③梁端需要较好的转动能力，否则很有可能在转动的过程发生拉结组件的断裂（例如钢筋混凝土结构中的钢筋和钢结构中的螺栓等）。

图 7-15   某内柱失效后框架的悬索作用

图 7-16 展示的是板拉伸薄膜作用（Tensile membrane action）。该荷载传递路径的发挥需要板在较大变形（例如挠度超过一倍板厚）条件下。板拉伸薄膜效应可以近似视作是梁悬索作用的二维化，其发挥依赖于连续的拉结组件（如板内钢筋）和相应的边界条件。除了角柱失效工况，其余工况均有机会发挥板拉伸薄膜效应。即使在板周边的轴向约束不强的情况下，板仍可以通过自身的自平衡机制，即板中心发挥拉膜效应并在周边形成压力环，提高抗倒塌承载力。

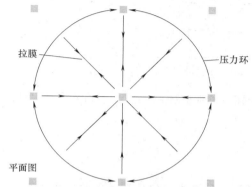

图 7-16 某内柱失效后的板柱结构形成的拉膜效应

图 7-17 展示的是钢筋混凝土框架梁的压拱作用（Compressive arch action）。在框架梁变形很小且截面没开裂前，梁的各截面中性轴的中心点连线基本与梁轴线共线。但随着变形加大和梁截面开裂，单根梁两端的梁截面受压区不同，使得中性轴的中心点连线更趋近于梁的对角线。显然，在梁端轴向约束足够的前提下，梁的进一步变形使得中性轴连线越来越趋向于水平线，对应于连线被压缩，进而在梁身产生轴压力。该轴压力的存在会提高梁截面的极限抗弯承载力，从而提高抗倒塌承载力。但随着变形的进一步增加，受压区混凝土压碎，对应结构抗力出现软化现象。该传递路径的发挥非常依赖于梁端轴向和转动约束刚度的大小，所以不适用于角柱或者邻近角柱失效的工况。此外，值得指出的单向板和双向板也均可发挥压拱效应，称之为压膜作用。

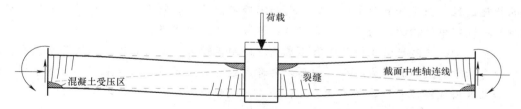

图 7-17 某内柱失效后的钢筋混凝土框架梁的压拱作用

如果框架构件的弯曲强度储备足够，框架结构的空腹梁弯曲机制（Vierendeel action）也可抵抗连续倒塌，如图 7-18 所示。其典型特征是框架杆件发生双曲率状的变形。该传力路径在两端缺少足够轴向约束，例如角柱失效时，表现更为显著。

图 7-19 展示了砌体墙的斜压杆（Compressive strut）作用。当部分承重墙失效后，原来通过轴力传递上部荷载的路径丧失，转而替代的是斜压杆模式。但是，如果破损的墙体过多（例如左下部分墙体也失效了），该斜压杆的传递路径也会无法形成。

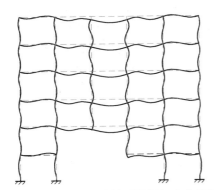

图 7-18　多根梁柱失效后的框架弯曲机制

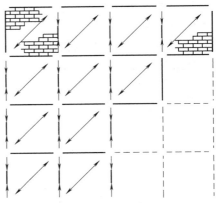

图 7-19　部分砌体墙失效后的斜压杆作用

本章小结

（1）结构的连续倒塌是一种概率小但后果严重的灾害性事件，在高楼林立人口密集的城市尤其需要重视。其本质上是一种不成比例的倒塌，强调实际的灾害后果和诱发该后果的初始起因之间的对比。串联初始局部破坏和最后大范围甚至整体倒塌的是结构及其构件本身，为此一定要加强结构的抗连续倒塌能力。

（2）抗连续倒塌的设计可以忽略初始灾害荷载而仅考虑剩余结构的表现，也可以考虑初始灾害荷载和结构抗倒塌能力的耦合。目前的规范方法主要是针对第一种情况。当前的规范方法有：概念设计、拉结强度设计、拆除构件设计和关键构件设计。其中，概念设计无需计算，拉结强度设计和关键构件设计均需简单计算，而唯独拆除构件设计需要结构分析。

（3）在抗倒塌结构分析中，可采用的方法有线弹性静力分析、非线性静力分析、线弹性动力分析和非线性动力分析。其中，只有非线性动力分析是最为真实地反映连续倒塌响应的物理过程，但是计算要求高、难度大和不确定性多。若采用其他几种简易方法，需要针对倒塌过程中结构的动力响应和非线性特性做出相应的修正。

（4）结构的非线性特性使其拥有比常规理想塑性设计承载力高很多的实际承载力。这些特性有助于形成新的传力路径。但如果要考虑这些有益效应，必须采用非线性分析。但是，如果采用线弹性分析，即使做了适当修正，也会使得抗倒塌设计非常保守。

思考与练习题

7-1　简述结构连续倒塌的定义和特点。

7-2　简述当前抗连续倒塌的规范设计方法的分类。

7-3　简述抗连续倒塌结构分析的方法分类及优缺点。

7-4　简述常见的抗连续倒塌的荷载传递路径及特点。

第 8 章　爆炸冲击问题的理论与数值分析

本章要点及学习目标

　　本章要点：

　　(1) 结构动力学问题的特点；(2) 固体中冲击波传播的特点；(3) 动载作用下材料状态方程、本构模型和失效模型；(4) 瞬态现象数值模拟方法。

　　学习目标：

　　(1) 了解结构抗爆炸冲击分析的重要意义；(2) 掌握固体中冲击波传播分析方法；(3) 熟悉动载作用下材料的本构模型和失效模型；(4) 熟悉瞬态现象数值模拟基本方法。

8.1　引言

　　冲击爆炸等问题变化过程非常快，它们的研究方法与静力（拟静力）问题的研究方法不同，该类问题能用解析方法求解的很少，试（实）验研究成本高，实施过程和数据量测很复杂，因此目前比较流行和可行的方法还是数值方法。

　　图 8-1 是不同应变率和加载时间下材料的动态行为分区图。图中从左到右时间历程逐渐变短，加载速率逐渐变大，在问题的求解时惯性效应逐渐变得显著。在图右边所处理的问题都是发生在很短暂的时间内，包括车辆碰撞、空间碎片与轨道物体的撞击、炸药爆炸和行星的碰撞等。随着作用时间的减小，问题的复杂性逐渐增大，一些主要参数，如应力、应变、温度和压力等的直接测量越来越困难，同时问题的求解还需要高应变率下材料行为的基础理论知识。在许多情况下，进行试验的目的是得到描述高应变率下材料行为的模型，而同时却需要用这样的模型来解释试验结果，这就陷入了一种"狗咬尾巴"的窘境。

　　动力学问题常常被分成两类：①结构动力学问题；②波传播问题。

　　这两类问题本质上都是波传播问题，可用波动方程来描述，最常见的是一维波动方程：

$$c^2 \frac{\partial^2 u}{\partial x^2} - \frac{\partial^2 u}{\partial t^2} = f\left(u, \frac{\partial u}{\partial t}, x, t\right) \tag{8-1}$$

式中，u 表示位移；f 是一个广义载荷函数，它与位移、速度、空间或时间等变量有关。

　　波动方程的通解可以由分离变量法或者行波法得到。分离变量法是一种求解结构动力学问题中相关变量的方法，在求解时假设把方程分为时间变量和空间变量的函数，即：

$$u(x,t) = \Phi(x)K(t) \tag{8-2}$$

　　这样就将问题转变为求解结构的特征值问题。该方法通常被称作模态分析方法，它在

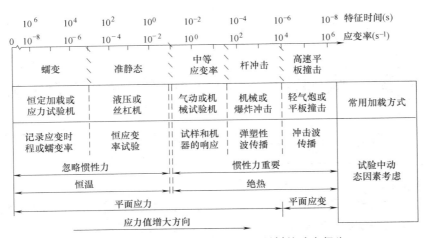

图 8-1   不同应变率和加载时间下材料的动态行为

结构响应受到有限模态控制的情况下是非常有用的，这些模态通常是低频谐波。这个方法适合于振动和地震等低频加载。

行波法是第二种波动方程的求解方法。这里，外加载荷诱发的扰动形成波的传播，这种波可以在几何边界和材料边界以及两种边界之间产生相互作用。最常见的一维波动方程的解可以描述为：

$$\Psi = F(x-ct) + G(x+ct) \tag{8-3}$$

式中，F 和 G 分别是自变量 $x-ct$ 和 $x+ct$ 的任意函数。

这种波动方程解法对于求解短时加载问题比较合适，尤其是当波相互作用在材料的交界面、自由面或者两面之间时，波所携带的能量会导致材料的破坏。

8.1.1   结构动力学问题

结构动力学问题主要研究结构在运动和受力状态下的变形、强度和破坏问题，它们包括以下共同的特征：

1）典型结构动力学问题涉及加载和响应时间为毫秒至秒，应变率介于 $10^{-2} \sim 10^{2}\,\mathrm{s}^{-1}$ 之间。一般教科书中列出的数据都是在准静态条件下得到的，如果材料是应变率敏感的，那么在动态计算中采用准静态实验数据不仅不合适，而且可能会得到错误的结果。

2）结构动力学问题中典型应变介于 $0.5\% \sim 10\%$。经典塑性理论研究结构问题时应变范围 $3\% \sim 10\%$ 是有效的，相似量级的塑性变形对于研究结构动力学问题也是适用的。对于应变约为 60% 或更大情况的波传播计算，经典塑性理论是不合适的，这时的压力超过了材料强度一个数量级。

3）结构动力学问题中静水压力与材料强度的数量级相近，而在波传播问题中，压力可以超过材料强度几个数量级。静水压力表示为：

$$p = \frac{1}{3}(\sigma_{11} + \sigma_{22} + \sigma_{33}) \tag{8-4}$$

4）通常情况下，结构动力学问题主要涉及由系统的低阶振型产生的整体响应。图 8-2 展示了一次冲击过程中局部响应和整体响应的关系，高速冲击时，首先发生撞击区域的瞬时局部变形，接下来发生持续时间较长的结构整体响应。

8.1.2　波传播问题

波传播问题是研究短暂作用于介质边界或内部的荷载所引起的扰动在介质中和不同介质之间的传播现象。与结构动力学问题相似，波传播问题具有一些共同的特征：

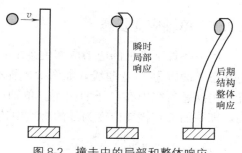

图 8-2　撞击中的局部和整体响应

1）波的传播过程发生在非常短的时间内，它的时间量级小于典型结构响应所需时间的量级。波传播过程中应变率的峰值可以达到 $10^4 \sim 10^6 \mathrm{s}^{-1}$，因此，对于通常在非常低应变率条件下得到的数据对这类问题是不适用的。描述高应变率行为本构模型的数据必须来源于波传播实验，如分离式 Hopkinson 杆实验、飞片撞击实验、膨胀环实验、Taylor 杆撞击实验等。

2）典型的峰值应变大于等于 60%，对于多数韧性材料峰值应变接近 100%，平均应变为 20%～40%。

3）在超高速碰撞条件下，压力可超过材料强度几个量级。对于作用时间长的问题，这一压力最终将衰减为与材料强度相近的数值；对于作用时间短的问题，这一压力将决定材料响应结果，材料强度影响将变成次要因素。

4）因为加载和响应时间短，变形呈现高度局部化特征。例如在侵彻问题中，弹体正前方的材料特性和尺寸是最大的影响因素，在远处边界影响到达之前，侵彻和贯穿过程已经结束。

5）在波传播问题中，常用不同的机理来解释材料的破坏，这些破坏机理包括脆性断裂、放射性断裂、韧性孔成长、层裂、花瓣状开孔和冲塞等。经典断裂力学是处理已知（或假设）形状的预制裂纹行为的学科，而波传播问题处理破坏过程中每一条裂纹的演化是非常困难的。

大多数的动力学问题既有波传播特征，又包括结构动力学特征。例如，弹体对钢筋混凝土板的侵彻作用。在撞击初期，应力波沿板厚度方向传播，引起一系列破坏现象，包括冲击区域局部的成坑、隆起、层裂和充塞等迫害，这些破坏现象与板厚和材料性质有关，与支撑条件关系不大。沿板侧向和横向传播的波在边界处将来回反射，此时将引起结构发生整体弯曲变形或在支座处的弯曲或剪切破坏，此时的破坏与板的支撑条件相关，这将属于结构动力学领域。

8.2　固体中的冲击波

平板撞击实验常被用于冲击波的研究，炸药对金属板（横向尺寸与板厚相比足够大）的接触爆炸问题等，在特定情况下都可以假定为是单轴应变问题，它们提供了在更高荷载和更短时间条件下研究材料行为的方法。通过研究单轴应变问题，可以充分认识固体中冲击波传播涉及的一些基本概念及其与固体中应力波问题的区别。

8.2.1 单轴应变状态

静力条件下常见的应力应变关系主要是通过常规材料试验机获得的，它们属于单轴应力状态下的应力-应变曲线，如图 8-3 所示。与单轴应力状态相对应，单轴应变状态在爆炸冲击问题研究中有广泛的应用。单轴应变状态通过约束控制，使得变形局限于一个方向，即平面波在横向应变为零的材料中传播，其应力-应变关系如图 8-4 所示。

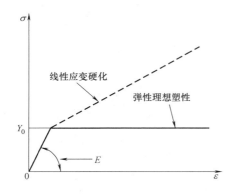

图 8-3 单轴应力状态下的应力-应变曲线

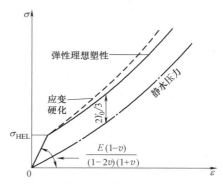

图 8-4 单轴应变状态下的应力-应变曲线

为了理解单轴应力状态到单轴应变状态的变化，考虑一维变形的应力和应变。忽略热耦合效应，把 3 个主应变写成弹性部分和塑性部分的和，即：

$$\varepsilon_1 = \varepsilon_1^e + \varepsilon_1^p \tag{8-5}$$

$$\varepsilon_2 = \varepsilon_2^e + \varepsilon_2^p \tag{8-6}$$

$$\varepsilon_3 = \varepsilon_3^e + \varepsilon_3^p \tag{8-7}$$

式中，上标 e 和 p 分别表示弹性和塑性，下标表示三个主方向。

在一维应变中：

$$\varepsilon_2 = \varepsilon_3 = 0 \tag{8-8}$$

因此：

$$\varepsilon_2^e = -\varepsilon_2^p; \ \varepsilon_3^e = -\varepsilon_3^p \tag{8-9}$$

假设塑性部分的应变是不可压缩的，则：

$$\varepsilon_1^p + \varepsilon_2^p + \varepsilon_3^p = 0 \tag{8-10}$$

由对称性得：

$$\varepsilon_1^p = \varepsilon_2^p = -\varepsilon_2^p - \varepsilon_3^p = -2\varepsilon_2^p = 2\varepsilon_2^e \tag{8-11}$$

因此：

$$\varepsilon_1 = \varepsilon_1^e + \varepsilon_1^p = \varepsilon_1^e + 2\varepsilon_2^e \tag{8-12}$$

使用应力和弹性模量表示的弹性应变如下：

$$\varepsilon_1^e = \frac{\sigma_1}{E} - \frac{\mu}{E}(\sigma_2 + \sigma_3) = \frac{\sigma_1}{E} - \frac{2\mu}{E}\sigma_2 \tag{8-13}$$

$$\varepsilon_2^e = \frac{\sigma_2}{E} - \frac{\mu}{E}(\sigma_1 + \sigma_3) = \frac{1-\mu}{E}\sigma_2 - \frac{\mu}{E}\sigma_1 \tag{8-14}$$

$$\varepsilon_3^e = \frac{\sigma_3}{E} - \frac{\mu}{E}(\sigma_1 + \sigma_2) = \frac{1-\mu}{E}\sigma_3 - \frac{\mu}{E}\sigma_1 \tag{8-15}$$

利用上式，得到：

$$\varepsilon_1 = \varepsilon_1^e + 2\varepsilon_2^e = \frac{\sigma_1(1-2\mu)}{E} + \frac{2\sigma_2(1-2\mu)}{E} = \frac{1-2\mu}{E}(\sigma_1 + 2\sigma_2) \tag{8-16}$$

对于 Tresca 或 von Mises 屈服准则，塑性条件可表示为：

$$\sigma_1 - \sigma_3 = 2\tau_{max} = Y_0 \tag{8-17}$$

考虑到 $\sigma_2 = \sigma_3$，可以得到：

$$\sigma_1 = \frac{E}{3(1-2\mu)}\varepsilon_1 + \frac{2}{3}Y_0 = K\varepsilon_1 + \frac{2}{3}Y_0 \tag{8-18}$$

式中　E——弹性模量；

　　　μ——泊松比；

　　　K——体积模量，$K = \dfrac{E}{3(1-2\mu)}$。

上式是单轴应变条件下的应力-应变关系。对于单轴应力，$\sigma = E\varepsilon$。因此，单轴应力和单轴应变最重要的区别是体积压缩。

对于高速碰撞现象，开始阶段材料没有时间发生横向变形，从而形成单轴应变状态。随后，从侧向边界反射回来的卸载波到达，横向变形开始产生，应力降低，单轴应变状态不再成立。

对于弹性一维应变这一特殊情况：

$$\varepsilon_1 = \varepsilon_1^e \tag{8-19}$$

$$\varepsilon_2 = \varepsilon_2^e = \varepsilon_3 = \varepsilon_3^e = 0 \tag{8-20}$$

$$\varepsilon_1^p = \varepsilon_2^p = \varepsilon_3^p = 0 \tag{8-21}$$

$$\varepsilon_2^e = 0 = \frac{1-\mu}{E}\sigma_2 - \frac{\mu}{E}\sigma_1 \tag{8-22}$$

$$\sigma_2 = \frac{\mu}{1-\mu}\sigma_1 \tag{8-23}$$

$$\varepsilon_1 = \frac{\sigma_1}{E} - \frac{2\mu^2\sigma_1}{E(1-\mu)} = \frac{\sigma_1(1+\mu)(1-3\mu)}{1-\mu} \tag{8-24}$$

$$\sigma_1 = \frac{(1-\mu)}{(1-2\mu)(1+\mu)}E\varepsilon_1 \tag{8-25}$$

对比图 8-3 和图 8-4 单轴应力状态和单轴应变状态下的应力-应变曲线，它们有几个明显的不同点：

1）在弹性段，单轴应变曲线的模量相比单轴应力曲线增加了 $\dfrac{(1-\mu)}{(1-2\mu)(1+\mu)}$ 倍。

2）单轴应变曲线的屈服点被称为 Hugoniot 弹性极限，记为 σ_{HEL}，它是一维应变弹性波传播的最大轴向应力。

3）单轴应变曲线也被称为 Hugoniot 曲线。注意到 Hugoniot 曲线的应力和流体静水压力曲线之间有一个恒定的差值 $2Y_0/3$。如果应变硬化材料中屈服强度变化，那么曲线之间的差值也会发生变化。如果材料强度为零，那么材料将会遵循静水压力曲线。

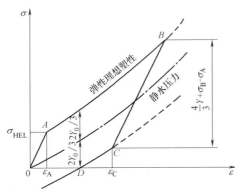

图8-5　单轴应变的加载-卸载循环

弹性理想塑性材料单轴应变条件下典型的加-卸载循环曲线如图8-5所示。注意在 C 点发生了反向屈服，如果发生反向加载，正如当应力波从自由面反射时，曲线的 CD 段会延伸到应变轴以下的负值（拉伸）区域。如果假设拉伸和压缩屈服强度是相同的，那么这条曲线与静水压力线的距离也是 $2Y_0/3$。

8.2.2　波的传播

图8-6表示单轴应变状态下荷载峰值很高时的单轴应力-应变曲线。如果荷载峰值没有超过 σ_{HEL}，那么单一弹性波将在材料中传播。如果荷载峰值超过了 σ_{HEL}，将会有两列波在介质中传播，其中，弹性波传播的速度为：

$$c_E = \sqrt{\frac{(1-\mu)E}{(1-2\mu)(1+\mu)\rho_0}} \tag{8-26}$$

式中　c_E——弹性波速度；

　　　ρ_0——密度。

塑性波会在弹性波之后传播，其波传播速度与应力-应变曲线在给定应变值下的斜率相关，这样会产生多重塑性波，每一列波都是塑性应变所对应的函数。塑性波的波速为：

$$c_P = \sqrt{\frac{1}{\rho_0}\frac{d\sigma}{d\varepsilon}} \tag{8-27}$$

图8-6中应力大于 σ_C 时，将是强冲击波区。材料表现为塑性且近似流体的特征。一列具有陡峭阶跃面的冲击波在这一区域内传播，其速度 U 需要状态方程来确定。

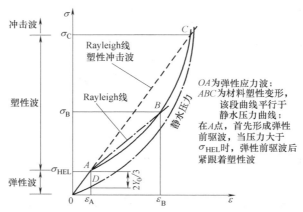

图8-6　弹性波、塑性波和冲击波的传播区域

在弹性区域，材料的波速或声速 c 是常数。一般情况下，声速平方与压力变化和密度变化的比值成正比：

$$c^2 = \frac{dP}{d\rho} \tag{8-28}$$

在弹性区域，压力和密度是线性的。超过弹性区，波速的增加与压力或密度有关，而且 P/ρ 呈非线性关系，波速随着应力或压力增加而增加。

图 8-7 所示为冲击波的形成示意图。考虑向右传播的压力波，A 点的压力最低，因此波速和局部材料加速引起的质点速度也最低，所以总的压力波速度最低。在 B 点，压力高于弹性极限，因为波速随着压力的增大而增加，因此 B 点的波速比 A 点高，C 点的波速更高。最终的结果如图 8-8 所示，波阵面变得越来越陡，直到形成一条垂直的线。

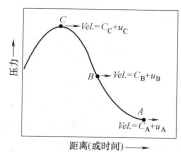

图 8-7 高压应力波的传播

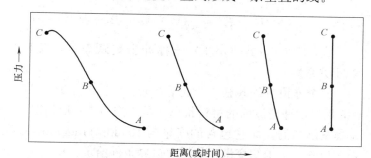

图 8-8 压力波形成冲击波的过程

当形成垂直的波阵面时，应力波转变为冲击波，此时在波阵面前后物理量不再是平滑过渡，而是冲击波阵面前后物理量的不连续性。

8.2.3 冲击波压缩守恒方程和 Rankine-Hugoniot 关系

材料中塑性波速大于弹性波速是形成陡峭塑性波阵面的条件，当传播速度较快的应力波追上较慢的应力波，连续的塑性波阵面就会消失，并形成一个不连续的冲击波阵面，且以冲击波速 U 传播。跨过冲击波阵面，应力、密度、速度和内能都是不连续的。由于导致固体中冲击波形成的压力远远超过材料强度，因此可以将材料简化为可压缩流体，并且忽略材料的强度影响。可压缩流体的行为可用状态方程（EOS）来描述。

对于一维应变状态，如图 8-9 所示，受冲击波压缩后的材料质量 $\rho_0 U_S dt$ 所占有的单位体积为 $(U_S - u_P)dt$，密度为 ρ_1，因此跨过波阵面的质量守恒可以表达为：

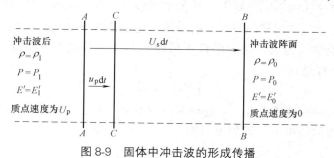

图 8-9 固体中冲击波的形成传播

$$\rho_0 U_S = \rho_1 (U_S - u_P) \tag{8-29}$$

或者：

$$V_1 U_S = V_0 (U_S - u_P) \tag{8-30}$$

质量 $\rho_0 U_S dt$ 的材料在合力 $P_1 - P_0$ 作用 dt 时间后，速度增加到 u_P，因此动量守恒关系可以表示为：

$$P_1 - P_0 = \rho_0 U_S u_P \tag{8-31}$$

冲击波所做的功等于动能和内能增量的总和，跨过波阵面的能量守恒关系表述为：

$$P_1 u_P = \frac{1}{2} \rho_0 U_S u_P^2 + \rho_0 U_S (E_1 - E_0) \tag{8-32}$$

消去 U_S 和 u_P，可以得到能量守恒的一般形式：

$$E_1 - E_0 = \frac{1}{2}(V_0 - V_1)(P_0 + P_1) = \frac{1}{2}\left(\frac{1}{\rho_0} - \frac{1}{\rho_1}\right)(P_0 + P_1) \tag{8-33}$$

式（8-29）～式（8-33）统称冲击突跃条件，又称为 Rankin-Hugoniot 关系（简称 R-H 关系）。

三个守恒方程共有 8 个变量：ρ_0、ρ_1、P_0、P_1、U_S、u_P、E_0 和 E_1，其中，下标为 0 的量表示冲击波前的材料状态，是已知的。一般情况下，采用 $P = P(\rho, E)$ 形式的状态方程是已知的，而它包含的变量与 Rankin-Hugoniot 关系式的变量相同。这样，四个方程，包含 5 个未知变量。如果由边界条件给定其中一个待求未知量，则另外 4 个未知量可以确定。如果不具体规定边界条件，则对于一定的平衡初始状态，第五个方程是实验测量的冲击绝热线，即材料的冲击压缩关系，也称为 Hugoniot 曲线。

8.2.4   冲击绝热线

从同一初始状态出发，经过不同的冲击波压缩达到的最终状态的集合称为冲击绝热线，又称 Hugoniot 曲线。冲击绝热线反映了冲击波后热力学状态量之间的内在联系，包含了材料受冲击压缩后达到的热力学平衡状态的性质。因此，冲击绝热线测量是确定材料高压物态方程和其他动高压性质的基础。原则上，冲击波后任意两个状态参量之间的关系都可以称为冲击绝热线。由于冲击波后的压力、比容、比内能等物理量都可以表示为冲击波传播速度和粒子速度的函数，最常用也是最简单的冲击绝热线就是描写冲击波传播速度与粒子速度之间关系的方程式，简称为 U-u 冲击绝热线或 U-u 线。

当介质性质和波前状态一定时，冲击绝热线是确定的，若冲击波速度不同，则波后状态必然处在冲击绝热线的不同位置上。冲击绝热线是不同波速的冲击波在具有同一初始状态的相同介质中传过后所达到的终态点的连线，它不是状态变化的曲线。

以 U-u 冲击绝热线为例，通常条件下可以表示为一簇直线，如图 8-10 和图 8-11 所示。这条直线的方程是：

$$U = c_0 + su \tag{8-34}$$

式中，c_0 是零压力时曲线的截距，s 是斜率。变量 c_0、U、u 都是速度单位。斜率 s 是无量纲量，c_0 一般指体积声速，近似表示为：

$$c_0^2 = c_L^2 + \frac{4}{3}c_S^2 \tag{8-35}$$

式中，c_L 是弹性纵波声速，c_S 为横波声速或剪切波速。但是实际中，这个量是从实验数据的拟合曲线中得到的。

考虑到材料的相变等因素，U-u 平面的 Hugoniot 方程有时也采用下面表达式：

$$U = c_0 + su + qu^2 \tag{8-36}$$

在文献 [103] 的第 7 章中，给出了许多材料的 c_0、s 和 q 取值可供参考。

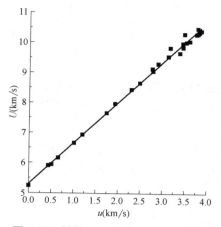

图 8-10 铝的 $U\text{-}u$ 平面 Hugoniot 数据

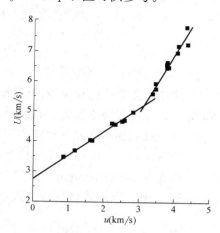

图 8-11 石英陶瓷的 $U\text{-}u$ 数据

冲击绝热线的形式还有 $P\text{-}V$ 线、$P\text{-}U$ 线和 $u\text{-}V$ 线等形式，详细的理论描述和数据列表参见文献 [103]。

8.3 材料模型

材料模型用于描述材料在荷载作用下的响应，一般情况下，要完整地描述材料模型需要三部分内容：状态方程、本构模型和失效模型。

8.3.1 状态方程

物质在平衡状态下静水压力-比容-温度（$P\text{-}V\text{-}T$）之间的数学关系式称为状态方程，它可以由材料的热力学性质确定，也可以通过动力试验得到一定数量的离散点后插值确定其解析表达式。

状态方程主要是通过平板撞击实验、轻气炮、炸药加载和其他的高速高压加载设备试验得来，但是一些实验条件限制了试验数据的适用范围。以平板撞击实验为例，飞片的质量和速度受装置限制，而应力（压力）正比于飞片速度，实际中金属所能达到的上限压力接近 $6\times10^5\,\text{MPa}$。实验数据拟合得到的曲线通常是三次多项式，并作为状态方程的一部分。因此如果利用这样的状态方程来解决峰值压力预计为 $12\times10^5\sim20\times10^5\,\text{MPa}$ 的问题，那么将会得到没有意义的结果。实际状态方程公式是经验关系式，应用范围由试验条件确定，不能超出基础数据库进行外推。

1. 线性多项式状态方程

线性多项式状态方程定义为：

$$P=C_0+C_1\mu+C_2\mu^2+C_3\mu^3+(C_4+C_5\mu+C_6\mu^2)E \tag{8-37}$$

其中，$\mu=\dfrac{V_0}{V}-1=\dfrac{\rho}{\rho_0}-1$，$C_1$：$C_6$ 是常数。

如果 $\mu<0$，则设置 $C_2=C_6=0$。

当设置 $C_0=C_1=C_2=C_3=C_6=0$，$C_4=C_5=\gamma-1$ 时，则可用于描述符合 γ 律状态方程的气体，其中，γ 为比热系数，E 的单位为压力单位，此时式（8-37）简化为：

$$P=(\gamma-1)\frac{\rho}{\rho_0}E \tag{8-38}$$

2. JWL 高能炸药状态方程

高能炸药需要进行化学反应才能释放出能量，在爆炸力学理论研究中，一般假定反应时间为零，且爆轰波不连续，瞬间释放能量并将炸药转化为爆轰产物，因此研究工程结构上的爆炸荷载问题时主要关注爆轰产物的状态方程。

JWL（Jones-Wilkins-Lee）状态方程适用于描述高能炸药的爆轰产物，结合最大爆轰压力（称为 Chapman-Jouguet 或 C-J 压力）、爆轰波速，可以完整地描述高能炸药的荷载作用过程。JWL 高能炸药状态方程形式为：

$$p=A\left(1-\frac{\omega}{R_1\overline{V}}\right)e^{-R_1\overline{V}}+B\left(1-\frac{\omega}{R_2\overline{V}}\right)e^{-R_2\overline{V}}+\frac{\omega E}{\overline{V}} \tag{8-39}$$

其中，$\overline{V}=\dfrac{V}{V_0}=\dfrac{\rho_0}{\rho}$，$A$、$B$、$R_1$、$R_2$ 和 ω 为实验常数，E 为内能。一些常用炸药的常数见表 8-1。

炸药常数列表								表 8-1
炸药	$\rho(\mathrm{kg\cdot m^{-3}})$	爆速$(\mathrm{m\cdot s^{-1}})$	爆压(GPa)	A(GPa)	B(GPa)	R_1	R_2	ω	E_0(GPa)
TNT	1630	6930	21	371.2	3.231	4.15	0.95	0.3	7.0
PETN	1770	8300	33.5	617	16.93	4.4	1.2	0.25	10.1
Tetryl	1730	7910	28.5	586.8	10.671	4.40	1.2	0.28	8.2

注：TNT 为三硝基甲苯；PETN 为季戊四醇四硝酸酯；Tetryl 为特屈儿，三硝基苯甲硝胺。

关于不同类型炸药的常数列表，参见文献［103］。

3. Mie-Gruneisen 状态方程

Mie-Gruneisen 状态方程主要用于描述固体材料在强动载作用下的热力学行为，其由热力学和统计力学方法得到，仅仅适用于固体材料。

定义压缩材料的压力为：

$$p=\frac{\rho_0C^2\mu\left[1+\left(1-\frac{\gamma_0}{2}\right)\mu-\frac{a}{2}\mu^2\right]}{\left[1-(S_1-1)\mu-S_2\dfrac{\mu^2}{\mu+1}-S_3\dfrac{\mu^3}{(\mu+1)^2}\right]^2}+(\gamma_0+\alpha\mu)E \tag{8-40}$$

定义膨胀材料的压力为：

$$p=\rho_0C^2\mu+(\gamma_0+a\mu)E \tag{8-41}$$

式中　　　C——曲线 u_s-u_p 的截距；μ_s-μ_p 曲线表示冲击波波速与波后质点速度曲线；

S_1、S_2、S_3——曲线 u_s-u_p 斜率的系数；

γ_0——Gruneisen 常数；

a——对 γ_0 的一阶体积修正。

一些材料的常数见表 8-2。

一些材料的 **Gruneisen** 状态方程常数　　　　　　表 8-2

	$C(\mathrm{m \cdot s^{-1}})$	S_1	S_2	S_3	γ_0	a
铝	5386	1.339	0.0	0.0	1.97	0.48
铅	2006	1.429	0.8506	-1.64	2.77	0.54
铜	3940	1.490	0.0	0.0	2.02	0.47
铁	4569	1.490	0.0	0.0	2.17	0.46
4340 钢	4578	1.330	0.0	0.0	1.67	0.43

另外，还有多种状态方程形式，比如适用于描述地质类材料的 p-α 模型，描述高能炸药的 BKW（Becker-Kistiakowsky-Wilson）状态方程、适用于超高速撞击问题的 Tillotson 状态方程等。

8.3.2　本构模型

材料的强度依赖于其抗剪切作用的性能，而有些材料的抗剪强度随压力的变化而变化，另外，在荷载作用比较快的情况下，材料的强度还可能表现出应变率相关性，还有损伤的影响等。因此，爆炸冲击等强动载作用下材料的本构模型与其他荷载条件具有明显的区别。

最简单的本构模型是弹性模型，其中应力应变关系服从广义胡克定律。关于一般的弹塑性模型，文献比较多，这里不再赘述。下面简单介绍两种爆炸冲击荷载下常用的本构模型。

1. Johnson-Cook 模型

该模型主要用于描述金属材料高温、高压和应变率效应，其屈服强度表达式为：

$$\sigma_y = \left[A + B(\bar{\varepsilon}^p)^n\right](1 + C\ln\dot{\varepsilon}^*)\left[1 - (T^*)^m\right] \tag{8-42}$$

式中　A、B、C、n、m——材料常数；

$\bar{\varepsilon}^p$——等效塑性应变；

$\dot{\varepsilon}^*$——参考应变率 $\dot{\varepsilon}_0 = 1.0s^{-1}$ 的无量纲应变率；$\dot{\varepsilon}^* = \dfrac{\dot{\bar{\varepsilon}}^p}{\dot{\varepsilon}_0}$；

$T^* = \dfrac{T - T_{\mathrm{room}}}{T_{\mathrm{melt}} - T_{\mathrm{room}}}$。

表达式（8-42）的第一项（$A + B\varepsilon^n$）表示对于 $\dot{\varepsilon}^* = 1.0$ 和 $T^* = 0$（等温状态）时的应力与应变的函数关系；表达式的第二项（$1 + C\ln\dot{\varepsilon}^*$）和第三项 $\left[1 - (T^*)^m\right]$ 分别表示应变率和温度的影响。

该模型中在一定程度上很好地预测了高速加载下的材料行为，然而该模型缺乏理论基础，并且解耦了参数的影响，例如，模型中应变率敏感性是独立于温度效应的，而对于大多数金属材料，随着温度的增加，应变率敏感性增加，而流动应力却减小。

另外，该模型不能描述许多韧性材料在应变率高于 $10^4 s^{-1}$ 时所表现出来的突然增强现象。Rule 和 Jones[104] 提出了 Johnson-Cook 模型的修正形式来考虑这种屈服应力的突增：

$$\sigma = \left[C_1 + C_2(\bar{\varepsilon}^{\mathrm{p}})^n\right]\left[1 + C_3\ln\dot{\varepsilon}^* + C_4\left(\frac{1}{C_5 - \ln\dot{\varepsilon}^*} - \frac{1}{C_5}\right)\right]\left[1 - (T^*)^m\right] \tag{8-43}$$

式中，C_1、C_2、C_3、C_4 和 C_5 是材料常数，其他参数同前。

上式中，使用下面这一项来调整应变率敏感性：

$$\frac{1}{C_5 - \ln\dot{\varepsilon}^*} \tag{8-44}$$

式中，C_5 是临界应变率的自然对数。当应变率接近临界应变率时，这一项趋近于无穷。由于修正项 $1/C_5$，在低应变率下，应变率敏感增强项趋近于零。因此，这个修正模型在低应变率下接近原始 Johnson-Cook 模型，并且在单位应变率下，即 $\ln\dot{\varepsilon}^* = 0$ 时，和 Johnson-Cook 模型是相同的。利用准静态拉伸数据和 Taylor 碰撞测试数据，Rule 和 Jones 也提出了简单估计修正强度模型的 8 个系数的方法。

2. Johnson-Holmquist Concrete（HJC）模型[105]

该模型可以描述混凝土在大应变、高应变率和高压条件下的变形特征，在混凝土抗侵彻爆炸问题研究中，该模型应用非常广泛。

JHC 模型由强度模型（图 8-12）、损伤模型（图 8-13）和状态方程（图 8-14）三部分组成，HJC 模型的屈服面表示为压力、损伤和应变率的函数，体积压缩关系采用三阶段分段函数进行描述。

归一化的等效应力、压力和应变率定义为：

$$\sigma^* = \frac{\sigma}{f'_{\mathrm{c}}} = \frac{\sqrt{3J_2}}{f'_{\mathrm{c}}} \tag{8-45}$$

$$p^* = \frac{p}{f'_{\mathrm{c}}} \tag{8-46}$$

$$\dot{\varepsilon}^* = \frac{\dot{\varepsilon}}{\dot{\varepsilon}_0} \tag{8-47}$$

式中　J_2——偏应力张量的第二不变量；

　　　f'_{c}——准静态单轴压缩强度；

　　　$\dot{\varepsilon}_0$——参考应变率；$\dot{\varepsilon}_0 = 1.0\mathrm{s}^{-1}$。

屈服面上的归一化等效应力表示为：

$$\sigma^* = \left[a(1-D) + b(p^*)^n\right]\left[1 + c\ln(\dot{\varepsilon}^*)\right] \tag{8-48}$$

式中　a、b、c、n——材料常数；

　　　D——损伤参数，由等效塑性应变 $\Delta\varepsilon_{\mathrm{p}}$ 和塑性体积应变 $\Delta\mu_{\mathrm{p}}$ 累加得到。

$$D = \sum\frac{\Delta\varepsilon_{\mathrm{p}} + \Delta\mu_{\mathrm{p}}}{D_1(p^* + T^*)^{D_2}} \tag{8-49}$$

式中，D_1 和 D_2 是材料常数。

$$T^* = \frac{T}{f'_{\mathrm{c}}} \tag{8-50}$$

式中，T 是材料的最大拉伸静水压力。

材料压缩时，$p^* > 0$，损伤强度为：

$$DS = f'_c \cdot \min[\sigma^*_{\max}, a(1-D)+b(p^*)^n][1+c\ln(\dot{\varepsilon}^*)] \tag{8-51}$$

式中，$\sigma^*_{\max}$ 是归一化最大强度。

材料拉伸时，$p^* < 0$，损伤强度为：

$$DS = f'_c \cdot \max\left[0, a\left(1-D-\frac{p^*}{T}\right)\right][1+c\ln(\dot{\varepsilon}^*)] \tag{8-52}$$

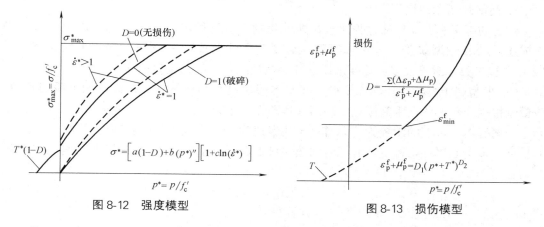

图 8-12　强度模型　　　　　　　　　　　　图 8-13　损伤模型

体积压缩关系（状态方程）采用三阶段分段函数进行描述，分别是弹性阶段、过渡阶段和压密阶段，见图 8-14。

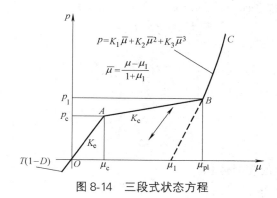

图 8-14　三段式状态方程

加载条件下：

$$p = \begin{cases} K_e\mu & \mu \leqslant \mu_c \\ p_c + K_c(\mu-\mu_c) & \mu_c \leqslant \mu \leqslant \mu_{pl} \\ p_l + K_1\overline{\mu} + K_2\overline{\mu}^2 + K_3\overline{\mu}^3 & \mu \geqslant \mu_{pl} \end{cases} \tag{8-53}$$

卸载条件下：

$$p = \begin{cases} K_e\mu & \mu \leqslant \mu_c \\ [(1-F)K_e + FK_1]\mu & \mu_c \leqslant \mu \leqslant \mu_{pl} \\ K_1\mu & \mu \geqslant \mu_{pl} \end{cases} \tag{8-54}$$

$$F = \frac{\mu_{\max}-\mu_c}{\mu_{pl}-\mu_c}; \quad \mu_1 = \frac{\rho_{grain}}{\rho_0} - 1 \tag{8-55}$$

式中 ρ_{grain}——介质的无空隙（密实状态下）密度；

$\quad\quad\rho_0$——介质的初始密度；

$\quad\quad\mu_{max}$——卸载开始前的最大体积应变。

另外，还有许多的材料模型可以描述金属和非金属材料的变性特征，比如描述金属材料的 Steinberg 模型，描述非金属材料的帽子模型和弹塑性流体动力学模型等。

3. 高能炸药燃烧模型

炸药的起爆和爆炸传播过程属于快速的化学反应过程，常通过 C-J 模型和 ZND 模型来描述。ZND 模型属于点火生成模型，需要输入炸药反应率方程参数和未反应炸药的 JWL 方程参数，对于大多数炸药来说这些参数缺乏足够的试验数据支撑。

C-J 模型属于高能炸药燃烧模型，其基本假设是炸药能量在冲击波阵面上瞬时释放。该模型根据炸药上各点距起爆点的距离和炸药爆速来确定每点的起爆时间，如某个炸药单元中心离起爆点位置的距离为 r_I，炸药 C-J 爆速为 D，则该单元的起爆时间为 $t_1 = r_I/D$，如果存在多个起爆点，各单元起爆时间按照最近起爆点距离计算。该模型定义爆炸产物压力为：

$$p = F p_{eos}(V, E) \tag{8-56}$$

式中 p_{eos}——依据爆轰产物状态方程计算得到；

$\quad\quad V$——相对体积；

$\quad\quad E$——每单位初始体积的内能密度；

$\quad\quad F$——燃烧函数（Burn Fraction，又称燃烧系数）。

$$F = \max(F_1, F_2) \tag{8-57}$$

其中：

$$F_1 = \begin{cases} \dfrac{2(t-t_I)DA_{emax}}{3V_e} & t > t_I \\ 0 & t \leqslant t_I \end{cases} \tag{8-58}$$

$$F_2 = \frac{1-V}{1-V_{CJ}} \tag{8-59}$$

式中 V_{CJ}——C-J 点处的相对体积；

$\quad\quad t$——当前时刻；

$\quad\quad V_e$——单元体积，对于三维计算；

$\quad\quad A_{emax}$——单元所有面中的最大面积；

V_e/A_{emin}——单元的最小特征尺寸。

如果 F 大于 1，取 $F=1$。

8.3.3   失效模型

在强动载作用下，材料出现很大的变形，可能出现诸如层裂、冲塞、破碎和飞溅等破坏现象，这些破坏现象在实际计算过程中也必须尽可能被仿真出来。因此，需要建议一种模型来判别材料极限状态满足的条件，并描述材料达到极限状态后的处理方法，这种模型就是失效模型。

实际计算过程中，失效模型都是以一个或多个物理量的组合达到某一破坏阈值来作为该单元的极限状态，一些材料模型中已经包含了失效判据，还有一些材料模型虽然不包含失效判据，但可以通过附加条件来达到相同的效果。以 LS-DYNA 软件为例，常用的弹塑性能动硬化模型、HJC 模型、弹塑性流体动力学模型都设置了物理量阈值（包括有效塑性应变、压力、累计损伤因子）作为破坏判据；绝大部分没有直接设置物理量破坏阈值的模型可以通过 ADD_EROSION 命令来附加物理量破坏阈值。

在处理大变形、大畸变问题时，通过设置失效判据可以使计算顺利进行下去，但是作为失效判据的物理量选取及其取值则直接控制了计算结果的可靠性，这需要大量的计算实践经验积累才能得到满意的计算结果。

使用侵蚀条件来删除单元存在很大局限性：一方面，它与质量守恒定律相悖，单元被删除后，模型的质量将会减小，在删除单元的局部区域会极大地影响介质的体积变形关系，因此影响可能比较明显；另一方面，单元删除后，必然引起模型内部接触条件的变化，由此带来的一系列问题将会直接影响计算结果的正确性。

1）直接删除单元后，如果在模型内部局部区域形成空腔，空腔内表面部分应力分量瞬间卸载为 0，由于空腔局部区域应力分布的不平衡，势必会在空腔表面形成向外传播的应力波，该应力波的诱发及其传播在实际情况下是不存在的，是由于内部接触条件的变化形成的。如果应力波的强度比较大，将会产生一系列连锁反应，比如在许多侵彻数值模拟算例中由于弹头周围区域单元被大面积删除而导致出现弹头在空洞中穿行的假象。

2）单元被删除后，形成自由面，极有可能在模型内部形成自由边界，自由边界之间的接触问题也对后续的计算结果具有重要的影响。如果自由面是拉伸破坏引起，那么自由面之间可以根据后面变形过程中的接触可能性来设置接触条件。如果破坏是由于剪切破坏所引起，对于混凝土和岩石类介质，剪切破坏以后，只要介质法向压应力存在，破坏介质传递剪应力的水平只是降低，而不会消失，因此必须设置自由面之间的接触条件来传递剪应力，否则会导致模型的内部单元交叉叠置现象。

3）单元被人为删除后，局部剪应力的消失还可能导致材料剪切体积变形预报不准确，比如材料的剪胀或剪缩问题，这在一些实际问题的分析中可能产生错误的结果，比如碳纤维布加固混凝土柱问题，初始地应力比较高区域的开挖支护问题。

8.4 瞬态现象的数值模拟

实现一次完整的数值模拟分析，需要先后进行空间离散化、材料模型选择、边界条件设置、求解方法设定和计算结果处理等过程，这其中每一个环节都对分析结果有不同程度的影响。

8.4.1 空间离散化

将控制偏微分方程组离散化为代数方程组进行求解是瞬态动力学程序设计的必由之路，其中，有限差分方法和有限元方法是最常用的两种方法。有限差分方法可称为对精确问题的近似解。有限差分法首先将拟求解问题的物理关系式转化为微分方程，然后用差分表达式来代替原微分方程、边界条件和初始条件，随后求解由此产生的代数方程。有限元法可称为对近似问题的精确解。有限元方法是在开始的时候就离散化要求解的连续介质。

首先引入近似，将无限自由度的连续介质用有限自由度的离散系统来表示，然后对近似方程进行精确求解。由于商业软件的广泛应用，使得有限元方法占据了控制地位。

对于与时间相关的问题，无论是通过哪种方法所得到的方程，都具有如下形式：

$$M\ddot{u} + C\dot{u} + Ku = F \tag{8-60}$$

式中　M、C、K 和 F——分别表示质量矩阵、阻尼矩阵、刚度矩阵和节点荷载向量；

　　　　u、$\dot{u}$ 和 $\ddot{u}$——分别为系统节点的位移、速度和加速度向量。

式（8-60）的求解可以通过不同的方法进行，主要包括显示算法和隐式算法，但最终的结果都是转化为一组代数方程组，通过求解代数方程组来得到解答。在研究爆炸冲击问题时多采用显式积分算法。

8.4.2　显式积分算法

运动平衡方程式（8-60）的数值求解方法常采用直接积分方法进行，直接积分方法就是对运动平衡方程进行直接逐步积分，一般分为中心差分法、Houbolt 法、Wilson-θ 法以及 Newmark 法等。这其中，中心差分法是显式方法，比较适用于高频分量丰富的波传播问题，其他三种方法属于隐式方法，更适用于低频占主导的动力学问题。由于冲击爆炸问题的高频分量非常丰富，常采用中心差分法进行求解。下面简单介绍中心差分法的求解过程和解法的稳定性条件。

假定初始时刻的位移 u_0 和速度 $\dot{u}_0$ 已知，求解时步长为 Δt。具体求解问题时假定在 0、Δt、$2\Delta t$、$\cdots$、$(n-1)\Delta t$，t 时刻 u，$\dot{u}$ 和 $\ddot{u}$ 的解已知，现在求 $t+\Delta t$ 的解答。中心差分法对加速度、速度的导数采用中心差分代替：

$$\ddot{u}_t = \frac{1}{\Delta t}\left(\frac{u_{t+\Delta t} - u_t}{\Delta t} - \frac{u_t - u_{t-\Delta t}}{\Delta t}\right) = \frac{1}{\Delta t^2}(u_{t-\Delta t} - 2u_t + u_{t+\Delta t}) \tag{8-61}$$

$$\dot{u}_t = \frac{1}{2\Delta t}(-u_{t-\Delta t} + u_{t+\Delta t}) \tag{8-62}$$

将式（8-61）和式（8-62）代入式（8-60），整理后得到：

$$\hat{M}u_{t+\Delta t} = \hat{R}_t \tag{8-63}$$

其中：

$$\hat{M} = \frac{1}{\Delta t^2}M + \frac{1}{2\Delta t}C \tag{8-64}$$

$$\hat{R}_t = F_t - \left(K - \frac{2}{\Delta t^2}M\right)u_t - \left(\frac{1}{\Delta t^2}M - \frac{1}{2\Delta t}C\right)u_{t-\Delta t} \tag{8-65}$$

求解式（8-63）可以得到 $t+\Delta t$ 时刻的节点位移向量 $u_{t+\Delta t}$，将 $u_{t+\Delta t}$ 代回几何方程和物理方程可以得到单元应变和单元应力等物理量。

需要指出的是，此算法在 $t=0$ 时刻，为了计算 $u_{\Delta t}$，除了初始条件 u_0 已知外，还需要知道 $u_{-\Delta t}$，此时可以利用式（8-61）和式（8-62）得到：

$$u_{-\Delta t} = u_0 - \Delta t\dot{u}_0 + \frac{\Delta t^2}{2}\ddot{u}_0 \tag{8-66}$$

上式中，u_0 和 $\dot{u}_0$ 由初始条件给出，加速度 $\ddot{u}_0$ 可以通过式（8-60）求出：

$$\ddot{u}_0 = M^{-1}(F_0 - C\dot{u}_0 - Ku_0)$$ (8-67)

从式 （8-61）～式 （8-67）可以看出，$t + \Delta t$ 时刻的解答 $u_{t+\Delta t}$ 是从一时刻 t 的运动平衡方程得到。在式 （8-63）中，刚度矩阵 K 出现在右端，当 M 和 C 是对角矩阵时，利用递推公式求解运动方程时不需要进行矩阵的求逆，仅需要进行矩阵乘法运算以获得式 （8-63）右端的有效荷载。该特点在非线性分析中将更有意义，因为非线性分析中，每个增量步的刚度矩阵需要修改，采用显式算法，避免了矩阵求逆，计算效率非常高。

中心差分法是有条件稳定的，即时间步长 Δt 必须小于临界时间步长 Δt_{cr}：

$$\Delta t \leqslant \Delta t_{cr} = \frac{2}{\omega_n} = \frac{T_n}{\pi}$$ (8-68)

式中 ω_n——系统的最高固有振动频率；

T_n——系统的最小固有振动周期。

理论上可以证明，系统中最小尺寸单元的最小固有震动周期 $\min(T_n^e)$ 恒小于或等于系统的最小固有振动周期，因此计算过程中只需要求解系统的 $\min(T_n^e)$ 即可。将 $\min(T_n^e)$ 代入式 （8-68）中可以确定临界时间步长 Δt_{cr}。由此可见，系统中的最小单元决定了中心差分法中时间步长的选择，它的尺寸越小，则 Δt_{cr} 越小，从而使计算量增大。但是也不能为了降低计算量而过分增大单元尺寸，这样会使解答失真。实际计算过程中，常用近似方法估算 Δt 以避免精确计算网格的最小周期。对于平面应变问题，可取：

$$\Delta t \leqslant \alpha \frac{L}{c_p} = \alpha L \sqrt{\left[\frac{\rho(1+\mu)(1-2\mu)}{E(1-\mu)}\right]}$$ (8-69)

式中 L——任意两个节点之间的最小长度；

α——时间步长因子；

c_p——介质中压缩波速。

对于低频成分占优的结构动力响应问题，中心差分法就不太合适，从计算精度考虑，可以使用较大的时间步长，不必要因 Δt_{cr} 的限制而使时间步长太小，同时，结构动力响应中时间域尺度通常远大于波传播问题的时间域尺度，如果时间步长过小，计算工作量将非常庞大。另外过多的计算时间步长又会使计算误差累积放大，小的时间步长还会耦合许多高阶不精确特征解对系统响应产生影响，此时推荐使用隐式算法。

8.4.3 Lagrangian 和 Euler 网格描述

求解方程需要至少一个参考坐标系统，其中 Lagrangian 坐标系统是固体力学最常用的坐标系统。在拉格朗日坐标系统中，材料嵌入到网格中，网格和材料一起变形和运动。由于不需要处理输运算法，因此每个循环中花费的计算量较少。拉格朗日计算中很容易确定时间历史以及材料或结构的界面。在实际计算过程中，拉格朗日算法对于严重的网格扭曲问题以及相互分离的材料发生混合等问题，效率很低，甚至无法求解，此时需要采用欧拉算法。

与拉格朗日算法相比，欧拉算法将计算网格固定在空间上而不随物体运动，材料可以在固定的网格间传输。由于计算过程中单元形状不发生变化，因此欧拉算法特别适合于处理冲击和爆炸等大变形问题。由于需要考虑物质的运动，因此欧拉网格的范围要大于拉格朗日网格，在初始阶段会存在大量的空单元，而拉格朗日算法则没有。

欧拉算法有多种实现方法，比如在计算偏导数时直接引入材料输运项，这常用在一些流体动力学软件中。另外，也可以在每个时间步长里先进行拉格朗日计算，然后再单独计算材料输运项，这在一些基于拉格朗日软件升级改造而来的欧拉程序中，比如 LS-DYNA 软件。

欧拉单元中，质量、动量和能量守恒方程可以写成：

$$\frac{\partial \rho}{\partial t} = -\frac{\partial(\rho u_i)}{\partial x_i} \tag{8-70}$$

$$\rho \frac{\mathrm{D} u_j}{\mathrm{D} t} = \frac{\partial(\sigma_{ij})}{\partial x_i} \tag{8-71}$$

$$\rho \frac{\mathrm{D} E_\mathrm{T}}{\mathrm{D} t} = \frac{\partial(\sigma_{ij} u_j)}{\partial x_i} \tag{8-72}$$

式中　E_T——单位质量的总能量（动能加内能）；

σ_{ij}——应力张量，定义为静水应力 $-\delta_{ij} p$ 以及应力偏量张量 S_{ij} 之和。

$$\sigma_{ij} = S_{ij} - \delta_{ij} p \tag{8-73}$$

上式中的 $\frac{\mathrm{D}}{\mathrm{D} t}$ 称为物质导数，它表示为：

$$\frac{\mathrm{D}}{\mathrm{D} t} = \frac{\partial}{\partial t} + u_i \frac{\partial}{\partial x_i} \tag{8-74}$$

式中　$\dfrac{\mathrm{D}}{\mathrm{D} t}$——全导数，它的物理意义是运动的流体微元随时间的变化率；

$\dfrac{\partial}{\partial t}$——局部导数，其物理意义是在固定点的时间变化率；

$u_i \dfrac{\partial}{\partial x_i}$——迁移导数，其物理意义是流动微元在流场中从一个位置到另一个位置运动的时间变化率。

流动特性在流场中不同的空间是不同的，全导数可用于任何流场变量。

利用迁移导数的定义和一些基本的运算，可以将守恒方程重新写成更简单的形式：

$$\frac{\partial \rho}{\partial t} = -\frac{\partial(\rho u_i)}{\partial x_i} \tag{8-75}$$

$$\frac{\partial(\rho u_j)}{\partial t} = \frac{\partial(\sigma_{ij})}{\partial x_i} - \frac{\partial(\rho u_i u_j)}{\partial x_i} \tag{8-76}$$

$$\frac{\partial(\rho E_\mathrm{T})}{\partial t} = \frac{\partial(\sigma_{ij} u_j)}{\partial x_i} - \frac{\partial(\rho u_i E_\mathrm{T})}{\partial x_i} \tag{8-77}$$

用积分方程代替微分方程对求解是有利的，这些积分方程是通过对单元体积 V 的积分得到的，然后把散度体积积分转化为对单元的表面积分，所以上式可变为：

$$\frac{\partial}{\partial t} \int_V \rho \, \mathrm{d}V = -\int_S \rho u_i n_i \, \mathrm{d}S \tag{8-78}$$

$$\frac{\partial}{\partial t} \int_V \rho u_j \, \mathrm{d}V = \int_S \sigma_{ij} n_i \, \mathrm{d}S - \int_S \rho u_i u_j n_i \, \mathrm{d}S \tag{8-79}$$

$$\frac{\partial}{\partial t} \int_V \rho E_\mathrm{T} \, \mathrm{d}V = \int_S \sigma_{ij} u_j n_i \, \mathrm{d}S - \int_S \rho u_i E_\mathrm{T} n_i \, \mathrm{d}S \tag{8-80}$$

将上面的积分守恒关系式表达为时间步长为 Δt 的有限差分方程，也可以将总应力 σ_{ij} 分解为它的偏量和静水压力部分。

下面是单元内总质量（m）增量、动量增量（mu_j）和能量增量（mE_T）的表达式：

$$\Delta m = -\Delta t \int_S \rho u_i n_i \, dS \tag{8-81}$$

$$\Delta (mu_j) = -\Delta t \int_S p n_j \, dS + \Delta t \int_S S_{ij} n_i \, dS - \Delta t \int_S (\rho u_i u_j) n_i \, dS \tag{8-82}$$

$$\Delta (mE_T) = -\Delta t \int_S p u_i n_j \, dS + \Delta t \int_S S_{ij} u_j n_i \, dS - \Delta t \int_S (\rho u_i E_T) n_i \, dS \tag{8-83}$$

式中，等式右边的项分别为由于作用在单元表面的压力而产生的增量（第一项），由于作用在单元表面的应力偏量而产生的增量（第二项），以及通过单元表面的质量、动量和能量的输运所引起的增量（第三项）。在每个时间步长，所有单元的更新都包含三个阶段：

（1）第一阶段是压力的影响；

（2）第二阶段是应力偏量的影响；

（3）第三阶段是输运的影响。

常见的欧拉程序往往结合了压力影响和应力偏量计算，因此计算中只利用两个阶段。第一个阶段被称为拉格朗日阶段，第二个阶段是重新划分网格，其间物质从一个单元被划分（输运）到另一个单元。这样，欧拉算法就可以简单表示为：欧拉＝拉格朗日＋填充。

在拉格朗日计算中，材料不能从单元中穿过，所以上面的阶段一加上阶段二的共同作用等价于拉格朗日计算。随后，剩下的"填充"是在给定时间步长内由空间区域内运动的物质完成。

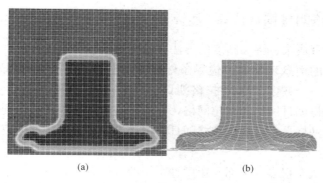

(a)   (b)

图 8-15 泰勒杆冲击问题

（a）欧拉算法；（b）拉格朗日算法

8.4.4 任意拉格朗日-欧拉（ALE）方法

许多问题可以用拉格朗日程序来求解，但对于处理大变形和网格畸变问题比较困难。欧拉程序能克服上述问题，但在每个时间步长都需要更多的计算工作量，同时，由于必须预测材料将会流向哪里，这也将需要更多的网格。因此，必须寻找能综合欧拉法和拉格朗日法优点的方法，用以处理诸如大变形发生在整个网格的局部区域的问题。任意拉格朗日-欧拉（ALE）方法就是这样的方法。

ALE算法的目的是保留欧拉算法和拉格朗日算法各自的优点，最小化它们的缺点。ALE算法中，计算网格可以在空间中以任意的形式运动，即可以独立于物质坐标系和空间坐标系运动。这样通过规定合适的网格运动形式可以准确地描述物体的移动界面，并维持单元的合理形状。类似于欧拉描述，在ALE算法中的控制方程中也将出现对流项。纯拉格朗日和纯欧拉算法实际上是ALE描述的两个特例，即当网格的运动速度等于物体的运动速度时就退化为拉格朗日描述，而当网格固定于空间不动时就退化为欧拉描述。

手动重分区方法是一阶精度，大多数ALE算法是二阶精度，因此，ALE算法有精度上的优越性。

一个ALE时间步长包括如下内容：

（1）执行一个拉格朗日时间步长。（2）执行一个输运步：①确定哪个节点移动；②移动边界节点；③移动内部节点；④输运单元中心变量；⑤输运和更新动量。

与ALE算法相对应，一个欧拉计算时间步长包括：

（1）执行一个拉格朗日时间步长。

（2）执行一个输运步：①储存节点到原始坐标；②输运单元中心变量；③输运和更新动量。

每个单元输运步的计算成本通常大于拉格朗日步。输运步的绝大部分时间都用来计算相邻单元的材料输运，只有很小一部分时间用于计算怎样调整和哪里的网格应该调整。因此，使ALE计算成本最小化的简单方法是每隔几个时间步长执行它们。输运步的计算成本一般为拉格朗日时间步长的$2\sim5$倍，通常情况下每10个时间步长执行一个输运步，ALE的计算成本会减少$2/3$，同时不会对时间步长的大小有不利的影响。

8.4.5　欧拉-拉格朗日耦合计算

另一种降低计算成本、提高精度的方法，是网格既包含欧拉区域，又包括拉格朗日区域，两种网格之间的信息转换通过边界条件完成，但计算中没有ALE方法的网格运动，信息转换通过明确一个或多个欧拉-拉格朗日边界来完成。实际计算过程中，可以采用不同的方法来耦合拉格朗日网格和欧拉网格，比如从欧拉网格中计算得到压力，作为荷载边界作用到拉格朗日网格上；或者从拉格朗日网格边界获得速度，作为速度边界条件作用到欧拉网格上。

耦合计算的方法有很多，下面介绍两种常用的处理方法。

1. Noh耦合方法

最早的欧拉-拉格朗日耦合方法（简称为CEL）是由Noh于1964年提出的，其具体的思路如下：

第一步，根据当前欧拉物质的压力计算出作用在拉格朗日区域表面的作用力，从而计算出拉格朗日区域运动，如果运动比较小，则可以在欧拉计算前多运行几个拉格朗日时间步长；

第二步，根据拉格朗日区域的位移，重新确定拉格朗日区域与欧拉区域界面位置，然后对因界面变化而形成的不规则欧拉网格进行离散；

第三部，对离散的欧拉网格重新求解，得到新的压力参数，作为下一时间步长的拉格朗日区域的作用荷载。

总之，在Noh耦合算法中，拉格朗日边界上的速度为欧拉计算提供了动能约束，而欧拉材料的压力为拉格朗日区域提供了加载力。

2. 罚函数法

欧拉-拉格朗日耦合算法中的罚函数方法与通常的接触算法类似，在一个时间步长开始时，拉格朗日节点在欧拉网格中的位置是已知的，利用上一步计算得到的界面压力，可以计算出拉格朗日区域和欧拉区域的运动状况，进而求得欧拉物质与拉格朗日节点的相对位移。然后，对拉格朗日网格和欧拉网格均施加一个基于相对位移的罚函数力：

$$\overline{F}_P = k_P \overline{d}_P$$
$$\overline{d}_n = (\overline{d} \cdot \hat{n}) \cdot \hat{n}$$
$$\overline{d}_t = \overline{d} - \overline{d}_n$$

(8-84)

式中　k_P——罚函数刚度；

　　　$\overline{d}_P$——罚函数位移，包括法向位移分量 $\overline{d}_n$ 和切向位移分量 $\overline{d}_t$；

　　　$\overline{d}$——真实位移；

　　　$\hat{n}$——拉格朗日节点向外法线矢量。

符号"·"表示矢量的点积；罚函数力只在欧拉节点与拉格朗日节点产生脱开位移时才施加。

8.4.6　光滑粒子流体动力学方法

为了克服计算过程中网格畸变带来的问题，20 世纪 70 年代开始，陆续出现了一些新的数值方法，即无网格法，比如光滑粒子流体动力学方法（SPH）、无单元迦辽金方法（EFG）、再生核粒子方法（RKPM）等。其中 SPH 方法已被广泛用来求解冲击爆炸问题。

SPH 方法是一种拉格朗日数值计算方法，其离散化过程不需要划分单元，而是使用固定质量的运动点，即粒子，通过运动粒子的积分方程进行求解，所需的基本方程同样是守恒方程和本构方程。从计算的角度看，SPH 方法使用有一定流动速度的运动粒子集来描述物理流场，每个粒子就是已知流场特性的插值点，整个问题的解答通过这些粒子的规则插值函数得到，守恒方程则用通量或粒子内力等效表达。

SPH 算法使用一系列粒子将求解区域离散化，并应用这些离散粒子来构造近似函数，对问题进行求解。由于粒子之间无固定连接，因此计算过程中不会出现网格畸变问题。每个粒子具有一定的质量、坐标、速度和内能等，在 SPH 算法中，通过核函数来逼近区域内任意粒子周围的场变量。例如，图 8-16 中粒子 I 处的密度可以表示为：

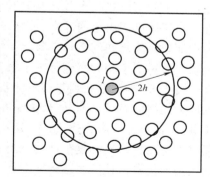

$$\rho^I = \sum_{i=1}^N m^J W^{IJ}(X^I - X^J, h)$$

(8-85)

图 8-16　核函数密度计算示意图

式中　N——粒子 I 周围的有效粒子数；

　　　m^J——粒子 J 的质量；

　　　X——粒子的中心位置；

　　　h——平滑长度；

W^{IJ}——核函数，见式（8-86）。

$$W(x,h)=\frac{1}{h(x)^d}\theta(x) \tag{8-86}$$

$$\theta(u)=C\times\begin{cases}1-1.5u^2+0.75u^3 & |u|\leqslant1\\0.25(2-u)^3 & 1\leqslant|u|\leqslant2\\0 & |u|>2\end{cases} \tag{8-87}$$

式中 d——空间维数；

   θ——常用立方 B 样条函数定义；

   C——依赖于空间维数的常数。

按照核函数的概念，对守恒方程组进行离散，然后进行求解。

平滑长度是每个粒子参加运算时确定与其发生关系的邻域空间步长，若取值过小，则在搜索域内不能对粒子提供足够的作用力，从而降低计算精度；若取值过大，则质点的详细特征和局部性质可能被抹平，同样会降低精度。因此，要想保持质点连续变量近似值有效，就必须保证在邻域内有足够数量的质点。

计算实践证明，与其他算法相比，SPH 算法存在以下优点：

（1）没有网格缠结，处理大变形有先天优势；

（2）前处理简单，不需要生成网格；

（3）跟踪材料交界面高效便捷。

不足主要包括：

（1）计算时间步长小；

（2）容易出现速度过大和密度过小的问题；

（3）计算速度偏慢。

8.4.7   接触-碰撞算法

计算过程中的任意一个时间步长内，所有拉格朗日网格中的节点都存在运动的可能性，当不同实体之间有较大相对位移发生时，必然会产生接触、脱开和叠置等现象。另外，在实体内部由于内部裂纹的形成或者钢筋混凝土中钢筋和混凝土之间的接触滑移，也会形成单元体之间的接触现象。接触面的出现破坏了连续介质力学的应变协调方程，这给有限元程序的编制和实施带来了很大的困难。

自 1964 年劳伦斯利弗莫尔国家实验室（LLNL）发布 HEMP 程序之后，接触算法逐渐成为拉格朗日流体动力学软件的一个重要组成部分。HEMP 中使用的滑移面算法在 Wilkins 的著作中有描述[106]。后来发展的算法都是在 Wilkins 工作的基础上发展起来的。随着模拟对象规模和复杂性的不断发展，检测和模拟接触问题已经成为很多领域感兴趣的问题，如机器人技术、结构撞击和倒塌、地质灾害演化问题等。

处理接触问题主要采用拉格朗日乘子技术和罚函数方法。拉格朗日乘子技术通过确定贯穿修正力和位移来确保不出现渗透现象。这个方法既不需要任何额外的参数，也不需要提供滑移摩擦参数。罚函数方法对嵌入节点施加罚力，并让时间积分来修正节点嵌入。罚函数方法非常适用于能量的释放发生在一个相当长的时间尺度（毫秒到秒）内的情况，例如汽车碰撞。嵌入不需要在每一个时间步长内都要做精确修正，而且接触力没有全局参量那么重要；相反，对于高速动力学问题，如撞击和侵彻，相关的物理过程发生在一个小的区域内，因此穿过接触区域的应力和波传播需要以很高的精度来确定，而拉格朗日乘子技术非常适合于这样的问题。

由于接触问题不满足介质的连续性条件，因此无法直接通过有限元方程来描述接触。为了保证运行时间的可控性，必须采用一些程序来限制需要考虑嵌入和滑移过程的节点数量，以降低搜索的计算成本。由于接触发生在不可预知的时刻和不同表面上的不可预知的位置，因此每一个时间步长内必须在所有表面上进行接触判断。接触面（或滑移面）算法需要随时预测计算过程中材料的接触或分离。典型例子包括大密度梯度的情况，如气体和液体或固体墙壁的相互作用，一个物体被另一个物体侵彻，撞击物体的刚性接触或变形接触，大剪切变形发生的区域和内部断裂导致材料分离和再压缩。

拉格朗日系统的接触计算过程一般包括以下几部分：

（1）确定组成主表面的节点系列。

（2）确定组成从表面的节点系列。

（3）对于每一个时间增量，对主节点和从节点都应用运动方程。

（4）通过下面的方式检查指定接触表面（滑移线）的相互作用：①定义搜索区域；②检查每个嵌入到主表面的从节点。如果嵌入接触发生，那么程序将会采取措施。两个最常用的方法是将从节点沿垂直主表面方向移动到主表面（又称之为拉格朗日乘子技术），或插入一个线性的弹簧类型的恢复力，逐渐将嵌入的节点拉回到主表面上（又称之为罚函数法）。

（5）一旦嵌入的从节点回到主表面，线动量和角动量守恒就会被激活，如果施加摩擦力，间隙将会打开（如果拉伸力存在）。

（6）对每个计算时间步长，都重复上述过程。

接触-碰撞问题属于最困难的非线性问题之一，因为在接触-碰撞问题中的响应是不平滑的。当发生碰撞时，垂直于接触界面的速度是瞬时不连续的。当出现摩擦滑移时，沿界面的切向速度也是不连续的。接触-碰撞问题的这些特点给离散方程的时间积分带来明显的困难。在一些接触面比较多的计算问题中，处理接触问题很容易占到至少 80% 的运行时间，因此，方法和算法的适当选择对于数值分析的成功是至关重要的。

目前，在一些商业软件中，为了简化有限元模型，同时提高接触搜索的准确性，而不再区分主从节点，即主从节点（面）的选择是任意的。由于单向搜索变换为双向搜索，因此搜索的计算成本会大大增加。

8.4.8　人工黏性

所有结构动力学和流体动力学程序的数学基础都假设研究对象是连续介质，而冲击波在数学上是不连续的，允许具有连续介质属性的程序来处理在数学上不连续的冲击波是引入人工黏性的主要原因。

按照数学观点，冲击波是一个人为的没有厚度的几何面，在这个面上压力、速度和密度等物理量均出现间断，而在这个间断处，原来的微分方程已经失去意义，必须换成冲击波条件。以冲击波条件为内边界，并提供给冲击波两侧流动所确定的边界值，分别在冲击波两边解微分方程，这必然要引起许多求解上的困难：首先是冲击波阵面相对于所划分的时空网格有相对运动；其次，冲击波的运动也是未知的，因而计算很难实现。另一方面，从物理上讲，由于介质本身的黏性效应和扩散效应，激波阵面并非是一个无厚度的几何面，它有一定的宽度，在此宽度区间内，物理量是连续变化的。从物理上讲，当流体运动允许有"黏性"效应时，原有的任何强度冲击波的物理量在激波区域的变化都是连续的。为了研究双曲型方程间断解的性质，人们会很自然地想到用相应的具有小参数的抛物形方程去逼近它的解。通过在方程（组）中的某些项上加上人为的耗散项（人工黏性）便可以构造出一个具有一定宽度（几个空间步长）的激波过渡区，在此区域内，冲击波作为一个光滑但又急剧地改变的层自动地显示出来，无需作特殊的处理。具体地说，有两个要求：第一，由于人工黏性是外加到方程中去的，因此要求在冲击波过渡区域以外，人工黏性项的效应必须很快消失，同时在过渡区的两侧的物理量是可以近似地满足 Hugoniot 条件；第二，过渡区的范围应限制在几个空间步长以内，随着计算的进行，这个区域不会扩大，而且过渡区移动的速度应逼近于真实的激波传播速度。最早提出的人工黏性的具体形式，是在压力项上加一人工黏性项，由于是由数学家 J. Von. Neumann 和 R. D. Richtmyer 提出的，因此又称"N-R 黏性"。人工黏性项最初的表达式为：

$$Q_n = \begin{cases} \dfrac{\alpha_n^2 \Delta x^2}{v} \left(\dfrac{\partial U}{\partial X}\right)^2 & \dfrac{\partial U}{\partial X} < 0 \\[4mm] 0 & \dfrac{\partial U}{\partial X} \geq 0 \end{cases} \tag{8-88}$$

式中，α_n 为一常数。

由于人工黏性的作用是耗散冲击波的，因而只有对冲击波才起作用，这就要求只有当 $\dfrac{\partial U}{\partial X} < 0$ 时，才提供给正值的人工黏性，而当 $\dfrac{\partial U}{\partial X} \geq 0$ 时，由于流动是稳定的或者流动中出现膨胀，按照热力学第二定理，这个状态是连续变化的，且熵值并不改变，因而人工黏性应该为零。如果提供负值的人工黏性，相当于流动中出现负的冲击波，这在物理上是不可能的，式（8-88）的规定恰好符合物理图像。

N-R 黏性为非线性的二次黏性，在很多情况下，其计算出来的结果是正确的，但在反射边界处（如固壁边界附近，或者冲击波由轻介质向重介质传播）和接触阶段相互作用处，加上 N-R 黏性后计算所得的结果，密度会出现不太正确的结果，若方程中考虑能量关系，则能量的计算也不太准确；另外，N-R 黏性的系数 α_n 如果选取不当，会使波后出现剧烈的振荡而不能消除。为了抑制波后振荡的发展，一些人提出加线性人工黏性项，其形式为：

$$Q_1 = \begin{cases} \dfrac{\alpha_1 \Delta x C}{v} \left| \dfrac{\partial U}{\partial X} \right| & \dfrac{\partial U}{\partial X} < 0 \\[4mm] 0 & \dfrac{\partial U}{\partial X} \geq 0 \end{cases} \tag{8-89}$$

式中，α_1 为一常数，C 为局部声速。

计算试验和理论推导证明，加线性人工黏性抹平激波的宽度是无限的，而加非线性人工黏性抹平激波的宽度则是有限的；此外，对于二次非线性黏性，过渡区宽度与激波强度无关，对于线性黏性，过渡区宽度与激波强度有关。

二次非线性黏性在计算中会出现间断处人为的振荡，而线性黏性对抑制波后的振荡有良好的作用，但其又使得激波的过渡区变宽，比较合理的方法是两者的组合，一般取线性组合形式：

$$Q = Q_1 + Q_n \tag{8-90}$$

8.4.9 "砂漏黏性"介绍

非线性动力分析程序面临最大的困难之一是计算时步多，计算工作量很大。而采用单点高斯积分的单元可以极大地节省数据存储量和运算规模。但是单点积分可能引起零能模式，也称沙漏模态，需要加以控制。

1. 零能模式出现的原因

以 LS-DYNA 软件为例，计算单元内力时，应力增量 $\dot{\sigma}\Delta t$ 由应变率 $\dot{\varepsilon}$ 根据材料本构关系求出。而应变率 $\dot{\varepsilon}$ 与单元速度场 $\dot{x}_1$、$\dot{x}_2$、$\dot{x}_3$ 有关，对于 8 节点六面体实体单元内任意点的速度分量为：

$$\dot{x}_i(\xi,\eta,\zeta,t) = \sum_{k=1}^{8} \phi_k(\xi,\eta,\zeta)\dot{x}_i(t) \tag{8-91}$$

$$\phi_k(\xi,\eta,\zeta) = \frac{1}{8}(1+\xi_k\xi)(1+\eta_k\eta)(1+\zeta_k\zeta)$$

$$= \frac{1}{8}(1+\xi_k\xi+\eta_k\eta+\zeta_k\zeta+\xi_k\eta_k\xi\eta+\eta_k\zeta_k\eta\zeta+\xi_k\zeta_k\xi\zeta+\xi_k\eta_k\zeta_k\xi\eta\zeta) \tag{8-92}$$

式中，$k=1$、2、$\cdots$、8 是节点的自然坐标值，见表 8-3。

节点的自然坐标值 表 8-3

节点	1	2	3	4	5	6	7	8
ξ	-1	1	1	-1	-1	1	1	-1
η	-1	-1	1	1	-1	-1	1	1
ζ	-1	-1	-1	-1	1	1	1	1

式（8-91）用矩阵表达为：

$$\dot{x}_i(\xi,\eta,\zeta,t) = \frac{1}{8}(\Sigma^{\mathrm{T}}+\Lambda_1^{\mathrm{T}}\xi+\Lambda_2^{\mathrm{T}}\eta+\Lambda_3^{\mathrm{T}}\zeta+\Gamma_1^{\mathrm{T}}\xi\eta+\Gamma_2^{\mathrm{T}}\eta\zeta+\Gamma_3^{\mathrm{T}}\zeta\xi+\Gamma_4^{\mathrm{T}}\xi\eta\zeta)\{\dot{x}_i^k(t)\}$$

$$\tag{8-93}$$

式中，$k=1$、2、3、$\cdots$、8；Σ、Λ_1、Λ_2、Λ_3、Γ_1、Γ_2、Γ_3 和 Γ_4 为基矢量，其表达式为：

$\Sigma = [1\ \ 1\ \ 1\ \ 1\ \ 1\ \ 1\ \ 1\ \ 1]^{\mathrm{T}}$；$\Lambda_1 = [-1\ \ 1\ \ 1\ \ -1\ \ -1\ \ 1\ \ 1\ \ -1]^{\mathrm{T}}$

$\Lambda_2 = [-1\ \ -1\ \ 1\ \ 1\ \ -1\ \ -1\ \ 1\ \ 1]^{\mathrm{T}}$；$\Lambda_3 = [-1\ \ -1\ \ -1\ \ -1\ \ 1\ \ 1\ \ 1\ \ 1]^{\mathrm{T}}$

$\Gamma_1 = [1\ \ -1\ \ 1\ \ -1\ \ 1\ \ -1\ \ 1\ \ -1]^{\mathrm{T}}$；$\Gamma_2 = [1\ \ 1\ \ -1\ \ -1\ \ -1\ \ -1\ \ 1\ \ 1]^{\mathrm{T}}$

$\Gamma_3 = [1\ \ -1\ \ -1\ \ 1\ \ -1\ \ 1\ \ 1\ \ -1]^{\mathrm{T}}$；$\Gamma_4 = [-1\ \ 1\ \ -1\ \ 1\ \ 1\ \ -1\ \ 1\ \ -1]^{\mathrm{T}}$

式中，上标 T 代表转置。

基矢量 Σ、Λ_1、Λ_2、Λ_3、Γ_1、Γ_2、Γ_3 和 Γ_4 的模态如图 8-17 所示。

单元的速度场由基矢量 Σ、Λ_1、Λ_2、Λ_3、Γ_1、Γ_2、Γ_3 和 Γ_4 组成，其中，基矢量 Σ 反映单元的刚体平移运动，基矢量 Λ_1 反映单元的拉压变形，基矢量 Λ_2 和 Λ_3 反映单元的

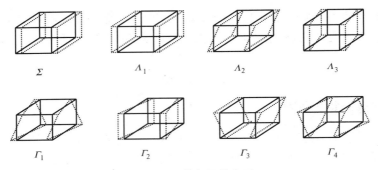

图 8-17　基矢量模态图

剪切变形。基矢量 Γ_1、Γ_2、Γ_3 和 Γ_4 称为沙漏基矢量。

在计算单元的应变率时，需要计算形函数在单元形心（$\xi=\eta=\zeta=0$）处的导数，包括：$\left\{\dfrac{\partial \phi_k}{\partial x_1}\right\}_{\xi=\eta=\zeta=0}$、$\left\{\dfrac{\partial \phi_k}{\partial x_2}\right\}_{\xi=\eta=\zeta=0}$ 和 $\left\{\dfrac{\partial \phi_k}{\partial x_3}\right\}_{\xi=\eta=\zeta=0}$，而：

$$\begin{bmatrix}\dfrac{\partial \varphi_k}{\partial x_1} & \dfrac{\partial \varphi_k}{\partial x_2} & \dfrac{\partial \varphi_k}{\partial x_3}\end{bmatrix}^{\mathrm{T}} = \begin{bmatrix}J\end{bmatrix}^{-1}\begin{bmatrix}\dfrac{\partial \varphi_k}{\partial \xi} & \dfrac{\partial \varphi_k}{\partial \eta} & \dfrac{\partial \varphi_k}{\partial \zeta}\end{bmatrix}^{\mathrm{T}} \tag{8-94}$$

在单元形心处有：

$$\frac{\partial \varphi_k}{\partial \xi}=\frac{1}{8}\xi_k=\frac{1}{8}\Lambda_{1k}, \quad \frac{\partial \varphi_k}{\partial \eta}=\frac{1}{8}\eta_k=\frac{1}{8}\Lambda_{2k}, \quad \frac{\partial \varphi_k}{\partial \zeta}=\frac{1}{8}\zeta_k=\frac{1}{8}\Lambda_{3k} \tag{8-95}$$

从式（8-95）可以看出，单点高斯积分时单元变形的沙漏模态被丢失，即它对单元变形能的计算没有影响，故称为零能模态。在动力计算时，沙漏模态将不受控制，计算结果会出现数值振荡。

2. 零能模态的控制

如何控制零能模态，使之不出现沙漏模态失去控制，在 LS-DYNA 程序中采用沙漏黏性阻尼来控制。这里介绍常用的标准算法。

在单元各个节点处沿 x_i 方向引入沙漏黏性阻尼力为：

$$f_{ik}=-a_k\sum_{j=1}^{4}h_{ij}\Gamma_{jk}(i=1,2,3 \quad k=1,2,\cdots,8) \tag{8-96}$$

式中　h_{ij}——沙漏模态的模，其表达式见式（8-97）。

$$h_{ij}=\sum_{k=1}^{8}\dot{x}_i^k\Gamma_{jk} \tag{8-97}$$

负号表示沙漏阻尼力分量 f_{ik} 的方向与沙漏模态 Γ_{ij} 的变形方向相反。

$$a_k=\frac{1}{4}Q_{hg}\rho V_{\mathrm{e}}^{2/3}C \tag{8-98}$$

式中　V_{e}——单元体积；

　　　C——材料声速；

　　　Q_{hg}——用户定义的无量纲常数，通常取值 $0.05\sim0.15$；

　　　ρ——当前质量密度。

8.4.10　有限域边界条件

受计算硬件条件的影响，数值计算模型只能描述有限区域，而实际问题往往较数值模型包含的空间大得多，这就涉及对有限区域数值模型边界的处理问题，使其能够最大程度上考虑边界外区域对数值模型的作用。目前处理有限区域动力问题边界条件的方法主要是以 Lysmer 于 1969 年提出的模型为基础发展而来。

Lysmer 边界条件认为，为了保证边界上没有应力波能量被反射回来，建议沿有限模型的边界上人为施加两个方向的黏性阻尼分布力：

$$\left.\begin{aligned}\sigma_n &= \rho c_p v_n \\ \sigma_s &= \rho c_s v_s\end{aligned}\right\} \tag{8-99}$$

式中　σ_n、σ_s——分别是边界上的正应力和剪应力；

　　　c_p、c_s——分别是压缩波和剪切波的波速；

　　　v_n、v_s——分别是边界上法向和切向质点运动速度。

Lysmer 边界条件为一阶精度局部人工边界，由于其只考虑了对散射波的吸收，不能模拟计算区域内部初始应力场的作用，也无法直接模拟静力和动力荷载的共同作用问题。Deeks 在黏性边界的基础上提出了黏弹性人工边界的概念，即在人工边界处设置一系列由线性弹簧和阻尼器组成的简单力学模型，通过阻尼器吸收传播向人工边界的应力波能量和反射波的散射，从而模拟应力波在人工边界的透射作用。同时通过线性弹簧来模拟人工边界处无限域地基弹性恢复力对模型的作用。该局部人工边界条件与边界处的位移和速度相关：

$$\left.\begin{aligned}\sigma_n &= \rho c_p v_n + \alpha_n G/R \text{（法向）} \\ \sigma_s &= \rho c_s v_s + \alpha_s G/R \text{（切向）}\end{aligned}\right\} \tag{8-100}$$

式中　α_n、α_s——分别为法向与切向黏弹性人工边界修正系数；

　　　G——人工边界处介质的剪切模量；

　　　R——散射波源到人工边界的距离。

黏弹性人工边界经过必要的修正可以模拟静力学问题，主要的修正手段是调整与弹簧刚度相关的系数 α_n 和 α_s。

还有一种边界处理方法也可以处理静-动力耦合作用边界问题，就是将式中的后一项直接换成初始静荷载，即在进行动力分析前，计算模型内部若存在不为零的初始应力，在计算模型边界上必须有一组力来平衡。如果能将该初始静力平衡状态转变为一个动力平衡状态作为动力荷载的一部分嵌入到动力分析过程中，和后续的动力荷载共同作用就达到计算目的。这样，仅仅通过常规的动力分析，就可以完整地模拟静力和动力的共同作用过程。该方法不仅避开了设置弹簧元件带来的一系列问题，而且对于实测的初始应力应变场的输入也很方便，这在分析深埋地下工程动力变形和破坏问题时显得非常重要。

8.5　数值计算实践

8.5.1　数值计算误差的主要来源

瞬态问题的计算由于问题的复杂性，使得计算精度和可靠性常常很难保证。主要的计算误差来源于下面 4 种情况。

1）网格划分。商业程序中，用户有很多可用的单元选择，使用者可以选择一种或几种进行组合。为了控制单元数量，可以改变单元纵横比，选择均匀或变化的网格，甚至引入不连贯的网格。所有这些在某种程度上都会影响求解结果。其次，变化曲率比较大的区域无法完全用直线段描述。理论研究表明，采用较大的单元尺寸时，会过滤掉介质中应力波传播的高频部分，而应力波高频部分常常控制着介质的局部破坏效应。网格划分质量的高低直接影响着数值模拟的精度，而其往往容易被初学者所忽略，对于波传播问题，网格相关性。

2）解法的选择。对于同一个问题的求解，可以选择不同的解法，比如，对于射弹侵彻问题，最常用的是拉格朗日方法，但涉及侵蚀算法，侵蚀破坏阈值的确定随意性比较大，模拟结果存在很大的不确定性。侵彻问题由于变形大，拉格朗日单元畸变剧烈，也可以使用欧拉算法、ALE算法、SPH算法、EFG算法等，不同的方法各有其优缺点和适应性。根据程序的功能特点和对问题的认识，通常可以组合使用来提高计算的效率和精度。

3）本构模型。很多的本构模型能考虑高应变率载荷作用下材料的变形行为、材料失效准则以及失效后行为，但本构模型描述方式及相对应的材料常数的确定问题始终存在，尤其是材料常数必须由与问题相适应的高应变率实验获得，这在许多情况下很难满足，有些数据甚至不可能得到比较合理可靠的数值。目前大量的数值计算中，这些参数的确定来源于用户对类似材料的参数积累以及主观经验。

4）接触面和材料输运。拉格朗日算法引入了不同的算法来考虑接触-冲击问题，欧拉算法有多种方法来确定材料从一个单元到另一个单元的输运，每一种算法对解的影响不同。钢筋和混凝土之间的接触滑移模拟就可以用不同的算法进行处理。一些程序已经嵌入了各种算法，并且允许用户自己选择，如何合理选择将会影响计算结果的正确性。不同算法如何影响整体变量（如位移）和局部变量（如应变）取决于对问题机理的认识。

8.5.2　计算模型的合理简化

计算结果的可靠性保证是数值模拟研究追求的永恒目标，而计算效率和计算可靠性的协调统一则控制着数值计算的实际应用前景，这就要求计算模型既要满足精度要求，又必须满足现有的硬件水平。目前，对于爆炸冲击问题的模拟几乎全部使用商业软件来完成，因此在进行数值分析时首要的问题是对使用软件的功能、优缺点和安装硬件平台进行了解。在此基础上，根据对计算对象的分析进行计算模型的建立。

数值计算可以充分关注研究对象的细节，但并不建议关注整个模型的所有细节，具体在构建计算模型的过程中，必须充分关注计算模型的合理简化问题。比如爆炸荷载作用下远场结构的响应问题（图8-18），运动机构的模拟（图8-19）等。

在图8-18中，炸药距离结构比较远。炸药起爆后，近区超压荷载峰值高，高频成分集中，计算要求很小的时间步长和很小的网格尺寸。另外，理想气体状态方程的应用制约了爆炸近区超压荷载计算的精度，靠近炸药区域介质的状态方程参数常常很难从常规试验中获取或者成本很高。而远区结构处超压峰值低，荷载持续时间比较长，可以使用较大的时间步长和网格尺寸，也适合应用理想气体状态方程。关于爆炸中远区（比例爆距大于 $0.4\mathrm{m\cdot kg^{-1/3}}$）的自由场爆炸空气冲击波超压时程数据，无论是计算成果，还是试验成果都已经比较完善。根据这些成熟的数据，借助于适当的边界处理手段，可以将数值模型的重点关注于结构附近，既可以节省计算成本，又可以保证计算精度。比如在广泛使用的LS-DYNA软件中，模拟空气中爆炸荷载的Conwep算法和模拟水中爆炸荷载的SSA简化

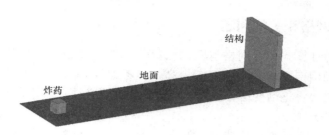

图 8-18   远场结构的爆炸响应

计算方法就取得了非常好的效果。

　　对于运动机构的模拟，比如在相对转动比较
大的铰链区域，要精确模拟光滑的接触效应，接
触区域的网格必须非常小，这势必会过度增大计
算的规模，使得计算的成本急剧增加。对于铰链
机构处不是主要关注区域的数值模拟问题，可以
用一组约束条件来模拟铰链的作用，具体的处理
方法可以参考一些软件手册。

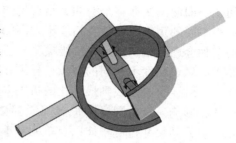

图 8-19   运动机构的模拟

　　对于刚性接触问题，可以考虑使用刚性墙接触条件。比如对于简支梁（板）的加载问
题，在加载过程中，由于结构的整体弯曲变形，简支接触条件会随加载过程变化而变化，
用恒定不变的位移接触条件必然会使得结构的整体刚度变大。在结构整体刚度与支座刚度
相比小很多的情况下，用刚性墙接触条件既可以简化模型复杂性，又能保证足够的精度。

　　人们常采用简化的物理力学模型来描述实体结构的变形，如用梁、板和壳体（或它们
的组合）构件来简化实体结构的部分区域，这样可以避免在某一方向上细分网格（比如
梁、板和壳的厚度方向），既可以降低数值模型复杂性，又可以降低网格数目，并可以使
用大的时间步长，从而大大降低计算成本，但这些构件的应用必须满足适当的使用条件，
否则会引起很大的误差。

8.5.3   计算过程的合理简化

　　冲击爆炸过程采用显式算法的数值模拟由于要满足稳定性条件，因此需要很小的时间
步长，由于模拟的是波传播过程，因此对于没有扰动的介质作为刚体处理既可以减小计算
工作量，又不会影响计算精度。比如在模拟侵彻问题或者汽车碰撞问题时，在没有发生接
触碰撞事件以前，可以将撞击体和被撞击体按照刚体处理，在将要发生接触碰撞时，将刚
体模型转变为变形体模型，这样通过简单的重启动操作可以大大提高计算效率。

　　另外，在爆炸问题的模拟过程中，模型建立要充分应用对称性条件。比如非接触爆炸
荷载作用下结构的响应问题，在爆轰产物和爆炸冲击波接触到结构以前，爆炸过程通常可
以简化成为球对称问题，这时可以应用一维问题来求解爆炸起爆过程和前期的冲击波传播
过程。当爆轰产物和爆炸冲击波与结构即将接触时，将前面一维数值计算的结果映射到二
维或三维模型中，这样既能通过一维分析的超细网格来保证爆轰过程的计算精度，又能大
大提高计算效率。需要注意的是在一些问题中使用对称边界条件要慎重，比如振动模态分
析问题是不能施加对称边界条件的。

8.5.4　与计算网格相关的问题

对于瞬态动力计算问题，网格越密，耗费的计算时间越长，两者呈近似指数对应关系，而计算精度随网格数量的增加逐渐提高，但考虑到时间步长增多引起的误差累计效应，精度提高的趋势将逐渐变缓。因此一次成功的计算必须平衡计算成本和细分网格之间关系。

好的网格可以大大提高计算精度。理论上讲，所有方向的网格最好是均匀的，但在进行三维计算时，这个目标是不现实的。另外，有些计算案例，比如空气中的集团装药爆炸问题，即使网格在整个空间上是均匀的，但在波传播过程中，波阵面和网格排列方向存在大小不同的角度，在计算精度不太高的波传播数值模拟过程中，波阵面形状随着传播距离的增加会逐渐偏离球形（三维模型）或圆形（二维模型）；还有，一些程序存在边界区域和中心区域精度不相同的现象，导致在边界处的计算结果精确度不高。

这就要求必须找到最优化的折中办法，并弄清这些折中方法对所要解决问题的数值解有什么影响。有关网格的很多因素都会影响计算结果，包括单元的纵横比、单元排列方式、单元间尺寸过度规律以及单元和单元间的不连贯变化等。

材料本构关系和破坏模型应该是独立于计算工况的，但计算结果的正确性与网格条件又密切相关，具体的原因可以概括为以下 3 点：

1）数值计算结果是对实际问题正确解答的近似解，近似解不是唯一的，不同的近似方法可能有不同的结果，结果之间甚至可能存在比较明显的差异。

2）计算网格是数值计算实施的载体，本身就具有低通滤波的功能，会滤掉本身无法传输的高频信号。另外，网格的排列和大小又会扰动网格间的波传播过程。

3）破坏的方式多种多样，有拉伸应变控制的，也有剪切应变控制的，也有两者耦合控制的。瞬态荷载作用下剪切破坏与波传播的高频部分相关，因此需要较小的单元尺寸，而模拟弯曲破坏问题单元尺寸相对可以大一些。

因此在实际计算前，必须进行必要的试算来验证网格的可靠性。

本章小结

（1）结构动力学问题主要研究结构在运动和受力状态下的变形、强度和破坏问题，主要特征为：应变率介于 $10^{-2} \sim 10^2 \mathrm{s}^{-1}$ 之间；结构动力学问题中典型应变介于 $0.5\% \sim 10\%$；结构动力学问题中静水压力与材料强度的数量级相近，而在波传播问题中，压力可以超过材料强度几个数量级；通常情况下，结构动力学问题主要涉及由系统的低阶振型产生的整体响应。

（2）单轴应变状态在爆炸冲击问题研究中有广泛的应用。单轴应变状态通过约束控制，使得变形局限于一个方向，即平面波在横向应变为零的材料中传播。

（3）一般情况下，要完整地描述材料模型需要三部分内容：状态方程、本构模型和失效模型。

（4）实现一次完整瞬态现象的数值模拟分析，需要先后进行空间离散化、材料模型选择、边界条件设置、求解方法设定和计算结果处理等过程。

思考与练习题

8-1　简述结构动力学问题的特点。

8-2　简述材料的平面应力与平面应变状态区别。

8-3　简述爆炸冲击荷载下常用的本构模型及各自的适用对象。

8-4　瞬态现象数值模拟有哪些步骤？方程求解有哪些方法？

8-5　阐述数值计算的误差来源主要有哪些？

下篇

工程结构复杂问题数值分析案例

第 9 章 大跨空间结构稳定分析

本章要点及学习目标

本章要点：
(1) 杆系结构建模方法；(2) 网壳结构建模方法。
学习目标：
(1) 掌握杆系结构建模常用方法；(2) 掌握网壳结构建模常用方法。

9.1 拱桁架稳定分析

9.1.1 基本情况

以三维空间管桁架为研究对象（图 9-1），该空间管桁架跨度为 60m，矢高为 1.5m，桁架下弦杆的两端设置了固定铰支座。空间管桁架的截面高度为 2.0m，截面宽度为 1.2m。此外，沿桁架长度方向每隔约 6m 设置了 1 道面外约束（约束了 Y 方向的自由度），用于模拟实际工程中纵向支撑的作用。空间管桁架的所有杆件均统一取为 $\phi 180 \times 6$，桁架弦杆与腹杆之间的连接节点视为刚接。钢材的强度等级为 Q235B，弹性模量 $E = 2.06 \times 10^5 \, \text{N/mm}^2$。采用 ANSYS 软件建立了空间管桁架的有限元模型，杆件采用 Beam188 单元模拟，在桁架跨中截面两个上弦节点施加了向下的竖向荷载，用于计算空间管桁架在两种工况下的竖向承载力。

（1）工况一：仅考虑几何非线性，不考虑材料非线性；

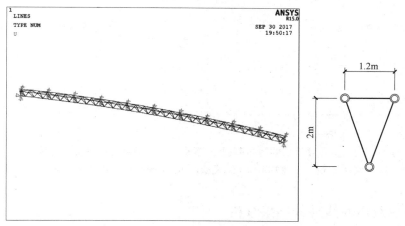

图 9-1 空间管桁架模型的几何尺寸

（2）工况二：既考虑几何非线性，又考虑材料非线性。

9.1.2　考虑几何非线性的结果分析

图 9-2 给出了空间管桁架仅考虑几何非线性情况下的支座反力与跨中节点竖向位移的关系曲线及关键点变形特征。由图 9-2（a）可知，随着桁架跨中竖向荷载的持续增加，管桁架的竖向位移显著增加。在达到峰值荷载 641.21kN（A 点，图 9-2b）之前，空间管桁架处于稳定状态；在加载至 A 点之后，空间管桁架进入不稳定状态，管桁架出现反向凹曲，空间管桁架的竖向承载力开始降低。空间管桁架上弦杆件内力逐渐开始由压力转拉力，空间管桁架跃越至第二稳定状态（B 点，图 9-2c），此时对应的竖向承载力为 369.37kN。随后，空间管桁架的竖向承载力持续增加，并很快超越 A 点。尽管空间管桁架在发生跃越失稳后，仍具有相当大的竖向承载力，但由于空间管桁架的竖向变形过大（C 点，图 9-2d），后期性能并不能被利用。

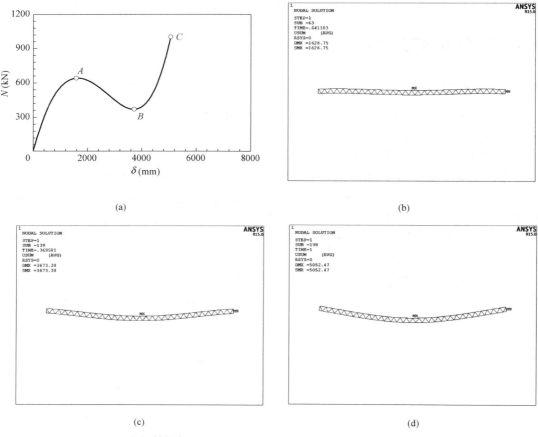

图 9-2　空间管桁架的竖向荷载-位移曲线及关键点变形特征（工况一）

（a）空间管桁架在工况一下的竖向荷载-位移曲线；（b）关键点 A；（c）关键点 B；（d）关键点 C

9.1.3　考虑双重非线性的结果分析

图 9-3 给出了空间管桁架在考虑几何和材料双重非线性的竖向荷载-位移曲线及关键

点变形特征。与工况一相比，在考虑空间管桁架结构的材料非线性后，桁架的整体变形特征基本类似，但其竖向承载力差异巨大，空间管桁架在 A 点的峰值承载力显著降低（193.11kN），仅为工况一分析结果的 30%。此外，跃越失稳后，对应于 B 点的竖向承载力为 75.76kN，均较按弹性分析结果低。因此，在评估坦拱的真实竖向承载力时，材料的非线性性能不容忽视。

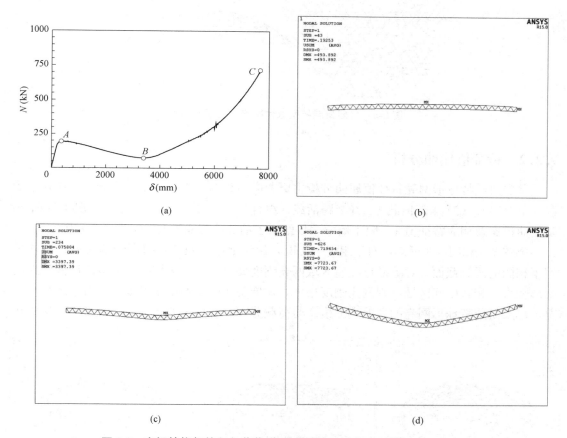

图 9-3　空间管桁架的竖向荷载-位移曲线及关键点变形特征（工况二）

（a）空间管桁架在工况二下的竖向荷载-位移曲线；（b）关键点 A；（c）关键点 B；（d）关键点 C

9.2　单层网壳稳定分析

9.2.1　基本情况

以某单层凯威特型球面网壳为例（图 9-4），该网壳跨度为 60m，矢高为 12m，矢跨比 $f/L=1/5$，周边为固定铰支座。为方便计算，所有杆件统一取为 $\phi 180\times 6$，钢材的强度等级为 Q235B，材料的弹性模量 $E=2.06\times 10^5 \mathrm{N/mm^2}$。主体结构的屋面恒载（包含构件自重）取 $0.7\mathrm{kN/m^2}$，不上人屋面活载取 $0.3\mathrm{kN/m^2}$。

采用通用有限元程序 ANSYS 软件进行分析，有限元模型中所有杆件仍采用 Beam188

单元模拟,每根杆件划分为 10 根单元。弹性稳定分析时,钢材采用理想弹性材料模型。弹塑性稳定分析时,钢材采用 Von-Mises 屈服准则,并采用理想双线性材料模型。

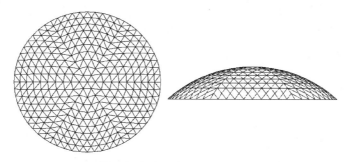

图 9-4   单层凯威特型球面网壳的有限元模型

9.2.2   特征值屈曲分析

单层凯威特球形网壳特征值屈曲分析主要考虑两种组合:(1)1.0 恒载+1.0 满布活载(组合一);(2)1.0 恒载+1.0 半跨活载(组合二)。依次分析了在上述工况下的前 20 阶屈曲模态及相应特征值 λ,限于篇幅,仅给出了前 6 阶屈曲模态,见图 9-5 和图 9-6。

由图 9-5 和图 9-6 可知,对于组合一工况,由于单层凯威特球形网壳的所有杆件均采用了相同的圆管截面,导致靠近支座区域网壳刚度偏小,在该区域附近形成的屈曲波形或变形较大。相对中间区域,则网壳刚度略大,在低阶屈曲模态中变形较小。对于组合二工况,单层凯威特球形网壳的屈曲变形模态与荷载分布具有显著的相关性,变形主要集中在

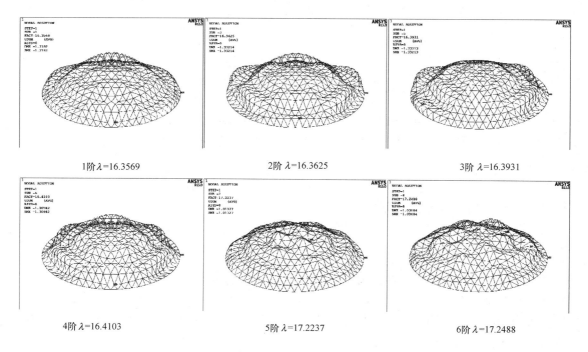

1阶 λ=16.3569   2阶 λ=16.3625   3阶 λ=16.3931

4阶 λ=16.4103   5阶 λ=17.2237   6阶 λ=17.2488

图 9-5   组合一的算例前 6 阶屈曲模态

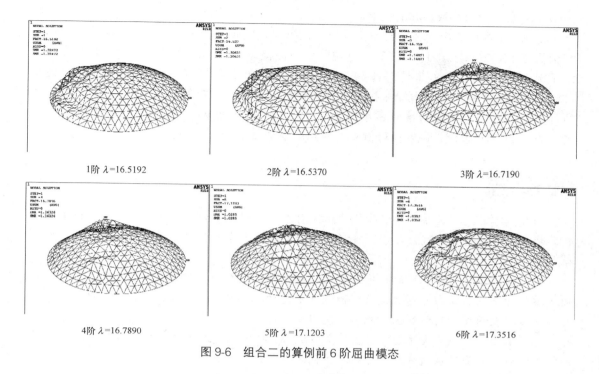

1阶 λ=16.5192　　　2阶 λ=16.5370　　　3阶 λ=16.7190

4阶 λ=16.7890　　　5阶 λ=17.1203　　　6阶 λ=17.3516

图 9-6　组合二的算例前 6 阶屈曲模态

所施加的竖向荷载较大区域。总体上，该算例的各阶弹性屈曲模态所对应的特征值比较密集，第 1 阶弹性屈曲特征值最小，但仍远大于 4.2。

9.2.3　非线性屈曲分析

也有相关研究指出大跨空间结构的最不利屈曲模态具有任意性，不一定是第 1 阶模态。因此，本章分别将两种组合作用下网壳的前 6 阶特征值屈曲模态作为初始几何缺陷，其缺陷的最大值按网壳跨度的 1/300 取用，对单层凯威特球形网壳进行了非线性屈曲分析。图 9-7 给出了两种组合下单层凯威特球形网壳考虑材料非线性的稳定承载力系数与竖向位移最大节点的荷载位移曲线。其中，K 为稳定承载力系数，取网壳的稳定极限承载

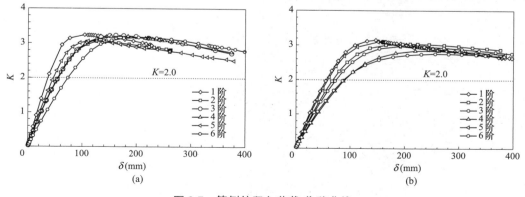

图 9-7　算例的竖向荷载-位移曲线

（a）组合一；（b）组合二

力与该工况下竖向荷载之和的比值。

　　由图 9-7 可以看出，在组合一工况下，按第 5 阶屈曲模态作为初始几何缺陷所计算的结构稳定承载力系数最小（3.05），这说明该屈曲模态对算例的稳定性最为不利。在组合二工况下，按第 4 阶屈曲模态作为初始几何缺陷所计算的结构稳定承载力系数最小（3.06），与组合一工况计算结果接近。算例在充分考虑了材料的非线性及几何非线性后，所计算获得的稳定承载力系数最小值为 3.04，大于《空间网格结构技术规程》JGJ 7—2010 规定的 2.0 限值，说明该算例具有一定的安全储备。

本章小结

　　（1）本章首先以三维空间管桁架为研究对象，采用 ANSYS 软件分别分析了仅考虑几何非线性不考虑材料非线性，以及既考虑几何非线性又考虑材料非线性两种工况下的竖向承载力。

　　（2）仅考虑几何非线性时，桁架发生跃越失稳，后期仍具有相当大的竖向承载力，但由于空间管桁架的竖向变形过大后期性能并不能被利用。考虑双重非线性时，结构承载力显著降低，表明材料的非线性性能不容忽视。

　　（3）采用 ANSYS 软件进行了某单层凯威特型球面网壳稳定性分析，分别进行了结构的模态分析和非线性屈曲分析；分析了不同工况下结构的最不利模态。

思考与练习题

　　9-1　拱桁架结构一般采用何种单元模拟？

　　9-2　材料非线性对结构分析结果有何影响？

　　9-3　网壳结构的最不利模态是否均为第一模态？

第 10 章　岩土结构施工过程分析

本章要点及学习目标

本章要点：

（1）基坑开挖过程模拟方法；（2）边坡施工过程模拟方法；（3）地下洞室施工过程模拟方法。

学习目标：

（1）了解基坑开挖过程分析步骤；（2）了解边坡施工过程分析步骤；（3）了解地下洞室施工过程分析步骤。

　　岩土工程是一门理论性与实践性一体的交叉应用学科，在核电能源、土木采矿、交通水电等领域的研究对象虽然接近，但是外部环境完全不同。工程岩土体的力学响应表现出与应力路径、应力状态及在时间、空间上变化密切相关的特点。针对这一动态、复杂多变的工程岩土体，仅用解析法求解是非常困难的，必须借助于数值模拟方法来分析问题。

　　而在采用数值模拟分析问题时，必须根据研究对象的介质特点、外部环境进行数值模拟方法的选择，并与现场监测、地质判断等密切联系，相互印证，方可具有说服力。本章分别采用一个基坑、一个边坡、一个地下洞室作为研究对象，说明如何借助数值模拟方法，模拟岩土结构的施工过程，探讨其中的科学问题。

10.1　利用数值模拟研究吊脚桩基坑稳定性

10.1.1　工程概况

　　在沿海地带，有些深基坑开挖常呈现为上软下硬介质现象，表层土层较薄、强度低；下部为基岩，自上而下风化程度不同，经常采用桩基形式作为深基坑围挡结构。此时的桩基底端嵌入岩石，基坑继续开挖则形成"吊脚桩"支护形式。通常，规范内关于吊脚桩是作为工程设计缺陷而需要杜绝，但在特殊情况下又是合理的。如何评价这种吊脚桩支护下的深基坑稳定，需要借助数值模拟研究。

10.1.2　基坑开挖过程模拟

　　基坑开挖过程中，桩墙后方土体进入塑性，导致坑壁向坑内变形，受支撑作用及锚杆、锚索支护体系的抵抗，因此桩墙围护下基坑开挖应力场的变化是一个复杂的过程，很难用条分法假设得出准确的滑面力，因此采用大变形拉格朗日数值模拟方法，基于某工程深基坑施工过程开展仿真研究，分析吊脚桩的支护性能，以及影响基坑稳定性的敏感性因素，得到其变化规律，为工程的设计及施工提供借鉴。

1. 数值模型

依托基坑工程如图 10-1 所示，分为 6 步开挖并进行支护，支护桩采用冲孔灌注桩，桩径 1.2m，桩间距 1.8m，桩顶设通长 1.2m×0.8m 的冠梁，桩身混凝土采用水下 C25，冠梁采用 C30。锚索采用 4×7Φ5（$f_{ptk}=1860MPa$）高强低松弛钢绞线制作锚筋，成孔直径 150mm，倾角 20°。锚杆采用全粘结锚杆，机械成孔，孔径 110mm，锚杆体采用 ϕ28 钢筋，抗拔力设计值为 10kN/m。

图 10-1　平面布置及三维建模区段位置

采用 FLAC3D 软件建立分步开挖的模型，如图 10-2 所示，模型共由 28456 个节点与 45232 个四面体单元构成，边界采用位移零值约束，锚索均采用结构单元 cable 模拟。具体模拟过程如下：

1) 建立模型，在进行基坑开挖模拟前，对尚未开挖的土体进行自重应力平衡计算，得到岩土体的初始应力状态。

2) 第一步开挖至地表下 4.1m 位置，用 null 模拟开挖部分土体，设置第一排、第二排锚索，在深基坑边添加桩结构单元，并设置第三排预应力锚索，如图 10-2（a）所示。

3) 第二步开挖至地表下 8m 位置，用 null 模型拟开挖部分土体，设置第四排预应力锚索，如图 10-2（b）所示。

4) 第三步开挖至地表下 12m 位置，用 null 模型拟开挖部分土体，设置第五、六、七排锚索，如图 10-2（c）所示。

5) 第四步开挖至地表下 16m 位置，用 null 模型拟开挖部分土体，设置第八、九排锚索，如图 10-2（d）所示。

6) 第五步开挖至地表下 19m 位置，用 null 模型拟开挖部分土体，设置第十、十一排锚索，如图 10-2（e）所示。

7) 第六步开挖至地表下 21.7m 位置，用 null 模型拟开挖部分土体，设置第十二排锚索，如图 10-2（f）所示。

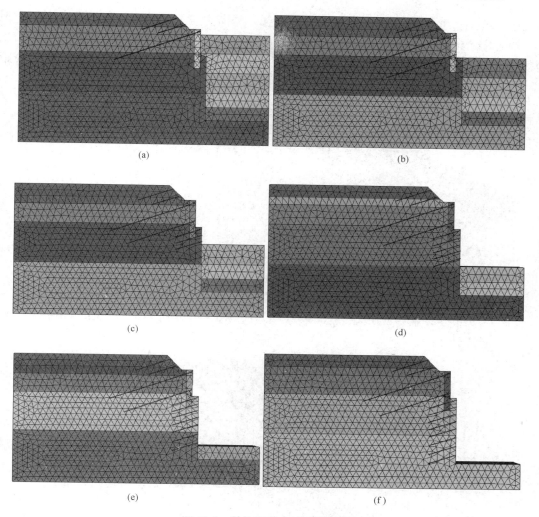

图 10-2 基坑开挖支护计算模型

2. 基坑开挖前后的自重应力场模拟

基坑在开挖前，地层土体在长期自重应力作用下已处于稳定状态，因此在进行基坑开挖模拟前，需要对模型进行初始应力状态的模拟。初始应力场如图 10-3 所示，可见基坑深度范围内土体最大主应力由上至下呈递增分布，在地表附近约为－0.03MPa（负号表示为压应力），基坑深处达到－0.62MPa，与实际岩土体应力状态基本符合。

模型在自重作用下的稳定过程实际上是模拟地质历史上土层沉积固结过程，反映在模型上就是最大不平衡力降到一定范围直到基本上等于零，此时模型便趋于稳定。图 10-4 为模型在自重作用下最大不平衡力随时间步长的变化曲线。该图表明，在大概 1300 个时间步长后，固结沉降趋于稳定，表明在重力作用下模型已经稳定。由于土体是正常固结土，固结作用已经完成，因此，位移场和速度场在模拟计算时应清零。

在基坑开挖过程中，由于岩土体的卸荷作用，将对岩土体中的应力产生很大的影响，也直接关系到基坑的稳定性。由图 10-5 可以看出模型的竖向应力基本沿高度均匀分布，开挖部分竖向应力的值均比同一水平位置未开挖部分的竖向应力要小，符合稳定土体中的应力分布规律。同时在基坑底靠近坡脚的位置，竖向主应力都相对偏大，有应力集中现象，说明这个部位受力状况比较复杂。对比基坑初始状态应力分布可看出，随着开挖与支护过程的进行，土体的应力发生了重新分布。开挖部分土体的应力值明显增加，但随着距离坑底中心距离的加大，变化逐渐减小。

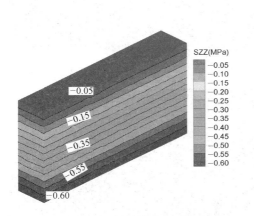

图 10-3　初始应力云图

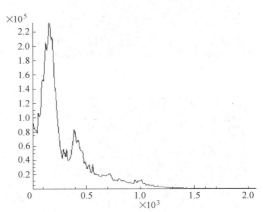

图 10-4　自重作用过程中的最大不平衡力

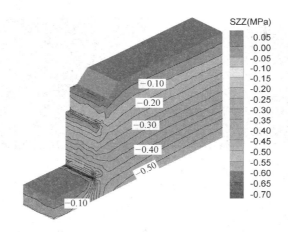

图 10-5　开挖后竖向应力分布图

3. 基坑开挖过程位移变化分析

基坑开挖扰动了土体初始应力场，导致土体应力重新分布。开挖面上初始应力的释放将导致基壁和基底发生水平和垂向的位移，如果基壁土体水平位移过大的话，基壁就会外鼓直至土体涌出，故在基坑支护设计与数值计算中，土体的水平变形位移要作为重点对象来考虑分析。基坑底部的变形位移主要指竖向变形，当竖向变形发展到一定程度，基坑底部将会隆起，造成基坑边坡失稳，在支护设计与预测分析中同样不能忽视。

在每一步基坑开挖和支护阶段，基坑顶部侧面的水平位移都将趋于常数，即模型在每一阶段都达到了平衡状态。如果基坑顶点的水平位移不收敛，可以判断出现了塑性流动。为模拟实际施工工况，对每次开挖后基坑边坡进行模拟显示，所得个开挖工况水平位移如图 10-6～图 10-9 所示。

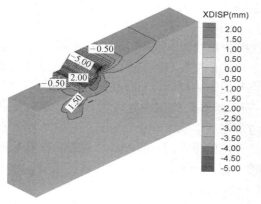

图 10-6　第一步开挖后的水平向位移

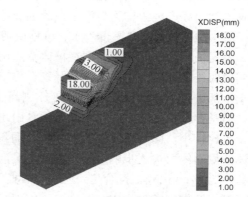

图 10-7　第三步开挖后的水平向位移

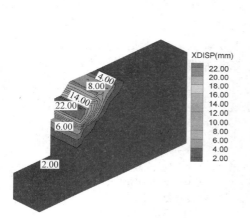

图 10-8　第五步开挖后的水平向位移

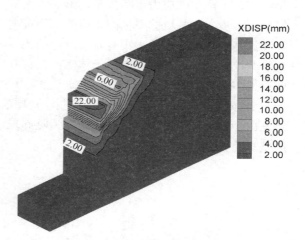

图 10-9　全部开挖后的水平向位移

基坑开挖支护过程中，水平位移的变化规律如下：随着开挖深度增加，开挖面上的水平位移逐渐增大，而且位移范围逐渐增大。由于开挖造成的应力的重新分布，从而使岩土体发生位移。由于残坡积土、全风化土以及强风化粉砂岩的稳定性相对较差，在开挖前两步时水平位移变化量比较大。下面岩层岩性比较好，因此在开挖下面几层时水平位移量变化比较小。从图 10-10 可以看出基坑开挖整个影响范围内的土体的位移情况，靠近支护桩

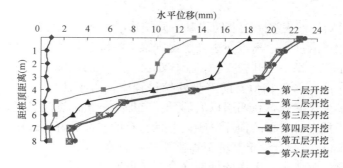

图 10-10　不同开挖工况桩体水平位移变化图

上部水平位移最大，此区域对应的支护桩位移也最大，主要是由于此处所受土压力较大，同时上部超载产生的作用力作用在此区域。

图 10-10 为不同开挖步，水平位移值随桩深的分布规律。在图 10-10 中可以明显看出吊脚桩支护结构变形特点，即在桩体下部出现明显的位移拐点，与软土地区基坑桩体的圆滑变形曲线不同。此支护结构在开挖过程中，在开挖第一层时，桩体位移增量很小，这是由于上部进行了放坡处理，使得桩体刚露出表面。随着开挖深度的增大，位移增大较明显，但是在开挖岩层时变化不大，而且由于没考虑爆破以及工程中对岩石的损坏影响，故增量也比较小。同一深度处的水平位移随深基坑开挖的进行而逐步增加，这是由于开挖时土体的侧向约束被逐步解除，因而产生侧向位移。综上所述，最大水平位移桩顶处，最大位移值为 22.96mm，符合建筑基坑工程监测技术规范要求。

基坑开挖支护过程中，竖向位移的变化规律如下：开挖改变了天然土体原始的应力平衡状态，土体中的应力重新分布，形成二次应力场，基坑侧壁的土体有向下运动的趋势。每开挖一步，深基坑侧壁周围土体的沉降量增大，说明在深基坑开挖支护过程中，地表沉降和深基坑开挖深度的大小有相互对应的关系，开挖深度增大，地面沉降也随之增大。前几步开挖，深基坑侧壁周围的土体竖向位移有向上反弹现象，但随深基坑开挖，深基坑侧壁后地表的沉降幅度与范围随之增大。最大沉降并非发生在深基坑边沿，沉降整体呈"勺"状分布。由于土体稳定性比较差，开挖第一层后，基坑底部有较为明显的隆起现象，但是由于向下开挖时，岩性越来越好，隆起现象越来越小，到第四步开挖后，基坑底部隆起基本消失。

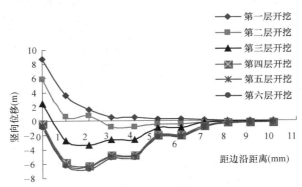

图 10-11　距基坑开挖面不同距离处地面竖向位移曲线图

由图 10-11 可知，地表沉降随着距深基坑开挖边沿的距离的增大呈现先增大后减小的趋势，在距离开挖边沿一定距离，在边坡上出现最大沉降量，然后沉降量慢慢减小，最后在距离较远处趋于零。每一步开挖支护，土体都会有一定的沉降增量，故每步开挖支护形成的地表沉降分布曲线非常相似。前三步开挖过程中，由于开挖引起的应力重分布刚开始，故土体出现了少量回弹，在四层以后的开挖支护中，土体逐渐稳定，发生沉降，由于没考虑爆破以及工程中对岩石的损坏影响，并且岩石的岩性良好，故增量比较小。最终沉降最大值为 6.717mm，符合建筑基坑工程监测技术规范要求。

基坑位移满足规范要求，采用的桩锚联合支护方案是合理的。

4. 基坑开挖过程岩土体塑性区分析

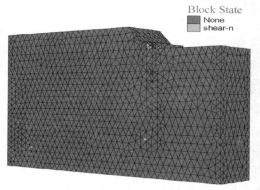

图 10-12 第一步开挖后土体塑性区分布图

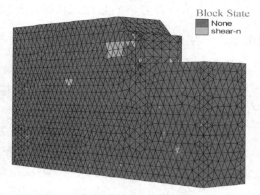

图 10-13 第二步开挖后土体塑性区分布图

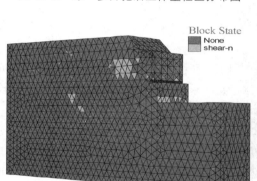

图 10-14 第三步开挖后土体塑性区分布图

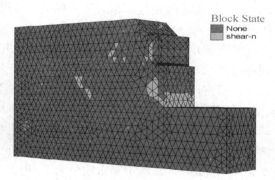

图 10-15 第四步开挖后土体塑性区分布图

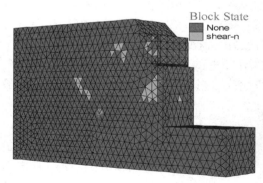

图 10-16 第五步开挖后土体塑性区分布图

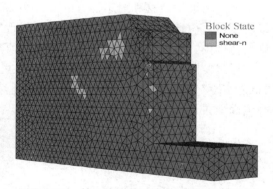

图 10-17 第六步开挖后土体塑性区分布图

由图 10-12～图 10-17 可以总结出基坑开挖支护过程中，塑性区分布图的变化规律如下：第一步开挖卸荷后，在基坑开挖处出现了小部分塑性区。第二步开挖后，除了基坑开挖低部，锚索锚固段的根部也出现了塑性区。预应力锚索对桩的拉力逐渐增大，使桩有向前运动的趋势，这样就对坑底位于桩前的土体有强烈的挤压作用，从而产生较大范围的塑性区。在锚索末端受到上部土体的压力和锚索拉力作用，使得锚索浆体和周围的土体接触面处发生剪切作用而产生塑性区。第二步到第四步开挖后，锚索锚固段的根部由于岩土体在收拉状态下，塑性区进一步增大，基坑底部的塑性区范围也逐渐增大。第五步到第六步开挖后，由于下部岩体的岩性比较好，基坑开挖底部的塑性区基本消失了。

10.1.3　吊脚桩支护结构优化分析

为了对吊脚桩支护结构进行优化分析，分别对锚索的倾角、桩前预留平台的宽度进行优化分析，通过对比不同参数下的数值模拟的结果，选择出合适的设计方案。

1. 锚索倾角对吊脚桩支护效果的影响

根据预期工程设计，分别在坑底标高为 8.1m、12.1m、15.6m 处设立三层锚索，锚索的锁定值为 280kN、320kN、360kN，在下部岩层中设立三层锚杆，主要模拟在上层岩土体中的锚索倾角为 25°、20°、15°时的坑壁横向位移，并寻求最优锚杆倾角。

锚索倾角为 25°时，对坑内土体分为三部分模拟开挖过程，待坑内土体开挖完成后的横向位移最大处发生在坑底标高为 8.0～12.0m 处，土体横向位移最大值约为 34～36mm，位移等值线分布相对较为稀疏，位移等值线以最大位移发生处向外呈近似水平直线分布。

锚索倾角为 20°时，土体分为三层模拟开挖，开挖完成后的横向位移最大处发生在坑底标高为 6.0～12.0m 处，土体横向位移最大值约为 34～36mm，位移等值线分布相对较为比较紧密，锚索支护作用效果相对比较显著。

锚索倾角为 15°时，土体的横向位移最大处发生在坑底标高为 7.0～11.0m 处，土体横向位移最大值约为 34～38mm，位移等值线分布相对较为紧密，相较锚索为 25°时的土体横向位移云图，土体横移区域大于 34mm 范围内的面积明显增大，支护效果略低于锚索倾角为 25°时，远低于锚索倾角为 20°时的支护效果。

2. 上部桩体监测点数据分析

通过将坡顶位移和冠梁位移的工程实测数据与数值计算中三种锚索倾角的位移对比可以发现最大位移发生在上部土体的冠梁附近区域，锚索为 20°时支护效果最好，在误差允许的范围内，实测数据与数值模拟的监测值吻合较好。监测点位置见图 10-18。

通过监测点的数据图 10-19～图 10-22 可以看出坑壁的水平位移略小于坑壁的总位移，且最大位移发生在第二个监测点到第四个监测点之间。当锚索倾角为 20°时，坑壁位移最小锚固效果最优。

3. 桩前平台预留宽度的优化模拟

根据锚索倾角 20°时桩的水平位移最小，锚索的加固效果最好的结论，所有上部锚索倾角取 20°固定值，改变桩前平台预留宽度，宽度分别取 0m、0.6m、1.2m、1.8m，通过对比桩前岩体平台塑性区的开展范围寻求平台宽度的最优设计宽度。

桩前预留平台为 0m 时，也就是没有桩前预留平台，如图 10-23（a）所示通过数值模拟的结果可以看到桩底部的变形最大，应力集中，出现明显的塑性区，基坑边坡有沿着桩底端滑移的趋势。

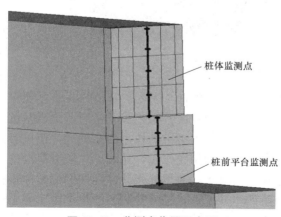

图 10-18　监测点位置示意图

桩体监测点

桩前平台监测点

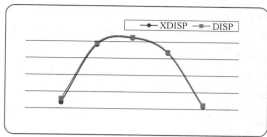

图 10-19　锚索倾角为 25°时监测点位移

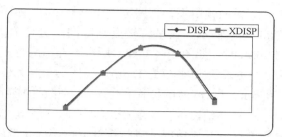

图 10-20　锚索倾角为 20°时监测点位移

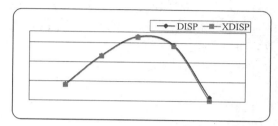

图 10-21　锚索倾角为 15°时监测点位移

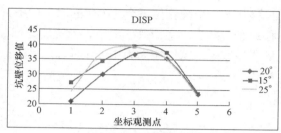

图 10-22　不同锚索倾角监测点位移

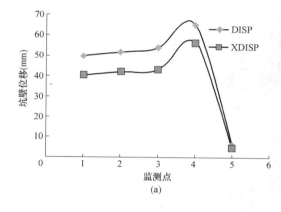

(a)

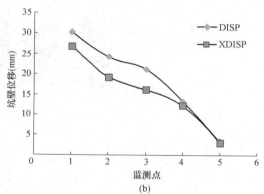

(b)

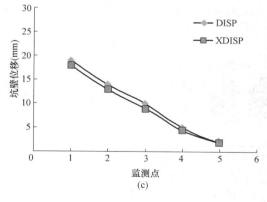

(c)

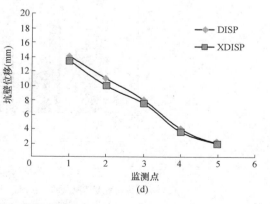

(d)

图 10-23　不同预留宽度监测点位移值

（a）桩前平台为 0m 时监测点坑壁位移；（b）桩前平台为 0.6m 时监测点坑壁位移；

（c）桩前平台为 1.2m 时监测点坑壁位移；（d）桩前平台为 1.8m 时监测点坑壁位移

桩前预留平台预留宽度为 0.6m 时，预留岩石部分高应力分布区域比较大，如图 10-23（b）所示，在吊脚桩土端部的部分产生大量岩体塑性区，当桩前预留平台的宽度为 1.2m 时，如图 10-23（c）所示，在吊脚桩土端部岩体未发现明显的塑性区。

桩前预留平台为 1.8m，如图 10-23（d）所示，基坑的水平位移比桩前预留平台为 0.6m、1.2m 时的位移有所减小，并且同样的桩体端部没有出现明显的塑性区。

针对预留平台宽度 0m、0.6m、1.2m、1.8m 的不同情况的位移云图和应力云图以及塑性区的开展情况，进行统计分析，优化选出合适的桩前预留平台的宽度。

从不同预留宽度位移图，可以看出桩前预留平台为 0m 时，整个基坑的中下部处于大位移状态，桩前预留平台为 0.6m 时，中下部土岩二元介质同样表现出大位移状态，但位移量有所减小，支护效率不高；当宽度为 1.2m，位移大幅度减少，下部岩体部分位移变形明显减少；宽度增大为 1.8m 时，未见支护效果明显增强。

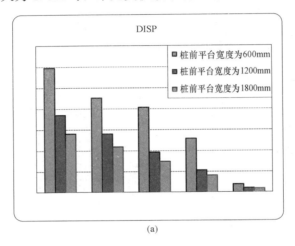

(a)

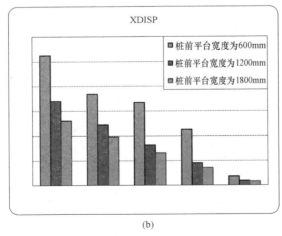

(b)

图 10-24　不同预留宽度监测点位移值
(a) 不同平台宽度监测点的位移值；(b) 不同平台宽度监测点的水平位移值

每隔 1m 设立一个监测点，共设立五个岩体位移监测点，比较不同桩前预留平台宽度的影响，由于桩前预留平台为 0m 时，基坑的位移较大，且为了保护桩脚，提供一定的安全储备，所以主要针对预留平台宽度为 0.6m、1.2m、1.8m 进行比较，如图 10-24 所示，桩前预留平台宽度为 1.2m 时坑壁位移有大幅度减少，位移量在 17～18mm 之间，而相同监测点在 0.6m 的宽度下高达 29～30mm，明显可见支护效果的提高。当平台宽度延长至 1.8m 时，较平台为 1.2m 时，未见支护效果明显增强。因此，预留平台宽度取 1.2m 左右比较合适。

4. 吊脚桩嵌固深度

当桩体承受的侧向压力较大时，桩体将会产生横向变形与绕桩底的旋转，从而导致桩底预留宽度部分产生应力集中，造成破坏。为了防止桩体的变形，需要采用锚固作用抑制桩体变形，以使得桩体深入岩石，形成固定端约束。

为了对比不同嵌固深度对基坑支护的影响，在实际工程采用的嵌固深度约为 2.5～2.6m 的情况下，分别调整嵌固深度（0.9m、1.8m、2.7m、3.6m），如图 10-25 所示，以对比施工过程可能对基底岩土介质产生的不利影响。

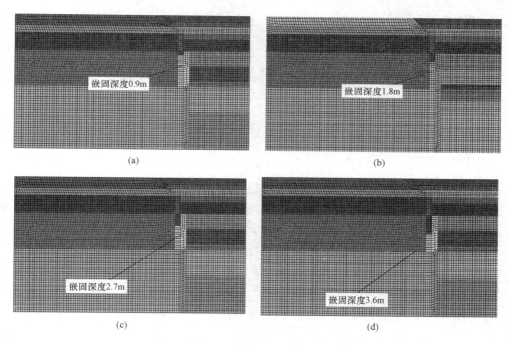

图 10-25　吊脚桩不同嵌固深度计算模型
（a）模型一；（b）模型二；（c）模型三；（d）模型四

模拟采用正常开挖顺序，不考虑锚杆、锚索的作用，以对比纯吊脚桩作用下嵌固岩体的塑性区分布，如图 10-26 所示。

通过相同参数、相同计算流程下不同嵌固深度下的计算结果表明，嵌固深度主要影响岩体的局部稳定性，因吊脚桩在土压力作用下向基坑内部变形，而该变形在垂直方向近似线性，上部大底部小，因此吊脚桩有沿着脚步旋转趋势，导致桩前预留岩肩应力集中，产生局部拉坏，而桩后土体则局部剪切破坏。如果嵌入深度小，则岩体容易应力集中，造成预留宽度范围内岩体产生塑性区，随着嵌固深度增加，桩与基岩能形成整体，但潜在的塑

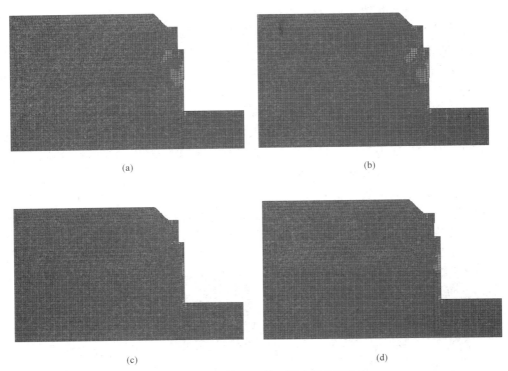

图 10-26　吊脚桩不同嵌固深度塑性区分布

（a）模型一 开挖过程出现的塑性区（不考虑锚索）；（b）模型二 开挖过程出现的塑性区（不考虑锚索）；
（c）模型三 开挖过程出现的塑性区（不考虑锚索）；（d）模型四 开挖过程出现的塑性区（不考虑锚索）

性区向桩下岩体发展，因此嵌固深度不能太长。

通过计算表明，当嵌入深度为 2.4m、3.2m 时，塑性区都非常少，表明嵌固较为牢靠，其值与规范中的 2～3 倍桩径相吻合，故嵌入深度在 2.3～3.6m 已经足够。如果节理发育，则可取大值，如岩体完整性好，2 倍桩径即可满足要求。

由于吊脚桩存在，潜在滑移面可能向下部岩体发展，因此在岩体中采用短锚杆增加岩体的完整性应对稳定吊脚桩脚部有效。

10.1.4　结论

为了避免基坑开挖引起的坑坡变形和破坏，基坑开挖和支护要分步进行。基坑的每步开挖都要进行先支护或者边开挖边支护，而支护体系的应力、应变和基坑施工过程紧密相关，因此，为了较为真实可靠地分析支护体系的应力应变，确保基坑工程的安全，对基坑开挖和支护工程施工过程的模拟是非常必要的。通过选取某深基坑典型区段进行数值模拟，分析基坑分步开挖位移、应力变化规律，并且对吊脚桩支护结构进行优化分析，主要结论如下：

1）基坑的水平位移沿深度方向呈曲线分布，位移最大值发生在桩顶处，每开挖一步，在坑壁都有一定的水平位移增量，每步开挖形成的水平位移分布曲线形状相似，最大水平位移桩顶处，最大位移值为 22.96mm，符合规范要求。

2）地表沉降随着距深基坑开挖边沿的距离的增大呈现先增大后减小的趋势，在距离开挖边沿一定距离，在边坡上出现最大沉降量，然后沉降量慢慢减小，最后在距离较远处趋于零。每一步开挖支护，土体都会有一定的沉降增量，故每步开挖支护形成的地表沉降分布曲线非常相似。最终沉降最大值为 6.7mm，符合规范要求。竖向应力基本沿高度均匀分布，且方向均为向下，开挖部分竖向应力的值均比同一水平位置未开挖部分的竖向应力要小。

3）通过选用不同的锚索倾角，比较随着开挖过程的应力和位移变化规律，并且与实际的监测结果对比，结果表明锚索倾角选用 20°时，支护结构水平位移 34～36mm，支护效果最好，因此选择锚索倾角为 20°；在此基础上，通过比较不同预留平台宽度下，随着开挖进行应力场和位移场的变化规律，结果表明桩前预留平台宽度为 0.6m 时坑壁水平位移为 29～30mm，当平台宽度为 1.2m 时，坑壁位移有大幅度减少，位移量在 17～18mm 之间，明显可以看出支护效果的提高。而当平台宽度延长至 1.8m 时，未见支护效果明显增强，因此，预留平台宽度选为 1.2m 是合适的。

4）通过分析不同嵌岩深度对支护结构稳定性的影响，结果表明，当嵌入深度为 2.4m、3.2m 时，塑性区都非常少，表明嵌固较为牢靠，其值与规范中的 2～3 倍桩径相吻合，故嵌入深度在 2.3～3.6m 已经足够。如果节理发育，则可取大值，如岩体完整性好，2 倍桩径即可满足要求。

10.2　边坡工程施工过程分析

10.2.1　工程概况

某滑坡堆积体分布高程为 2180～3220m，宽度近 1300m，地貌及分区如图 10-27 所示。高程 2250m 以上地形完整，地形坡度一般为 20°～30°；高程 2250m 以下地形完整性差，溯源冲沟发育，岸坡较陡，地形坡度一般为 40°；高程 2100m 以下基岩出露。长期以来，经多次滑动变形，堆积体处于相对稳定状态，为一个多期次、复合型滑坡，从老到新共经历过三次以上滑动变形。

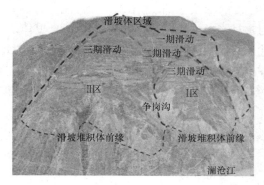

图 10-27　堆积体地貌及分区和堆积体中部近闭合裂隙

滑坡堆积体典型剖面如图 10-28 所示，堆积体滑坡地段出露的地层主要为残、坡积层（Q^{dl}），冰水堆积层（Q^{fgl}），崩、冲积层（Q^{al}）和地滑堆积层（Q^{del}）。按结构大致分为上下两大部分，即上部松散块碎石土堆积体、下部滑坡破碎岩体。其下伏基岩为三叠系上统红坡组（T$_{3hn}$）、二叠系下统吉东龙组（P$_{1j}$）。

堆积体底滑面已知，如图10-28所示的堆积体边界条件，其底滑面的倾角随高程变化。调查结果发现，高程2150～2350m为一级平台，堆积体底滑面平均倾角约为27.9°；高程2400～2700m为二级平台，堆积体底滑面平均倾角约为28.4°；高程2700m以上为三级平台，堆积体底滑面平均倾角约为25.3°。堆积体在三个区域的交界部分附近有底滑面倾角的急剧增大，具体在高程2710～2730m处、2376m处、2120～2170m处（前缘），并且这些位置的底滑面倾角都超过了40°。

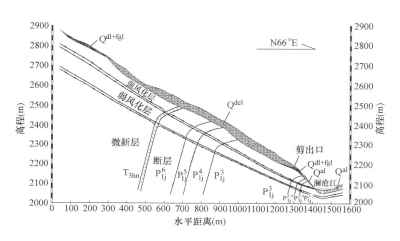

图 10-28   堆积体典型地质剖面图

10.2.2   三维数值模型

数值计算主要关注表层堆积体位置，因此滑坡堆积体三维计算模型范围为：X方向1900m，Y方向1230m，Z方向1855m。模型底部取高程1500m。由于滑带土层厚小，采用规整六面体网格或四面体网格生成精细模型非常困难，因此根据各岩土层分界面采用三棱柱网格自下而上生成如图10-29（a）所示模型，其中堆积体表面如图10-29（b）所示，每个单元均采用退化六面体（三棱柱），共划分单目58080，节点35687个。岩土体均采用mohr-coulomb弹塑性本构模型，并考虑优先差分法对网格要求低，选择FLAC3D软件进行计算。所有岩土体均采用莫尔库伦准则，岩土物理力学参数如表10-1所示。

岩土体物理力学参数取值表   表 10-1

岩体分类	内摩擦角 φ（°）	黏聚力（kPa）	变形模量 E（GPa）	泊松比	天然重度（kN/m³）	饱和重度（kN/m³）
滑体	34.0	50.0	0.1	0.32	21.0	23.0
滑带土	26.5	27.0	0.05	0.35	20.5	22.0
基岩	34.0	180.0	6.3	0.29	23.0	23.5

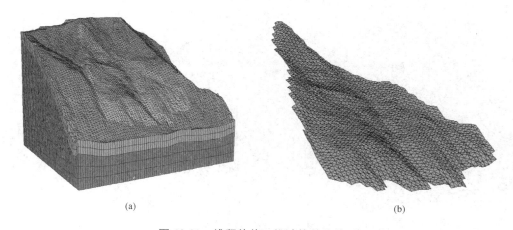

(a) (b)

图 10-29 堆积体体三维计算数值模型

（a）堆积体数值模型材料分区；（b）堆积体滑动部分地表

10.2.3 持久工况计算结果

天然条件属于持久工况，该堆积体地下水位很低，处于滑带土以下，可考虑为无水条件。上部堆积体破碎，可考虑堆积体仅受自重作用。

滑坡堆积体最大主应力和最小主应力分布情况（以拉应力为正）如图 10-30、图 10-31 所示。最大主应力范围为 $-25.57 \sim -0.90\mathrm{MPa}$，最小主应力范围为 $-7.97 \sim 0.23\mathrm{MPa}$。塑性区如图 10-32 所示主要分布于滑带土、一期滑坡体后缘，三期滑坡前缘剪出口区域且在堆积体边界局部出现拉应力区。

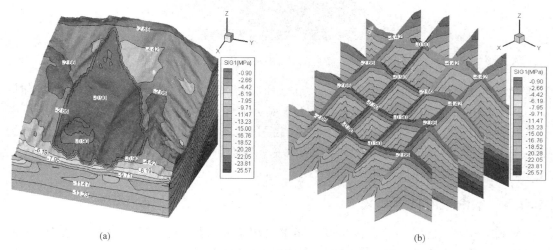

(a) (b)

图 10-30 最大主应力分布图（单位：MPa）

（a）三维分布；（b）切面分布

从持久工况大主应力分布看出，滑坡体内以压应力为主，破坏模式以"压-剪"破坏为主；两侧缘及后缘部位，压应力转化为拉应力，特别在后缘附近这种现象尤为明显，可能导致滑坡体发生"拉-剪"破坏，对稳定性起着至关重要的作用，尤其对地表拉裂缝的

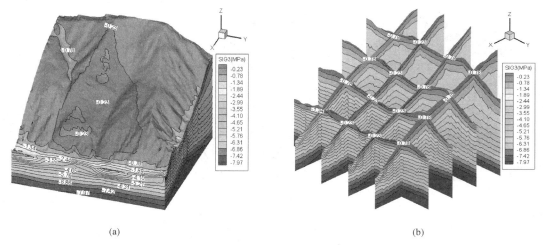

(a)   (b)

图 10-31　最小主应力分布图（单位：MPa）

（a）三维分布；（b）切面分布

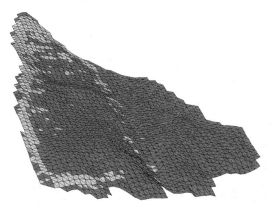

图 10-32　持久工况下滑坡体塑性区分布图

形成具有控制性作用；前缘可见明显的收口效应，最大主应力从滑体侧缘向内部过渡时，应力逐渐向内部发生偏转，而基岩内最大主应力方向保持不变，易产生"剪切屈服"破坏。持久工况下，Ⅱ区滑坡体对应的主应力较Ⅰ区大，即Ⅱ区胶结度较高，但剪应变增量却小于Ⅰ区。结合两区最危险滑坡体对应的安全系数Ⅰ区明显小于Ⅱ区，表明Ⅰ区稳定性较Ⅱ区稍差，与现场地质判断结果一致。

10.2.4　暴雨工况计算结果

暴雨工况属于短暂工况，按照设计要求采用滑面施加 5m 水头考虑，如图 10-33 所示。滑坡体最大主应力和最小主应力分布情况（以拉应力为正）如图 10-34 和图 10-35 所示。最大主应力范围为 $-32.24 \sim -0.26$MPa，最小主应力范围为 $-11.97 \sim 0.23$MPa。最大位移为 950.00mm，主要位于滑坡体Ⅰ区三期滑坡体剪出口处、Ⅱ区一期滑坡体及厚度较大的三期滑坡体处，如图 10-36。塑性区急剧增加，滑带土塑性区基本贯通（图 10-37），但在滑坡体表面，Ⅰ区三期及Ⅱ区一期滑体处尤为明显（图 10-38），且在堆积体边界处出现大面积拉应力区。

图 10-33 短暂工况加水头示意图

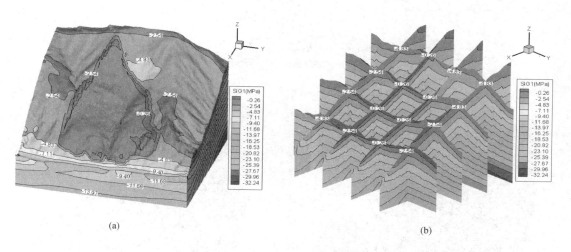

图 10-34 短暂工况大主应力分布图

（a）三维分布；（b）切面分布

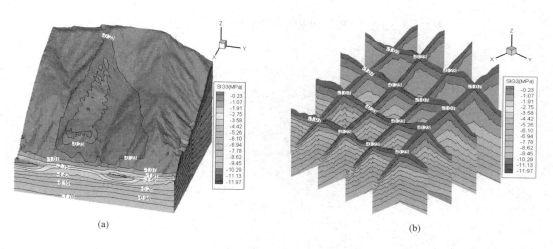

图 10-35 短暂工况小主应力分布图

（a）三维分布；（b）切面分布

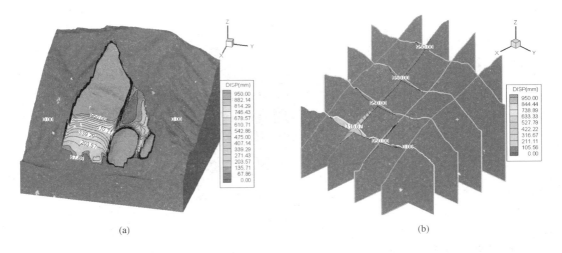

(a)　　　　　　　　　　　　　　　　(b)

图 10-36　短暂工况位移分布图

（a）三维分布；（b）切面分布

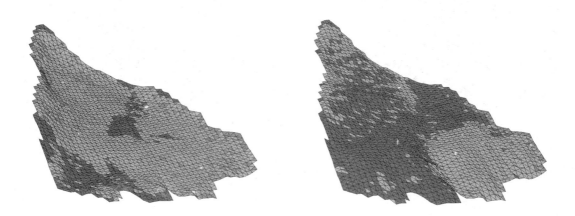

图 10-37　短暂工况滑带土塑性区和短暂工况滑体塑性区分布图

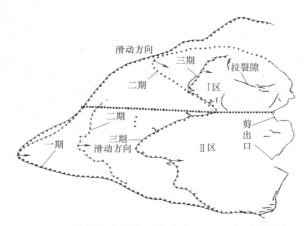

图 10-38　堆积体表层拉裂隙分布（2009 年裂隙调查）

滑坡体Ⅰ区自河谷部位向上安全系数逐步提高，其破坏模式以牵引式的逐步坍塌为主，自三期至一期滑坡面裂隙数量逐渐减少。滑坡体Ⅱ区除剪出口部位出现多条拉裂隙，在Ⅰ期滑坡体后缘附近的裂隙已形成近10m的拉裂带。但Ⅱ区滑坡体属推移式滑坡类型，在三期滑坡体上裂隙较少，其前缘剪出口部位应为整体滑坡体处于极限平衡状态所致。2008年强降雨后滑坡启动，在此基础上的勘察结果发现边坡表面裂隙如图10-39所示。与滑坡堆积体表层拉裂隙分布图相比，数值计算稳定性成果与现场勘查成果完全吻合，表明对该边坡的变形破坏模式的判断有很大可信性。

图 10-39　前缘垮塌区和边坡后缘错动 1.7m 示意图

10.2.5　结论

持久工况下滑坡体塑性区主要分布于滑带土，一期后缘，三期前缘剪出口区域。滑坡体整体以自重应力场为主，受地层材料性质控制。滑体内以压应力为主，破坏模式为"压-剪"破坏。前缘部位存在应力收口效应，破坏模式为"剪切屈服"破坏。两侧缘及后缘部位，压应力转化为拉应力，发生"拉-剪"破坏模式，对地表拉裂缝形成起着至关重要的作用。

短暂工况平均5m水头作用下Ⅰ区三期滑坡体、Ⅱ区一期滑坡体塑性区急剧增加，底滑面呈现贯通趋势。Ⅰ区的变形模式主要由滑坡体整体蠕滑变形发展为前缘逐渐解体而产生多级牵引式滑动破坏，变形方向为河床略微斜向争岗沟。Ⅱ区变形模式主要是一期滑坡挤压下部滑坡体造成滑坡体整体蠕滑变形，变形方向为河床方向，但随着变形发展，存在牵引式滑动转变的趋势。

10.3　大型洞室施工过程分析

10.3.1　工程概况

某水电站尾水调压室地下洞群规模宏大，采用"三机一室一洞"的布置方式。调压室后接尾水隧洞，共三条尾水隧洞，尾水隧洞由调压室后渐变段（方变圆）、标准圆段（平面转弯段及直段）、出口渐变段（圆变方）三部分组成。三个圆筒按"一"字形布置，间距为102.0m，中心连线与主厂房轴线平行，方位角为NE76°。三条尾水支洞汇入一个调压室，每个调压室接一条尾水隧洞。尾水系统 1 号调压井开挖直径为 $\phi29.3m\sim\phi34.3m$，2 号、3 号调压井开挖直径为 $\phi31.3m\sim\phi34.3m$。尾水调压井之间在 625.5m 高程设连通上室，断面为城门洞型，开挖断面尺寸为 14.3m×17.5m（宽×高），2 号、3 号调压井间连通洞上室长为 70.7m，1 号、2 号调压井间连通洞上室长为 71.7m。尾水调压室下部 EL580.45m～EL561.0m 高程为五洞交叉形结构（三条尾水支洞、一条尾水隧洞和调压室大井），尾水调压室 EL580.45 高程以上为圆筒结构，顶拱为球面。

尾水支洞主要由 9 条尾水支洞构成，采用"三机一室一洞"的布置方式，在调压室内 3 条尾水支洞沿径向交汇为一条尾水隧洞。9 条尾水支洞每 3 条为一组平行布置，分别交汇于 3 个尾调室，相邻两条尾水支洞中心间距 34.0m，岩壁厚度 18.1～19.1m。每组尾水支洞长度：两侧 105.42m，中间 92.75m，底坡坡度 0%。尾水支洞开挖断面尺寸为 14.9m×18.75m（宽×高），衬砌后断面尺寸为 11.0m×15.0m（宽×高）的城门洞形，混凝土衬砌厚度 1.8m。初期支护形式为砂浆锚杆、预应力锚杆、挂网喷混凝土，局部采用注浆管棚、喷钢纤维混凝土支护。尾水支洞以 EL571.5 为界，分两层进行开挖支护。洞室群开挖典型剖面如图 10-40 所示。

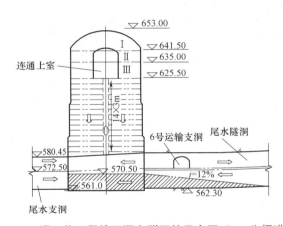

图 10-40　调压井工程地下洞室群开挖示意图（⟹ 为掘进方向）

10.3.2　三维数值模型

三维计算模型研究范围为：X 坐标方向（尾水支洞纵向，指向下游为正）长度为 246m（$X=-349m\sim-103m$）；Y 坐标方向（调压井纵向，1 号调压井指向 3 号调压井方向为正）长度为 450m（$Y=0m\sim450m$）；Z 坐标方向（竖直方向，向上为正）底面高程为 501m（$Z=501m\sim865m$），向上延伸至高程 865m，最大高度为 364m。洞室共分 38 步开挖，分初期支护施工和二次衬砌施工两次支护。初期支护施工采用开挖及时支护的方式，初期支护施工完全稳定后，释放的围岩压力为 100%，才施作二次衬砌。

调压井工程区三维地质可视化模型如图 10-41 和图 10-42 所示，计算模型共划分单元 184336 个，节点 38954 个。为保证计算精度，在开挖边界附近范围取较密的单元风格，远离开挖边界范围的单元尺寸逐渐变大。计算模型采用位移边界条件，采用实体单元模拟，衬砌用弹性材料来模拟。通过尾水调压井地带的Ⅲ级断层有 F20、F21、F22，三条断层切割洞室的有限元模型如图 10-43 所示，围岩包括强风化岩体、弱风化上层岩体（简称弱上岩体)、弱风化下层岩体(简称弱下岩体)、微新岩体,调压井地下洞室群处于微新岩体中,岩性较好。调压井工程区三维地质模型如图 10-44 所示。

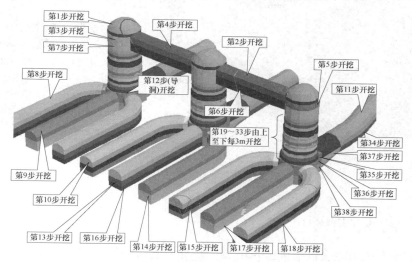

图 10-41   调压井研究区地下洞室开挖分步示意图

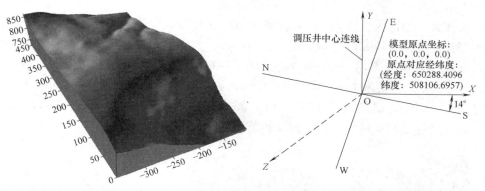

图 10-42   调压井研究区三维可视化模型与有限元模型坐标与大地坐标系的关系

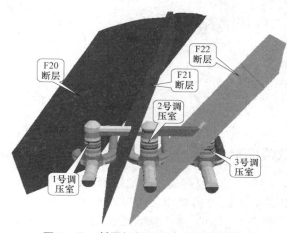

图 10-43   断层切割洞室有限元计算模型

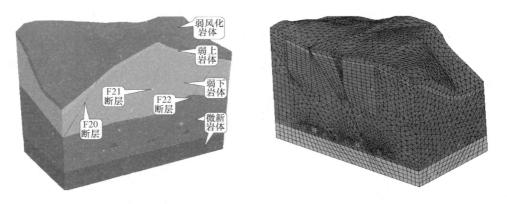

图 10-44   调压井工程区三维地质模型

10.3.3   洞室支护措施

数值模型支护的范围包括调压井拱顶、井身、五洞交叉部位、连通上室、尾水支洞、尾水隧洞等部位。施工期主要采用喷射混凝土、系统锚杆、预应力锚杆、锚索等支护措施。从已有经验看，五洞交叉部位与井身相交锁口、五洞交叉口边墙处可能拉应力较集中，位移较大，塑性区也较多。所以这些部位的锚杆参数应适当增大。

根据该水电站调压井地下洞室设计支护参数，锚索主要布置于井身上半部分和1号调压井拱顶，锚索预应力均采用 1000kN 级，间距 5.00～13.50m。预应力锁口锚杆长度 9.00m，直径 $\phi32$，间距 1m×1m～2m×2m；系统锚杆长度为 4.50～9.00m，间距 1m× 1m～2.5m×2.5m，锚杆直径 $\phi25$、$\phi28$、$\phi32$、$\phi36$ 四个等级，喷层厚度 0.1～0.25m，水电站调压井地下洞室群设计支护情况示意图如图 10-45 所示。

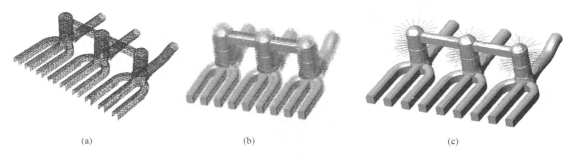

(a)   (b)   (c)

图 10-45   调压井地下洞室群设计支护示意图
(a) 喷射混凝土；(b) 锚杆；(c) 锚索

10.3.4   毛洞开挖数值模拟

毛洞开挖是在无支护情况下，根据提供的地质资料、岩体力学参数进行无任何支护的洞室开挖，以初步获得洞室开挖变形规律。选择四个典型剖面进行分析，剖面位置见图 10-46。经过数值计算，各典型剖面位移计算结果见图 10-47～图 10-50，典型剖面 1 小主应力和塑性区分布计算结果见图 10-51 和图 10-52。

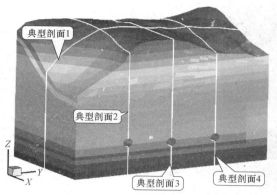

图 10-46 典型剖面位置示意图

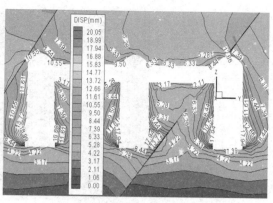

图 10-47 典型剖面 1 位移计算结果

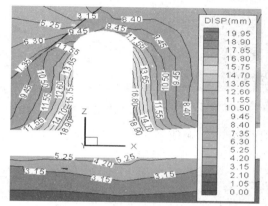

图 10-48 典型剖面 2 位移计算结果

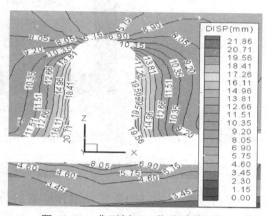

图 10-49 典型剖面 3 位移计算结果

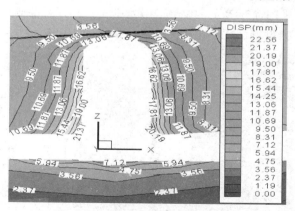

图 10-50 典型剖面 4 位移计算结果

　　毛洞开挖是为了说明调压井地下洞室群在极端情况下开挖后的围岩稳定性情况。从位移计算结果可知，即使在极端情况下，围岩最大位移也较小，为 22.56mm，发生在五洞交叉口与井身交叉部位。毛洞开挖后，围岩应力主要在五洞交叉口边墙较大，最大拉应力为 1.01MPa，远小于微新岩体抗拉强度，塑性区分布主要在洞室边墙部位，其中五洞交叉口边墙塑性区分布连续，但总体塑性区较少。从毛洞数值计算结果来看，该调压井地下

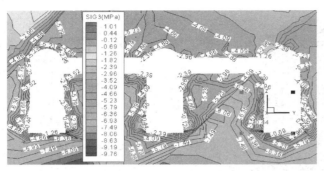

图 10-51　典型剖面 1 小主应力计算结果

图 10-52　典型剖面 1 塑性区分布计算结果

洞室群围岩整体稳定性较好，大型洞室开挖对其稳定性影响较小。

10.3.5　设计支护措施下数值模拟分析

设计支护措施下的数值模拟分析是指采用毛洞开挖数值模拟分析的围岩力学参数、初始地应力场，采用设计院设计的支护参数分期开挖支护计算，计算中锁口锚杆采用预应力锚杆单元，系统锚杆采用锚杆单元，喷层采用壳单元。计算后各典型剖面位移计算结果见图 10-53～图 10-55，典型剖面 1 小主应力计算结果见图 10-56。

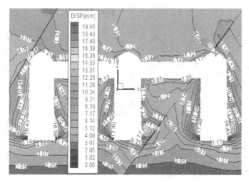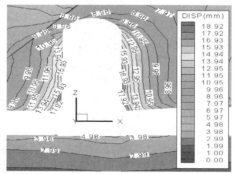

图 10-53　设计支护典型剖面 1 和 2 位移计算结果

计算结果表明，设计支护措施下，围岩最大拉应力和位移值与毛洞开挖相比均有所降低，最大位移从 22.56mm 降至 21.28mm，最大拉应力从 1.01MPa 降至 0.54MPa。设计支护措施下，典型剖面塑性区分布计算结果见图 10-57，从塑性区分布来看，支护作用下塑性区比毛洞开挖分布要少，特别是五洞交叉口边墙塑性区由连续分布减少为非连续分布。说明支护对洞室的稳定性有明显的改观，支护作用下应力位移分布规律与毛洞开挖时分布规律一致。

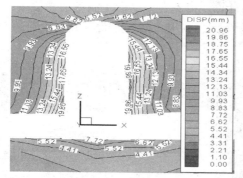
图 10-54　设计支护典型剖面 3 位移计算结果

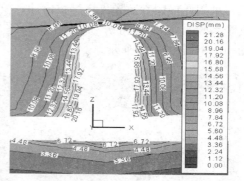
图 10-55　设计支护典型剖面 4 位移计算结果

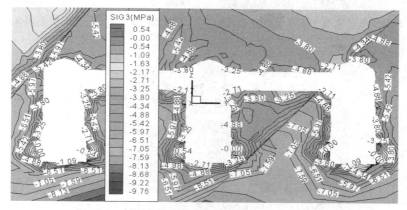
图 10-56　设计支护典型剖面 1 小主应力计算结果

图 10-57　设计支护措施下典型剖面 1 塑性区分布计算结果

　　从以上分析可知，由于洞室处于微新岩体中，岩石硬度较大，采用设计的施工支护方法施工，围岩较稳定。

10.3.6　优化支护方案后数值模拟

　　多方案对比优化结果表明锁口锚杆间距为 1m×1m，预应力为 100kN，井身 EL580.45m～EL586.5m 段锚杆直径为 ϕ36mm，井身 EL580.45m～EL586.5m 段锚杆长度为 4.5m，井身 EL580.45m～EL586.5m 段锚杆间距为 1.5m×2.5m，五洞交叉部位边

墙锚杆直径为 $\phi25\text{mm}$，五洞交叉部位边墙锚杆长度为 7.5m，五洞交叉部位边墙锚杆间距为 $1\text{m}\times1.5\text{m}$，喷层厚度为 0.15m 时，支护优化的经济和稳定性最佳。

采用此锚固参数导入三维数值计算模型参与计算，得到典型剖面 1 洞室围岩位移、点安全系数、小主应力分布云图和洞室围岩塑性区、拉应力区三维可视化结果，如图 10-58～图 10-61 所示。

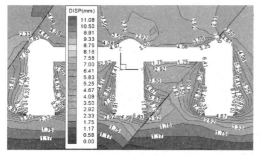

图 10-58　地下洞室典型剖面 1 围岩位移分布云图

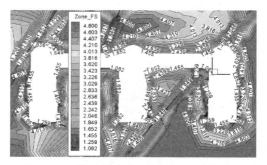

图 10-59　地下洞室典型剖面 1 围岩点安全系数分布云图

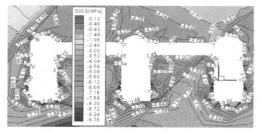

图 10-60　地下洞室典型剖面 1 围岩小主应力分布云图

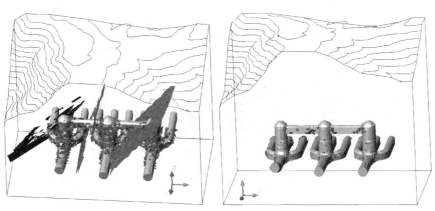

图 10-61　地下洞室群围岩塑性区分布三维可视化图

由以上应力、位移、塑性区和点安全系数分布图可知，最优支护方案正演计算得到的点安全系数能够满足规范规定的最小要求；洞室收敛位移较小，最大值为 11.08mm；地下洞室群围岩的拉应力最大值 0.12MPa，小于岩石的抗拉强度，无拉裂区，拱顶几乎无拉应力区，洞室交叉处易造成应力集中，但总体拉应力较小，对洞室稳定影响很小；塑性区主要分布于洞室交叉部位以及断层附近，总体塑性区不大。总之，地下洞室群开挖过后，地下洞室总体上是稳定的，优化得到的最佳锚固参数支护方案经济合理，可以为其他类似工程的施工、设计提供指导。

本章小结

针对岩土工程中的不同对象，在采用数值方法开展施工过程仿真时都要注意：

（1）任何方法都不是万能的，要完全地吻合工程实践非常困难。要充分尊重计算条件与假定条件，一切计算都是依托于既定的假设条件。

（2）切忌单一采用数值计算说明问题，数值计算的作用是在假定条件、已知参数与荷载条件下反映外力变化下的力学响应，其中的参数确定、变形、内力变化必须借助室内试验、现场监测、工程类比等因素方能给出，因此试验＋数值模拟＋监测的综合分析方法更应受计算者重视。

（3）针对同一工程问题，应尽量采用多种方法、多个角度开展研究，以相互验证结论的正确性。

（4）如果是自定义开发的模型、方法，必须先利用典型案例或公认的成果进行验证，分析所提出方法与已有方法的差异，方可用于课题研究与分析。

思考与练习题

10-1　在基坑开挖过程中，岩土体的卸荷作用有何影响？

10-2　持久工况和短暂工况下边坡破坏模式如何判别？

10-3　洞室开挖如何判断稳定性？有哪些指标可用？

第 11 章　高层建筑结构抗震分析

本章要点及学习目标

本章要点：
(1) 高层钢筋混凝土结构建模方法；(2) 基础隔震结构建模方法。
学习目标：
(1) 掌握钢筋混凝土结构建模所用材料及单元；　(2) 掌握隔震支座建模方法；
(3) 了解动力时程分析方法。

11.1　高层钢筋混凝土结构动力弹塑性分析

11.1.1　序言

本设计实例是办公大楼，为了保证结构"大震不倒"的设防目标，评估结构在罕遇地震下的性能水平，对其进行动力弹塑性分析。

动力弹塑性分析方法是一种直接基于结构动力学的数值分析方法，可以得到结构在地震时刻下各质点的位移、速度、加速度和构件的内力，给出结构开裂和屈服的顺序，发现应力和变形集中的部位，获得结构的弹塑性变形和延性要求，进而判明结构的屈服机制、薄弱环节及可能的破坏类型，还可以反映地面运动的方向、特性及持续作用的影响，也可以考虑结构的各种复杂非线性因素等问题。

尽管由于未来实际地震地面运动可能与时程分析中选用的地震波不一致，导致该方法的评价结果也存在一定的不确定性，但是相比于其他方法，弹塑性时程分析方法仍然是目前最先进的方法。

11.1.2　建筑概要

1. 结构概要

用途：综合性商业中心。

规模：地上 65 层。

建筑高度：结构高度为 249.57m；标准层高为 4.1m。

结构形式：钢筋混凝土框架-核心筒结构。

标准层平面：如图 11-1 所示。

2. 场地概要

设防烈度：6 度。

设计地震基本加速度：$0.05g$。

特征周期：$0.35s$。

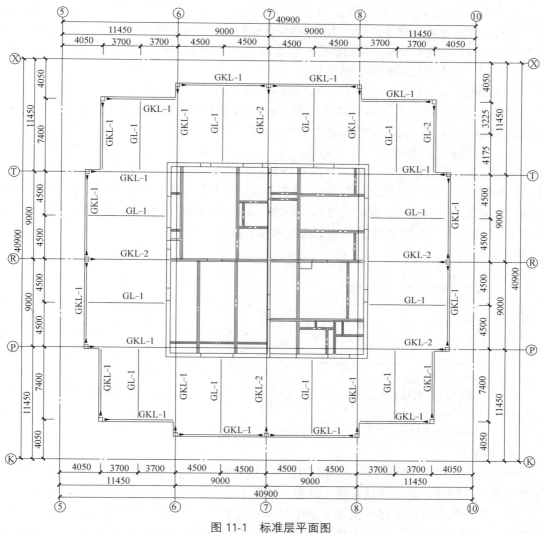

图 11-1 标准层平面图

11.1.3 分析模型

1. 分析工具

使用三维建筑结构非线性分析与性能评估软件 Perform-3D 进行结构动力弹塑性分析。Perform-3D 以结构工程的基本概念为基础，以结构构件的力学性能设定为前提，通过结构分析手段来得到整体结构的性能评估，符合工程师对结构性能的理解。

2. 材料本构模型

1) 钢材

钢材本构采用非屈曲钢材本构，因为结构的延性设计主要建立在钢筋经历反复的大塑性应变依然能够维持较高应力水平基础上的，并要求钢筋通常不会发生拉断等脆性破坏。

本结构中钢材本构采用三折线关系曲线，考虑正向、负向变形对称，不考虑强度损失，滞回关系选用 YX＋3 选项。

需要考虑输入的参数 K_0、K_H、F_Y、F_U、D_U、D_X，如图 11-2 所示。其中，K_0 为初始刚度；K_H 为强化刚度；F_Y 为第一屈服强度；F_U 为极限强度；D_U 为极限强度点对应的位移；D_X 为最大变形对应的位移。对于该本构，还可以输入 F-D 关系曲线上 Y、X 点以及中间三个点对应的耗能消减系数。

2）混凝土

混凝土本构采用三折线关系曲线，不考虑负向变形，考虑强度损失，滞回关系选用 YULRX 选项，采用应变能评价性能水平。

需要考虑输入的参数 K_0、K_H、F_Y、F_U、D_U、D_X、D_L、D_R、F_R，如图 11-3 所示。其中，K_0 为初始刚度；K_H 为强化刚度；F_Y 为第一屈服强度；F_U 为极限强度；F_R 为残余强度；D_U 为极限强度点对应的位移；D_L 为延性强度点对应的位移；D_R 为残余强度点对应的位移；D_X 为最大变形对应的位移。对于该本构，还可以输入 F-D 关系曲线上 Y、U、L、R 和与 X 点对应的耗能消减系数。

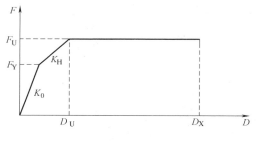

图 11-2　钢材本构曲线

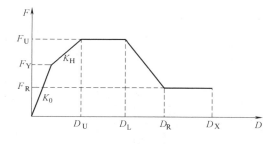

图 11-3　混凝土本构曲线

3. 构件非线性模型

1）框架梁

Perform-3D 中，塑性铰是一个截面组件，通过将其余组件进行组装，得到框架复合组件，用于模拟梁、柱构件的非线性行为，组件示意如图 11-4 所示。

对于截面轴力可以忽略的情况，如梁端非线性行为，使用弯矩型塑性铰（M 铰）进行模拟。本例中在梁构件中使用转角型塑性铰，使用转角作为塑性铰变形的度量。其中梁构件中使用的塑性铰如图 11-4 所示。刚性节点域，其长度由柱的尺寸决定。

图 11-4　梁组件示意

2）框架柱

对于截面轴力不可忽略的情况，比如柱端非线性行为，可在柱构件中使用非线性纤维截面，通过定义柱纤维截面中每根纤维的面积与坐标来定义柱纤维截面。需要输入截面纤

维数据、剪切面积、剪切模量、扭转惯性矩等参数。柱构件组件示
意如图 11-5 所示。

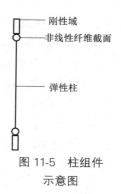

图 11-5 柱组件
示意图

3）连梁

由于连梁的跨高比较小，变形以剪切变形为主，因此以 Per-
form-3D 中的弹性截面梁模拟连梁中段，在计算模型的中部设置剪切
塑性铰以计算连梁的剪切塑性行为。连梁端部设置弯曲塑性铰以考
虑梁端可能形成的塑性铰。塑性铰采用三折线关系曲线，考虑负向
变形，考虑强度损失，滞回关系选用 YULRX 选项。连梁计算模型
的组件构成情况如图 11-6 所示。

图 11-6 连梁组件示意图

4）剪力墙

采用非线性剪力墙单元来模拟结构中的剪力墙。该单元的实质是纤维墙元模型，是基
于平面的 MVLEM 单元理论扩展得到的三维单元，单元的转动中心参数 c 取值为 0.5。剪
力墙单元是 4 节点单元，其平面内竖向的拉压特性、弯曲特性及水平方向的剪切特性按
MVLEM 单元理论得到。剪力墙单元的变形模式如图 11-7 所示。

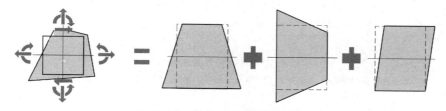

图 11-7 剪力墙平面内的弯曲变形

剪力墙单元通过剪力墙复合组件定义，而剪力墙复合组件则通过指定剪力墙的纤维截
面组件、水平剪切材料及水平方向压弯的弹性属性来完成定义。另外，剪力墙平面外的弹
性属性在剪力墙纤维截面组件中定义。

采用固定尺寸的方式定义墙的纤维截面，其中通过定义墙纤维截面中每根纤维的面积
与坐标来定义墙纤维截面。需要输入截面纤维数据及平面外厚度等参数，并定义监测
纤维。

剪切属性采用弹性剪切材料来定义。

5）瑞利阻尼

瑞利阻尼假设结构阻尼矩阵由结构质量矩阵与刚度矩阵线性组合而成：

$$C_R = \alpha M + \beta K \tag{11-1}$$

式中 M——结构质量矩阵；

K——结构初始弹性刚度矩阵；

α、β——系数。

定义瑞利阻尼时不直接定义 α 与 β 的数值，而是定义一阶周期和二阶周期的比值，以及每个周期对应的阻尼比。

4. 数值分析方法

1）数值方法

采用固定增量步的 CAA 法（Constant Average Acceleration，即平均常值加速法）计算结构非线性动力平衡方程组。该方法为无条件稳定计算方法，具有较高的计算效率。

2）性能水准

根据 FEMA-356 的规定，将结构的抗震性能分为以下 4 个水准：

（1）充分运行（OP）：构件仍处于弹性阶段，在地震时与地震后功能完好。

（2）基本运行（IO）：构件屈服，发生轻度破坏，经修理后仍可继续使用。

（3）生命安全（LS）：构件发生中等程度的破坏，基本功能受到影响，但不至于伤人，人的生命安全能够得到保障。

（4）接近倒塌（CP）：构件发生比较严重的破坏，接近倒塌状态。

计算采用 FEMA-356 规定的构件性能指标，如图 11-8 所示。

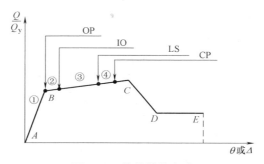

图 11-8　构件性能水准

①弹性控制性能段；②运行控制性能段；③破坏控制性能段；④有限安全性能段

参考《高层建筑混凝土结构技术规程》JGJ 3—2010 中表 3.11.2 对结构抗震性能水准的定义，对本算例结构的抗震性能水准进行定义，各性能水准下算例结构的预期震后性能状态如表 11-1 所示。

各性能水准结构预期的震后性能状况　　　　表 11-1

结构抗震性能水准	宏观损坏程度	剪力墙	损坏构件框柱	框架梁	继续使用的可能性
1	完好、无损坏	无损坏	无损坏	无损坏	不需修理可继续使用
2	基本完好、轻微损坏	无损坏	无损坏	OP	稍加修理可继续使用
3	轻度损坏	OP	OP	IO、部分 LS	一般修理后可继续使用
4	中度损坏	IO	IO、部分 LS	LS、部分 CP	修复或加固后可继续使用
5	比较严重损坏	LS、部分 CP	LS、部分 CP	CP	需排险大修

在项目中对组件变形定义 3 个水准，其中第一性能水准对应于 IO；第二性能水准对应于 LS；第三性能水准对应于 CP。后续将关注构件的界限状态及使用率，从而了解结构的性能水平。

11.1.4 地震反应分析

1. 地震波选取

选用两组天然地震动记录（L1213波和L0397波）和一组人工波（L640波），进行双向时程分析，各分析工况均采用双向输入，主、次方向地震波强度比按1：0.85确定，罕遇地震峰值加速度取125gal。三组地震波的加速度时程曲线和对应的加速度谱与设计反应谱（4%阻尼比）对比如图11-9~图11-12所示。频谱分析表明所选地震波频谱特性满足要求。

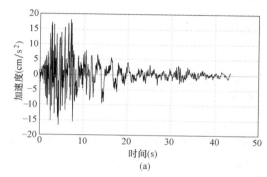 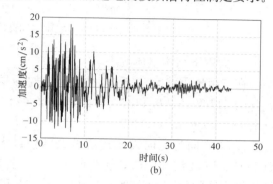

图 11-9　第一组天然波（L1214、L1214）加速度时程
（a）第一组天然波加速度时程L1213；（b）第一组天然波加速度时程L1214

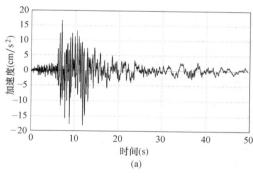 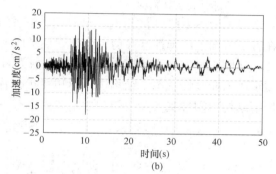

图 11-10　第二组天然波（L0397、L0398）加速度时程
（a）第二组天然波加速度时程L0397；（b）第二组天然波加速度时程L0398

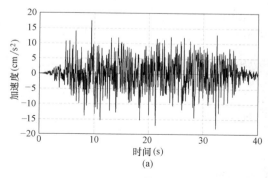 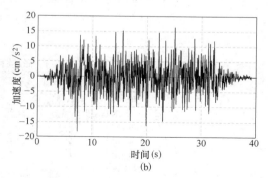

图 11-11　人工波（L640-1、L640-2）加速度时程
（a）人工波加速度时程L640-1；（b）人工波加速度时程L640-2

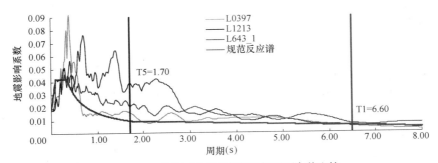

图 11-12　地震动加速度谱和地面设计谱比较

2. 大震下结构整体响应

在三组地震波六工况输入下，结构顶层 X 向位移最大值依次为 0.56m（L640）、0.48m（L0397）、0.44m（L1213），Y 向位移最大值依次为 0.54m（L640）、0.50m（L1213）、0.47m（L0397）。

以 X 方向为主向输入地震波，结构最大层间位移角分别为 1/410、1/389 和 1/332（L1213、L0397、L640），包络值 1/332，小于 1/100 限值。以 Y 方向为主向输入地震波，结构最大层间位移角分别为 1/375、1/431 和 1/390（L1213、L0397、L640），包络值 1/375，小于 1/100 限值。

3. 结构层剪力响应

以 L1213-L1214 波为例，罕遇地震下各组地震波以 X 为主向和 Y 为主向输入时结构在各主方向上的弹性基底剪力与弹塑性基底剪力时程对比如图 11-13 所示。

从图 11-13 中可以看出，结构基底剪力时程数秒后弹性响应和弹塑性响应分离，结构逐步进入非线性状态，结构进入弹塑性状态后，结构的周期有明显的延长。各条地震波作用下结构弹塑性基底剪力较弹性基底剪力有一定的降低。

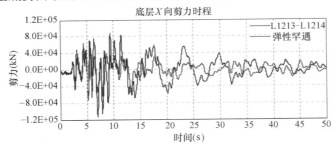

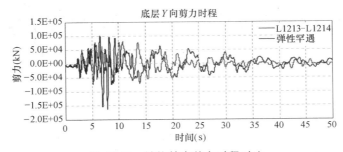

图 11-13　结构基底剪力时程对比

4. 大震下结构能量耗散分布图

以 L1213-L1214 波为例，以百分比的形式给出了地震输入下结构总能量与结构各部分耗能（动能、阻尼能和弹塑性变形能）随时间的变化情况，如图 11-14 所示。可见结构在第 5 秒逐渐进入弹塑性，与弹性基底剪力时程和弹塑性基底剪力时程的分离时间基本吻合。

结构的非线性耗能明显小于模态阻尼耗能，一方面说明阻尼耗能对结构的弹塑性地震反应有重要的影响，另一方面也说明结构整体在罕遇地震下处于弱非线性阶段。

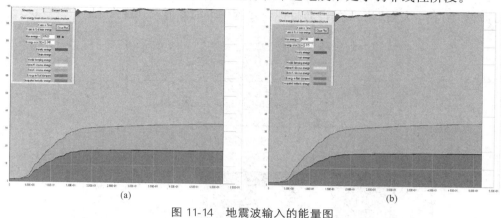

图 11-14 地震波输入的能量图
(a) L1213-L1214 （$X+0.85Y$）工况；(b) L1213-L1214 （$0.85X+Y$）工况

5. 典型框架梁及连梁的滞回耗能

图 11-15 给出了结构部分典型连梁和框架梁的滞回耗能曲线，滞回曲线比较饱满，说明连梁和框架梁都具有较好的延性和耗能能力，符合基本的概念设计要求。

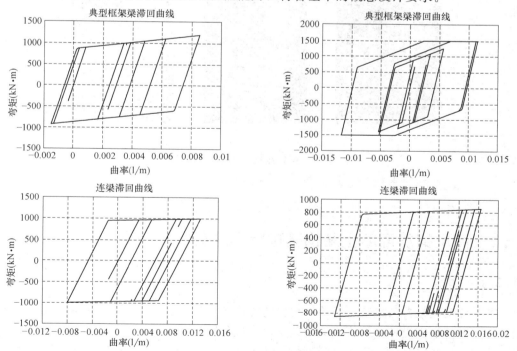

图 11-15 典型框架梁及连梁的滞回耗能曲线

11.1.5　结构性能水平分析

　　整体结构罕遇地震下水准图如图 11-16 和图 11-17 所示。可以看出，部分连梁的弯曲和剪切损伤及部分框架梁损伤和裙房部分柱子，以及结构上部部分剪力墙的损伤超越第一性能水准，部分连梁的弯曲和剪切损伤及部分框架梁损伤和裙房部分柱子损伤超越第二性能水准，所有结构构件的塑性损伤都未超越第三性能水准，据此可以判断主楼结构达到了罕遇地震作用下"大震不倒"的设防目标，并有一定的变形和强度富余。

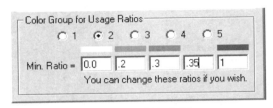

图 11-16　利用率图

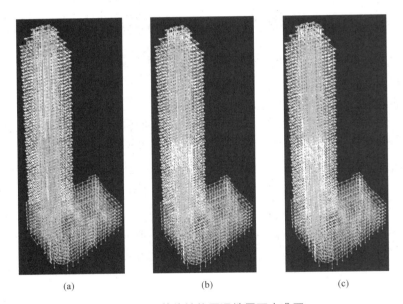

(a)　　　　　　　　　　　(b)　　　　　　　　　　　(c)

图 11-17　整体结构罕遇地震下水准图
(a) 第一性能水准图（IO）；(b) 第二性能水准图（LS）；(c) 第三性能水准图（CP）

11.2　高层钢筋混凝土结构基础隔震分析

11.2.1　序言

　　本设计实例是办公大楼，建筑场地设防烈度为 7 度（0.1g）。为了提高结构的抗震性能，对其进行隔震设计。结构隔震设计是以柔性隔震支座来隔绝地震力的输入路径，从而大大减少结构承受的地震力，减轻结构在强震下的损伤。一般地震的卓越周期大多在

0.1～1.5s 之间，而一般传统建筑的自振周期也大都在此范围内，因此在地震作用下将产生较大的地震响应。隔震系统因水平刚度较小，可延长上部结构的周期至 3s 甚至 4s 以上，使建筑物因地震而产生的加速度响应大大减小，隔震系统同时也能利用隔震支座的非线性变形吸收地震能量，提高系统的阻尼比，降低地震对建筑物的作用力。

11.2.2 建筑概况

1. 结构概要

用途：办公大楼。

规模：地上 5 层。

建筑高度：结构高度为 22.2m；标准层高为 3.8m；第一层层高为 4.5m；隔震层高为 2.1m。

结构形式：钢筋混凝土框架结构。

2. 场地概要

设防烈度：7 度。

设计地震基本加速度：0.10g。

特征周期：0.35s。

3. 性能目标

结构隔震体系由上部结构、隔震层和下部结构三部分组成。本结构的性能目标如表 11-2 所示。

本隔震结构性能目标 表 11-2

设计工况	重力荷载代表值	重力荷载代表值和风载的组合	重力荷载代表值和小震的组合	重力荷载代表值和大震的组合
隔震层上部结构	弹性	弹性	弹性	修复或加固后可继续使用
隔震层	支座面压不大于 14MPa，偏心率不大于 5%	隔震层不屈服	隔震层可屈服	隔震层屈服 支座面压－1MPa≤σ≤极值面压 叠层橡胶支座剪应变 γ≤300% 且 γ≤0.55D
隔震层下部结构	弹性	弹性	弹性	弹性

11.2.3 隔震层的设计

1. 隔震装置的设计

《建筑抗震设计规范》GB 50011—2010（2016 年版）第 12.2.4 条规定：隔震层宜设置在结构的底部或下部，其橡胶隔震支座应设置在受力较大的位置，间距不宜过大，其规格、数量和分布应根据竖向承载力、侧向刚度和阻尼的要求通过计算确定。

通过反复计算分析，最终确定在原结构地下室顶面分别设置：26 个直径 600mm 的铅芯型橡胶支座（产品型号为 LRB600）；17 个直径 600mm 的天然橡胶支座（产品型号为 NRB600）；9 个直径 700mm 的天然橡胶支座（产品型号为 NRB700）。

各隔震支座的参数列于表 11-3，隔震支座配置图绘于图 11-18。

隔震支座设计参数   表 11-3

项目		LRB600	NRB600	NRB700
外径(mm)		600	600	700
铅芯直径(mm)		120	—	—
橡胶层厚(mm)		4.1	4.1	4.7
橡胶层数		29	29	29
橡胶总厚(mm)		119	119	136
S1		36.6	34.8	35.4
S2		5.0	5.0	5.1
连接板外径(mm)		700	700	1000
连接板厚(mm)		25	30	35
产品总高(mm)		296.9	296.9	344.3
竖向性能	竖直刚度(kN/mm)	2917	2577	3108
	基准面压(N/mm²)	15	15	15
水平性能	一次刚度(kN/mm)	12.19	0.917	1.089
	二次刚度(kN/mm)	0.938		
	屈服荷载(kN)	90		
	等效刚度(kN/mm)	1.696	0.917	1.089
	阻尼比	26.5	—	—

注：橡胶剪切弹性模量 $0.392 N/mm^2$。

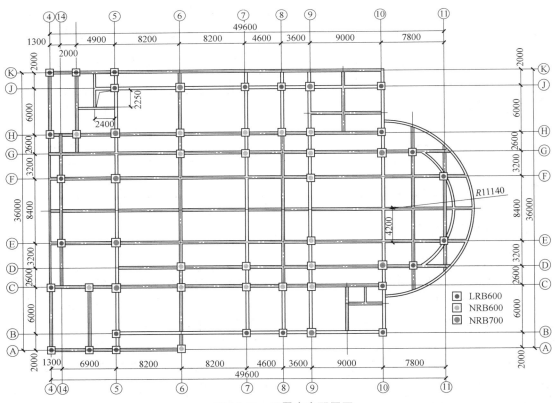

图 11-18　隔震支座配置图

2. 长期面压

《建筑抗震设计规范》GB 50011—2010 第 12.2.3 条规定，对于丙类建筑，隔震支座在重力荷载代表值下的竖向压应力不应超过 15MPa。

由上部结构计算出柱底分配给每个支座上的竖向力，得出每个支座上的轴向力，隔震支座长期面压值如图 11-19 所示。

可以看出，本项目的隔震支座最大长期面压满足《建筑抗震设计规范》GB 50011—2010 的相关规定，隔震层具有足够的稳定性和安全性。

3. 短期面压

《建筑抗震设计规范》GB 50011—2010 第 12.2.4 条规定：隔震层在罕遇地震下应保持稳定，不宜出现不可恢复的变形；其橡胶支座在罕遇地震的水平和竖向地震同时作用下，拉应力不应大于 1MPa。

计算得出本项目中隔震支座的短期面压不小于 −1MPa，且不大于支座极值面压。验算发现，本项目的隔震支座短期极值面压都满足《建筑抗震设计规范》GB 50011—2010 的相关规定，隔震层具有足够的稳定性和安全性。

4. 偏心率

《建筑抗震设计规范》GB 50011—2010 第 12.2.2 条规定，当隔震层以上结构的质心与隔震层刚度中心不重合时，应计入扭转效应的影响。隔震层偏心率计算方法参考文献 [11]。

计算得隔震层的偏心率分别为 1.6%（X 向）和 1.1%（Y 向），两方向的偏心率均小于 3%，说明隔震层布置规则，重心和刚心比较重合。

5. 隔震层水平恢复力特性

将铅芯橡胶支座水平刚度简化为二折线，天然橡胶支座的水平刚度简化为线性，隔震层的水平恢复力特性由铅芯橡胶支座和天然橡胶支座共同组成。图 11-20 给出了隔震层的水平恢复力特性。

隔震层屈服前的刚度为：

$$K_1 = 17 \times 0.917 + 9 \times 1.089 + 26 \times 12.194 = 342.434 \text{kN/mm}$$

隔震层屈服后的刚度为：

$$K_2 = 17 \times 0.917 + 9 \times 1.089 + 26 \times 0.938 = 49.778 \text{kN/mm}$$

从以上分析可以看出，本项目隔震体系隔震支座配置合理，隔震层具有足够的初始刚度保证结构在风荷载、较小地震或其他非地震水平荷载作用下的稳定性，而且隔震层屈服后比屈服前提供了较低的水平刚度，保证结构在较大地震下能很好地减小地震反应。

11.2.4 隔震支座模拟

使用 ETABS 软件对隔震结构进行数值分析。隔震支座模型使用滞回（橡胶）隔震器属性，对每一个剪切变形自由度，可独立地指定线性或非线性的行为；对于轴向变形、弯

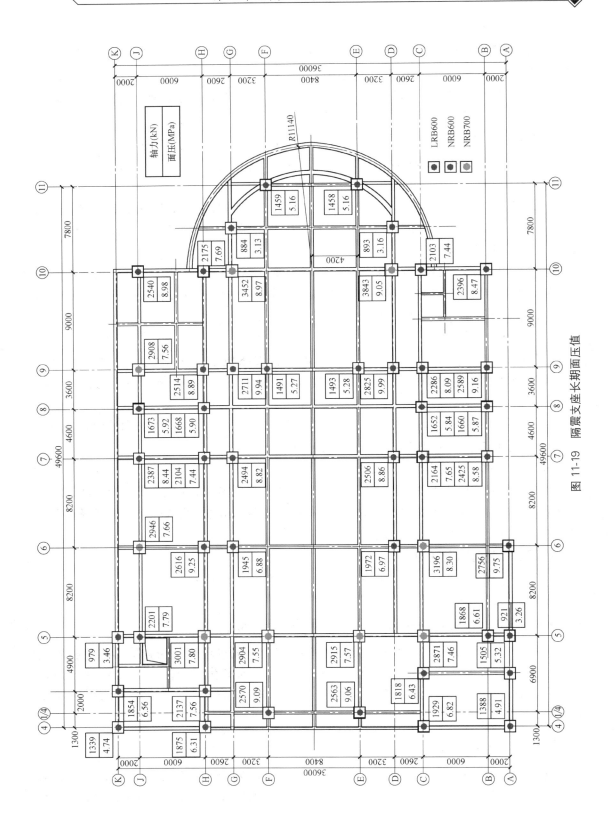

图 11-19　隔震支座长期面压值

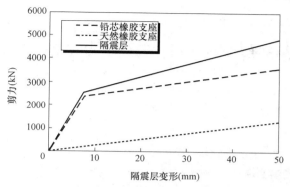

图 11-20 隔震层水平恢复力特性

曲变形可指定线性行为。所有线性自由度使用相应的有效刚度，其值可为零，支座模型如图 11-21 所示。

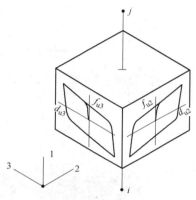

以 NRB600 和 LRB600 为例，介绍橡胶隔震支座和铅芯橡胶隔震支座的模拟过程。

对于 NRB600，采用橡胶隔震支座的连接类型模拟其力学性能，采用两点连接的方式进行三维建模。模拟中在轴向输入竖向刚度 2577000kN/m，水平向输入有效刚度 917kN/m 等设计参数。

对于 LRB600，采用橡胶隔震支座的连接类型模拟其力学性能，采用两点连接的方式进行三维建模。模拟中在轴向输入竖向刚度 2577000kN/m、水平向输入有效刚度 12194kN/m、屈服强度 90kN、屈服后刚度比 0.0769 等设计参数。

图 11-21 双轴剪切变形的
隔震支座力学属性

11.2.5 地震反应分析

1. 选择地震波

我国建筑抗震设计地震动的选用标准主要按建筑场地类别和设计地震分组，选用和设计反应谱影响系数曲线具有统计意义的不少于二组的实际强震记录和一组人工模拟的加速度时程曲线，并且以最大加速度来评价地震动的输入水平。

本次设计共采用了六条天然地震动和两条人工地震动进行地震响应评估，采用的地震动时程如图 11-22 所示。根据相关专家意见，实际采用的地震动输入峰值在规范要求值的基础上扩大了 1.3 倍。

2. 水平地震影响系数

利用 ETABS 非线性有限元软件对非隔震的原结构和隔震结构进行了整体非线性时程分析。对于隔震体系，楼层地震剪力分布与传统结构不同，图 11-23 给出了隔震结构在 7 度基本烈度地震作用下的最大层间剪力。

在基本烈度地震下，隔震结构 X 向层剪力最大为非隔震结构的 34%；Y 向层剪力最大为非隔震结构的 32%。满足《建筑抗震设计规范》GB 50011—2010 中关于降低非隔震

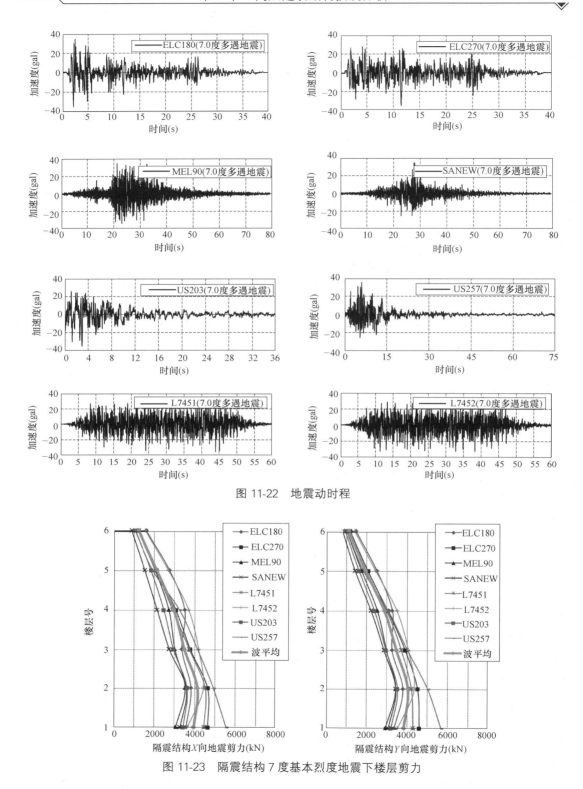

图 11-22 地震动时程

图 11-23 隔震结构 7 度基本烈度地震下楼层剪力

结构抗震措施的要求。

《建筑抗震设计规范》GB 50011—2010 第 12.2.5 条规定，隔震后水平地震影响系数最大值可按下式计算：

$$\alpha_{max1} = \beta\alpha_{max}/\psi$$

式中　α_{max1}——隔震后的水平地震影响系数最大值；

　　　α_{max}——非隔震的水平地震影响系数最大值；

　　　β——水平向减震系数；

　　　ψ——调整系数。

本项目中，有 $\alpha_{max1} = \beta\alpha_{max}/\psi = 0.35 \times (1.3 \times 0.08)/0.75 = 0.0485$，即本工程隔震层以上结构的水平向地震影响系数计算值为 0.0485。

3. 大震位移

隔震支座在罕遇地震作用下最大水平位移为 172mm。对于 LRB600 规格的支座，该水平位移相当于 145% 的剪应变，远小于 0.55D（0.55D=330mm）和 300% 的剪应变（300%γ=357mm），满足规范要求。

4. 下部结构

隔震支座传给下部结构的竖向力包括了重力荷载代表值产生的轴力 P_1 和地震作用下产生的轴力 P_{2x}、P_{2y}；水平力即地震作用下隔震支座传给下部结构的剪力 V_x、V_y；力矩包含三部分：第一部分为轴向力 P_1 在隔震支座最大位移下产生的弯矩 M_{dx}、M_{dy}，等于 P_1 与隔震支座的最大位移的乘积（$M_{dx} = P_1 \times U_x$，$M_{dy} = P_1 \times U_y$）；第二部分为地震作用下的轴力在隔震支座最大位移下产生的弯矩 M_{ex}、M_{ey}，等于 P_{2x} 和 P_{2y} 与隔震支座的最大位移的乘积（$M_{ex} = P_{2x} \times U_x$，$M_{ey} = P_{2y1} \times U_y$）；第三部分为地震剪力 V_x 和 V_y 对下部结构产生的弯矩，等于地震剪力乘以短柱高度 h。隔震支座受力如图 11-24 所示。

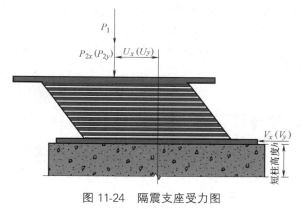

图 11-24　隔震支座受力图

我国《建筑抗震设计规范》GB 50011—2010 12.2.9 条规定，与隔震层连接的下部构件（如地下室、下墩柱）的地震作用和抗震验算，应采用罕遇地震下隔震支座的竖向力、水平力和力矩进行计算。

11.2.6　构造要求

有关隔震层构造措施，以及上部结构构造措施可按《建筑抗震设计规范》GB 50011—2010 的规定采用。

本章小结

本章首先进行了高层钢筋混凝土结构的动力弹塑性分析：

（1）结果发现，地震输入以 X 向为主时，结构主体中 X 向最大层间位移角为 1/332；

地震输入以 Y 向为主时，Y 向最大层间位移角为 1/375，满足规范规定的最大层间位移角小于 1/100 的要求。

（2）在地震作用初期，地震输入能量主要转换为动能与弹性应变能；随着时间的增加，塑性变形耗能占总耗能的比例不断增加，说明结构发生了一定的塑性变形。

（3）罕遇地震作用下结构中多数连梁处于 LS 及 IO 至 LS 状态，部分处于 IO 及以下状态。剪力墙基本处于 IO 状态，具有足够的抗剪能力。在罕遇地震作用下，结构设计满足预先设定的性能目标。

本章其次进行了高层钢筋混凝土结构的隔震体系的抗震性能分析，得到了以下主要结论：

（1）隔震层设计合理，各隔震支座工作状态良好。隔震支座配置合理，隔震层具有足够的初始刚度保证结构在风荷载、较小地震或其他非地震水平荷载作用下的稳定性，而且隔震层屈服后比屈服前提供了较低的水平刚度，保证结构在较大地震下能很好地减小地震反应。通过隔震层在大震下的偏心率计算，结果显示两方向的偏心率均小于 3%，说明隔震层布置规则，重心和刚心比较重合。隔震支座最大长期面压、短期最大面压和短期最小面压均满足相关规范要求，隔震支座具有足够的稳定性和安全性。

（2）隔震结构在基本烈度地震下隔震效果良好。隔震结构在基本烈度地震下仍然保持弹性工作状态，隔震结构层剪力水平向减震系数最大为 0.35，层弯矩水平向减震系数最大为 0.35，隔震结构水平向减震系数最终取值为 $\beta = 0.35$。根据《建筑抗震设计规范》GB 50011—2010 第 12.2.5 条的规定，本工程隔震层以上结构的水平向地震影响系数可以取为 0.0485。为进一步提高本工程整体抗震性能，结构设计时实际采用的水平向地震影响系数为 0.07。

思考与练习题

11-1   钢筋混凝土结构建模可采用什么材料及单元？

11-2   简述隔震支座建模方法。

11-3   试采用 Perform-3D 进行高层框架-剪力墙结构的动力时程分析。

第 12 章　桥梁结构抗震与抗风分析

本章要点及学习目标

本章要点：
(1) 桥梁结构抗震分析方法；(2) 桥梁结构抗风分析方法。
学习目标：
(1) 了解桥梁结构抗震分析步骤；(2) 了解桥梁结构抗风分析步骤；(3) 掌握桥梁结构抗震、抗风分析方法。

12.1　大跨度桥梁地震反应分析

本节以主跨 368m 的湖南省益阳市茅草街大桥为研究对象，基于 ANSYS 软件对其进行了全面的动力特性与地震反应分析，包括模态分析、反应谱分析和时程分析，其中时程分析又着重介绍了多点非一致激振（包括行波效应）问题。本工程实例可为其他大跨度桥梁基于 ANSYS 的抗震设计与分析提供参考。

12.1.1　茅草街大桥的反应谱抗震分析

以茅草街大桥为工程背景，建立了该大跨度中承式 CFST 系杆拱桥的空间有限元模型（图 12-1），并进行了该桥的动力特性及地震反应谱分析。

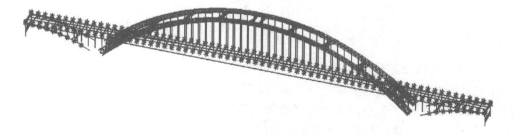

图 12-1　茅草街大桥空间有限元计算模型

1. 地震动参数的确定

湖南省防震减灾工程研究中心承担了茅草街大桥桥址场地的地震安全性评价，并计算了 K_1、K_2、K_3 三个场地的地震烈度超越概率曲线。平均土质条件下，各场地不同基准期、不同超越概率水平的地震烈度值计算结果如表 12-1 所示。其中 K_3 为大桥的中心位置；K_1 在南岸，距 K_3 约 1km；K_2 在北岸，距 K_3 约 1km。

地震烈度的概率分析结果　　　　　　　　　　　　　　　　表 12-1

孔号	50 年			100 年		
	63.2%	10%	2%	63.2%	10%	2%
K_1	5.16	6.18	6.83	5.58	6.46	7.06
K_2	5.16	6.19	6.84	5.58	6.47	7.07
K_3	5.16	6.18	6.83	5.58	6.46	7.07

根据《益阳市茅草街大桥地震安全性评价研究报告》（以下简称《地震报告》），按 50 年超越概率 2% 进行抗震设计，按Ⅶ度进行抗震设防，推荐采用反应谱公式如下：

$$\beta(t)=\begin{cases}1+10T(\beta_{\max}-1) & T<0.1\\ \beta_{\max} & 0.1\leqslant T\leqslant T_{g}\\ \beta_{\max}(T_{g}/T)^{0.95} & T_{g}<T\leqslant 8.0\end{cases} \tag{12-1}$$

其中，50 年超越概率 2% 设防标准下的拐点周期 T_g、地震系数 K 和动力放大系数 $\beta_{\max}$ 的取值见表 12-2，推荐用设计反应谱曲线见图 12-2。

设计反应谱中的系数取值　　　　　　　　　　　　　　　　表 12-2

T_g	K	$\beta_{\max}$
0.4	0.173	2.2

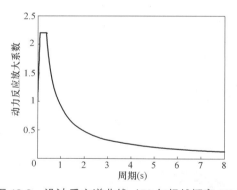

图 12-2　设计反应谱曲线（50 年超越概率 2%）

2. 茅草街大桥模态分析

在茅草街大桥有限元计算模型的基础上，基于 ANSYS 平台采用子空间迭代法对该桥进行了模态分析。由于茅草街大桥主墩桩基础足够强大，因此考虑到分析的便捷性，分析中采用拱座、边墩墩底固结的计算模式，即不考虑土-桩-结构相互作用。为保证反应谱计算结果的准确性，分析中提取了茅草街大桥的前 170 阶模态，限于篇幅，本节只列出了其中的主要振型及其频率特点，见表 12-3，相应各主要振型见图 12-3。

茅草街大桥主要振型及其频率　　　　　　　　　　　　　　表 12-3

振型阶次	频率（Hz）	振型特征
1	0.2338	主拱肋和桥面板对称侧弯，方向相同
2	0.3248	主拱肋和桥面板对称侧弯，方向相反

续表

振型阶次	频率（Hz）	振型特征
3	0.3637	主拱肋和桥面板反对称竖弯
4	0.4594	主拱肋和桥面板反对称侧弯
5	0.5649	主拱、桥面板对称竖弯
6	0.7838	主拱、边拱、边墩、桥面板对称侧弯
7	0.8423	主拱、边拱、边墩、桥面板反对称侧弯
8	0.9618	主拱、主拱部分桥面板反对称竖弯
9	1.0859	主拱、主拱部分桥面板纵向平动
10	1.1494	主拱、主拱部分桥面板对称竖弯
20	1.7604	主拱肋和桥面板竖弯扭转耦合
21	1.8125	主拱、边拱、边墩和桥面板反对称侧弯
23～49		以边墩、拱上立柱为主的振型

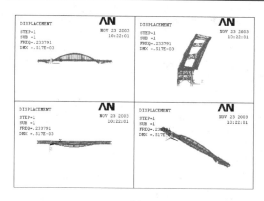

(a)

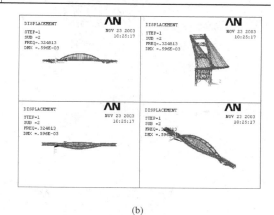

(b)

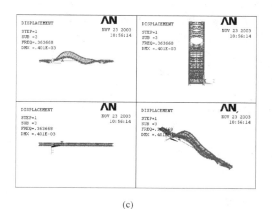

(c)

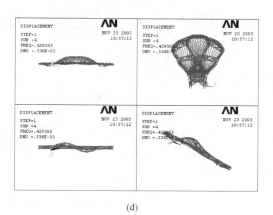

(d)

图 12-3　茅草街大桥主要振型图（一）

（a）第 1 阶振型；（b）第 2 阶振型；（c）第 3 阶振型；（d）第 4 阶振型

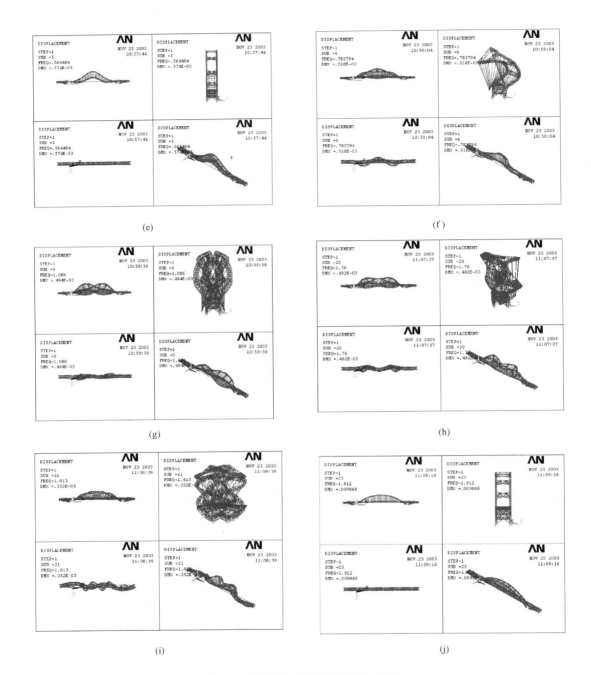

图 12-3　茅草街大桥主要振型图（二）

（e）第 5 阶振型；（f）第 6 阶振型；（g）第 9 阶振型；（h）第 20 阶振型；

（i）第 21 阶振型；（j）第 23 阶振型

分析上述频率和振型特点，可以得到如下结论：

该桥的第1阶自振频率很小，为横桥向对称弯曲振型，第2阶仍然是横桥向对称弯曲振型，说明该桥横向刚度较小。

由于面外基频振型为横向对称弯曲且主拱与桥面板同步振动，使得这一振型对该桥动力响应贡献最大，与后续地震响应计算结果一致。

以边墩、拱上立柱为主的振型较晚出现，故在采用反应谱法进行地震反应分析时，为了计入各构件的主要振型，必须取足够多的振型进行叠加。

3. 茅草街大桥反应谱分析

基于 ANSYS 平台，计算了茅草街大桥在设计概率水准地震作用下的反应谱响应。为保证计算精度，同时考虑高阶振型的影响，取前170阶振型进行叠加，包括了主拱、边拱、桥面板和立柱的主要振型。地震动输入的组合方式分别采用：①纵向；②竖向；③横向；④纵向＋竖向；⑤横向＋竖向。由于《地震报告》中提供的竖向和水平加速度峰值比约为2/3，故考虑竖向地震动输入时，其竖向分量取水平分量的2/3。反应谱计算中，认为结构在弹性范围内工作，对内力未进行折减，即未乘综合影响系数。

不同方向地震动输入下，该桥各关键截面的内力及应力响应的反应谱分析结果分别如表12-4～表12-7所示。表中的弯矩值为平面内和平面外弯矩值的叠加，主拱的地震应力取的是四根弦杆中的最大值，下同。

纵向地震动输入下的结构内力及应力 表 12-4

截面	轴力（kN）	弯矩（kN·m）	混凝土应力（MPa）			钢筋应力（MPa）		
			地震	恒载	组合	地震	恒载	组合
主拱顶	2057.6	215.4	3.20	7.80	11.00	19.10	112.34	121.44
主拱 1/4	2133.2	107.4	2.48	10.18	12.66	14.82	118.86	133.68
主拱脚	2987.7	608.9	5.31	8.50	13.81	31.75	103.31	135.06
边拱脚	10025.4	36678.8	2.56	3.80	6.36			
边拱 1/4	9973.0	14287.8	2.94	7.84	10.78			

横向地震动输入下内力及应力反应 表 12-5

截面	轴力（kN）	弯矩（kN·m）	混凝土应力（MPa）			钢筋应力（MPa）		
			地震	恒载	组合	地震	恒载	组合
主拱顶	2817.8	292.9	4.35	7.80	12.15	25.93	112.34	138.27
主拱 1/4	2906.5	193.4	3.63	10.18	12.81	21.69	118.86	140.55
主拱脚	4819.7	873.1	7.57	8.50	16.07	45.27	103.31	148.58
边拱脚	8094.6	23107.3	1.72	3.80	5.52			
边拱 1/4	7321.8	17104.2	2.90	7.84	10.74			

竖向地震动输入下内力及应力反应 表 12-6

截面	轴力（kN）	弯矩（kN·m）	混凝土应力（MPa）			钢筋应力（MPa）		
			地震	恒载	组合	地震	恒载	组合
主拱顶	1972.5	213.9	3.10	7.80	10.90	18.51	112.34	130.85

续表

截面	轴力（kN）	弯矩（kN·m）	混凝土应力（MPa）			钢筋应力（MPa）		
			地震	恒载	组合	地震	恒载	组合
主拱 1/4	1147.9	132.3	1.73	10.18	11.91	10.34	118.86	129.20
主拱脚	2433.4	173.7	2.83	8.50	11.33	16.92	103.31	120.23
边拱脚	4638.1	29468.4	1.87	3.80	5.67			
边拱 1/4	4433.5	33104.2	4.25	7.84	12.09			

组合地震动输入下应力反应（包括恒载）　　　　　表 12-7

截面位置	纵向＋竖向（MPa）		横向＋竖向（MPa）	
	混凝土应力	钢管应力	混凝土应力	钢管应力
主拱顶	13.06	143.78	14.22	150.61
主跨 1/4	13.82	140.58	14.96	147.44
主拱脚	15.69	146.34	17.96	159.86
边拱脚	7.60		6.77	
边拱 1/4	13.62		13.57	

为了研究分析竖向地震动分量对该桥地震反应的影响，将考虑竖向地震动输入与否结构关键截面的地震应力值进行了比较，结果如图 12-4 所示。

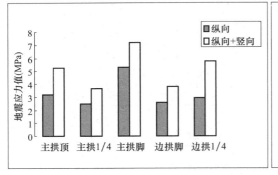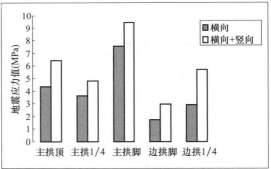

图 12-4　竖向地震动分量对结构地震反应的影响

分析上述反应谱计算结果，可以得出以下结论：

1）相对而言，主拱都比边拱地震反应大，该桥在各种地震动输入下的最大地震应力均出现在主拱脚位置，主拱脚截面地震响应相对较大。

2）在地震动横桥向＋竖向输入时，主拱脚截面混凝土应力达到 17.96MPa，小于其抗压强度设计值 23.1MPa，且由于钢管套箍作用，混凝土强度会得到很大的提高，因此结构处于弹性工作状态，有一定安全储备。

3）由于面外基频振型为主拱和桥面板横向对称弯曲，且基频较小，仅为 0.2338Hz，说明结构横向刚度较小，故横向地震动对茅草街大桥地震反应影响最大，这点也在反应谱分析结果中得到了证明，在抗震设计中应引起注意。

图 12-4 表明，竖向地震动的计入使得茅草街大桥地震反应值有比较明显的提高，边拱 1/4 截面甚至提高了将近 1 倍，故竖向地震动在该桥抗震设计中不可忽略。

12.1.2　茅草街大桥的地震时程分析

如上一节所述，反应谱只是弹性范围内的概念，且不能反映结构在地震动过程中的实时动力行为。对于复杂、大跨桥梁的地震反应，反应谱方法目前仍然不能很好地考虑非线性、行波效应等各种复杂的影响因素，故反应谱方法只能作为一种估算方法，在桥梁初步设计阶段较多采用。

为了获得确定地震动输入下茅草街大桥各关键部位的时间历程响应，向读者介绍基于 ANSYS 瞬态分析模块的大跨度桥梁地震时程分析流程，本节采用动力时程分析法，考虑了几何非线性、竖向地震动、行波效应以及多点激振等因素的影响，对大桥地震反应进行了较为全面的对比分析，并通过与具有类似材料和构造的广州丫髻沙大桥的地震反应结果进行对比，对时程分析结果的可靠性进行验证。

1. 地震波的确定

结构地震反应时程分析时，所选地震加速度时程的波形、峰值的大小和强震持续时间等因素对分析结果影响很大，因此地震波的选取是抗震时程分析的关键环节之一，需要引起特别重视。

茅草街大桥地震反应时程分析时，根据《地震报告》推荐，地震动输入采用 50 年超越概率 2%（P2）的人工拟合地震加速度时程，分别如图 12-5～图 12-7 所示。

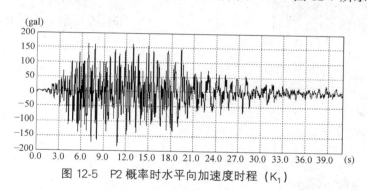

图 12-5　P2 概率时水平向加速度时程（K_1）

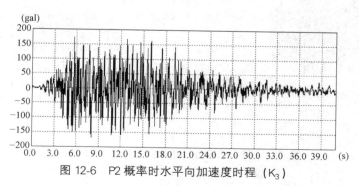

图 12-6　P2 概率时水平向加速度时程（K_3）

2. 一致激励下的时程分析

取 K_3 孔土层拟合地震波进行一致激励，加速度记录时间间隔 0.02s，共计 2048 个时间点数据。为了分析不同地震动输入对结构反应的影响，考虑了三种地震动输入方式：纵

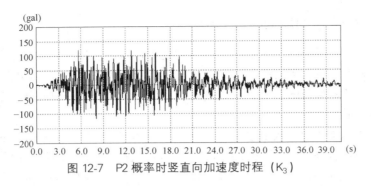

图 12-7　P2 概率时竖直向加速度时程（K3）

向、纵向＋竖向和横向。纵向地震动一致输入下，大桥主拱脚截面内力时程曲线如图 12-8 所示，图中坐标均采用国际单位制。由于数据太多，关键截面的选取参考了反应谱计算结果，同一截面取反应值较大者进行分析，下同。

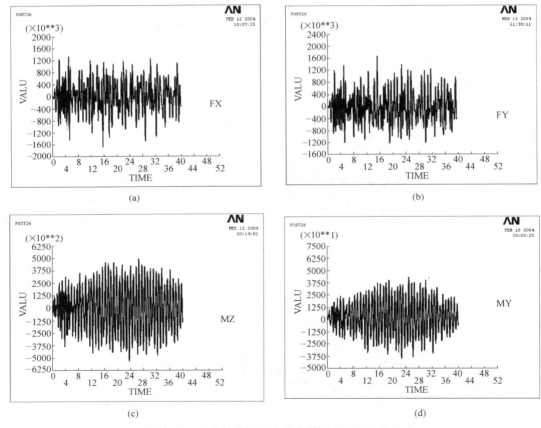

图 12-8　纵向地震动下主拱脚截面内力时程曲线
（a）纵向力；（b）竖向力；（c）面内弯矩；（d）面外弯矩

纵向＋竖向地震动一致输入下，该桥主拱脚截面受力时程曲线如图 12-9 所示。

横向地震动一致输入下，茅草街大桥的主拱脚截面内力时程曲线如图 12-10 所示。由表 12-3 可知，该桥横向刚度相对较小，使得其在横向地震动下的位移响应值较大，故此处选取具有代表性的主拱顶截面为例进行介绍。主拱顶截面相对于拱脚的横向位移时程曲线如图 12-11 所示。

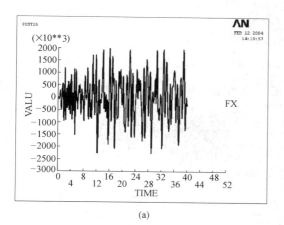

(a)

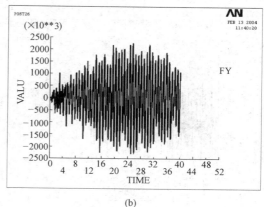

(b)

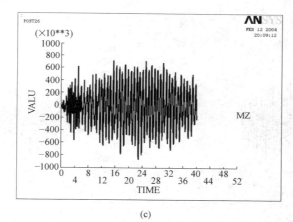

(c)

图 12-9　纵向 + 竖向地震动下主拱脚截面内力时程曲线

(a) 纵向力；(b) 竖向力；(c) 面内弯矩

3. 考虑行波效应的时程分析

对行波效应和多点激振的影响进行分析时，工程抗震专用分析软件如同济大学所编制的桥梁抗震分析综合程序 IPSABS 等，可在结构的不同部位（如左、右拱脚）输入不同的加速度时程以考虑行波效应和多点激振的影响。ABAQUS 等大型通用软件也设置了专门的分析模块，以便在地震时程分析时考虑多点激振等因素的影响。而采用 ANSYS 进行瞬态动力分析时，通过输入加速度时程的方式只能进行一致激励分析，要考虑行波效应和多点激振的影响，就必须将上述加速度时程转换为力的时程或位移时程。

在采用 ANSYS 软件进行多点激振和行波效应分析时，可采用大质量法或加速度时程积分法。大质量法的基本原理是在支承处设置一个质量单元（一般设为整体结构质量的 $10^6 \sim 10^8$ 倍），并将支承处加速度转换为力的时程进行输入。该法本质上就是将结构与地基连接处的固定约束释放，然后对大质量施加瞬时加速度，并据此进行时程分析求解。由此可见，大质量法所得结构位移需减去释放掉自由度方向的整体位移才能作为真实位移，且大质量的施加将改变结构的阻尼等特性。加速度时程积分法通过对加速度进行两次积分，可获得多点激振和行波效应分析所需的位移时程，并以此作为地震动输入，遗憾的是积分结果经常会包含无任何物理意义的时间轴漂移。

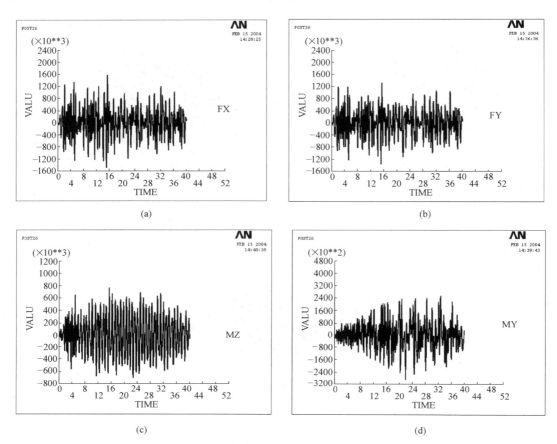

图 12-10　横向地震动下主拱脚截面内力时程曲线

（a）纵向力；（b）竖向力；（c）面内弯矩；（d）面外弯矩

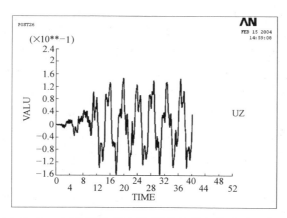

图 12-11　主拱顶截面相对于拱脚的横向位移时程曲线

为了分析行波效应对大跨度拱桥地震反应的影响，以 P2 概率地震纵向输入下的时程分析为例进行分析。同样取 K_3 孔土层合成地震波为基准输入，剪切波速根据《地震报告》取为 530m/s。为了控制积分结果的时间轴漂移现象，采用 M.J.N. 普瑞斯特雷教授提出的基于基线校正的积分方法，基于 Fortran Powerstation 4.0 编制了程序，求得所需的位移时程，如图 12-12 所示。其中位移记录时间间隔为 0.02s，共计 2048 个时间点数据。

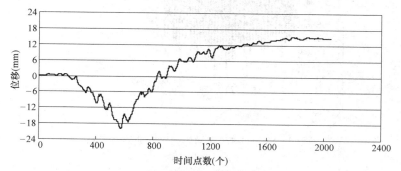

图 12-12　P2 概率时纵向位移时程曲线（K_3）

由图 12-12 可知，地震加速度时程积分所得峰值位移值为 19.85mm，出现时间为 11.54s，与《地震报告》中所提供的峰值位移值 19.52mm，出现时间 12.00s 吻合良好，在一定程度上验证了积分结果的可靠性。计算中假定地震波由南向北传播。考虑行波效应的纵向地震动输入下，主拱脚截面内力时程曲线如图 12-13 所示，其他各关键截面相对于拱脚的位移时程曲线如图 12-14 所示。

4. 多点激振下的时程分析

为了分析多点激振对大跨度拱桥地震反应的影响，以 P2 概率地震纵向输入为例进行计算。左主拱脚、左边拱脚、左边墩以 K_3 孔，右主拱脚、右边拱脚、右边墩以 K_1 孔土层合成地震波为基准输入。采用积分法得到 K_1 孔土层合成地震波的位移时程，积分所得峰值位移值为 16.70mm，出现时间为 9.84s，《地震报告》中所提供的峰值位移值 16.43mm，出现时间 9.32s。所得地震位移时程如图 12-15 所示。

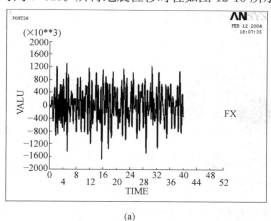
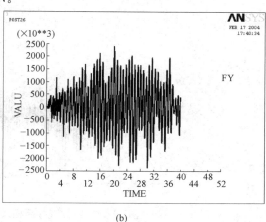

(a)　　　　　　　　　　　　(b)

图 12-13　主拱脚截面内力时程曲线（一）

（a）纵向力；（b）竖向力

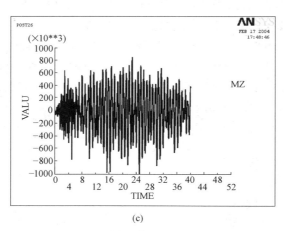

图 12-13　主拱脚截面内力时程曲线（二）

（c）面内弯矩

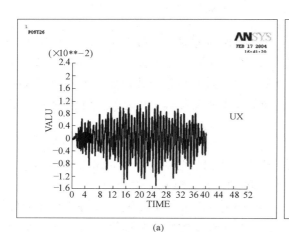

(a)

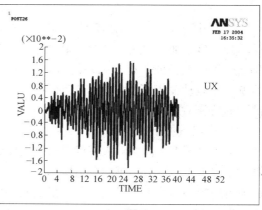

(b)

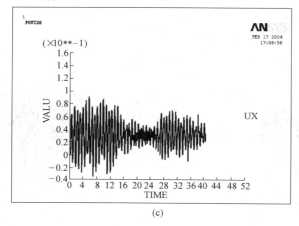

(c)

图 12-14　各关键截面相对于拱脚的纵向位移时程曲线

（a）主拱顶截面；（b）主拱 1/4 截面；（c）桥面板端部截面

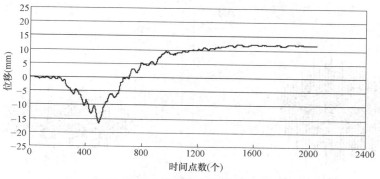

图 12-15　P2 概率纵向位移时程（K₁）

　　纵向地震动多点激振下，主拱脚截面内力时程曲线如图 12-16 所示，其他各关键截面相对于拱脚的位移时程曲线如图 12-17 所示。

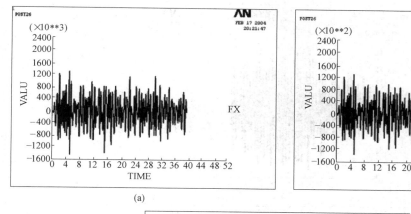

(a)

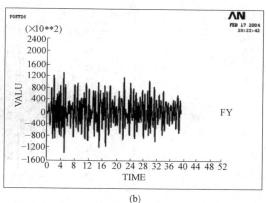

(b)

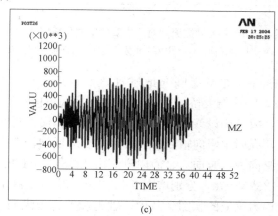

(c)

图 12-16　主拱脚截面内力时程曲线

（a）纵向力；（b）竖向力；（c）面内弯矩

5. 时程结果分析

分析上述时程计算结果，可以得出以下结论：

就位移而言，在 P2 概率地震动纵向作用下，主拱肋各截面相对于拱脚的纵向位移值

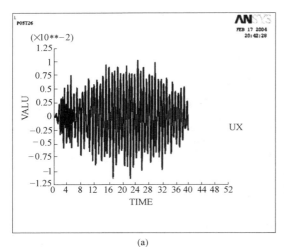

(a)

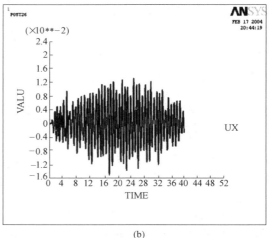

(b)

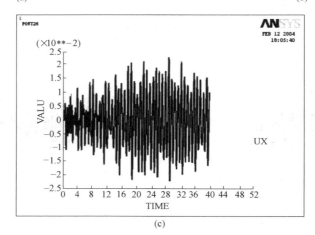

(c)

图 12-17　各关键截面相对于拱脚的纵向位移时程曲线

（a）主拱顶截面；（b）主拱 1/4 截面；（c）桥面板端部截面

很小，最大值约为 1.68cm，在考虑竖向地震动之后，最大位移有所增加，但也只有 2.17cm。因此总体而言，茅草街大桥的位移反应较小。真正值得注意的是桥面板端部相对于拱脚的纵向位移值，故结构设计时一定要保证支座与桥面板之间的约束。

　　与纵向地震动相比，纵向＋竖向输入时大桥地震反应增加较大。作为地震反应最不利截面，主拱脚截面所受纵向力、竖向力、面内弯矩由 1295kN、1692kN、552kN·m 增加到 1974kN、2243kN、728kN·m，分别增大了 52.4%、32.6% 和 31.9%。图 12-18 为这两种输入下主拱脚截面内力反应的状图。其中，轴力和剪力由纵向力和竖向力换算而得，下同。可见竖向地震动的影响不可忽略。

　　与纵向地震动输入相比，横向输入下结构各截面内力反应增减不一。主拱肋截面的内力反应要大一些，而边拱截面则要小一些，与反应谱结果一致。横向输入下主拱脚截面所受水平力、竖向力、面内弯矩分别为 1678kN、1369kN、747kN·m，尤其值得注意的是，这时主拱脚的面外弯矩已达到 291kN·m，不可忽略。表 12-8 列出了这两种输入情况下主拱脚截面的内力反应值。

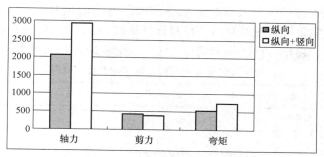

图 12-18 竖向地震动对主拱脚内力反应的影响

两种一致输入下主拱脚截面的内力反应值 表 12-8

输入方式	轴力(kN)	剪力(kN)	面内弯矩(kN·m)	面外弯矩(kN·m)
纵向输入	2086	435	552	46
横向输入	2165	376	747	291

一致输入、行波和多点输入三种情况以行波输入最为不利。而多点输入的影响比较复杂，使有些内力反应增加，有些减小，但增减幅度不大。就主拱脚截面所受水平力、竖向力、面内弯矩而言，行波输入下分别为 1337kN、2438kN、836kN·m，是一致输入下的 1.03、1.44 和 1.51 倍；多点输入下其值分别为 1231kN、1379kN、681kN·m，是一致输入下的 0.95、0.82 和 1.23 倍。图 12-19 给出了这三种输入下主拱脚截面内力反应的柱状图。

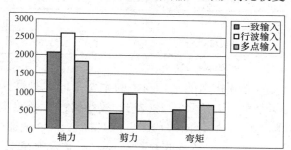

图 12-19 主拱脚截面内力

为了验算茅草街大桥的抗震安全性，需对控制截面（主拱脚）的强度进行验算。各种地震动输入下主拱脚截面的地震应力及其与恒载应力（8.50MPa）叠加后的组合应力见表 12-9。计算时将钢管按等价原则折算成混凝土。

各种输入情况下主拱脚截面的地震应力值（MPa） 表 12-9

输入方式	一致(纵向)	一致(横向)	一致(纵+竖)	行波(纵向)	多点(纵向)
地震应力	4.33	5.57	5.97	6.09	4.83
组合应力	12.83	14.07	14.47	14.59	13.23

由表 12-9 可知，即使是在最为不利的行波输入下，主拱脚截面混凝土应力也只有 14.59MPa，小于其抗压强度设计值 23.1MPa，结构仍处于弹性工作状态。表明在 P2 概率水平地震作用下，主拱脚不会因强度不足而发生破坏，其抗震性能是可以得到保证的。

将主拱肋各截面时程分析结果和反应谱结果进行比较，见表 12-10。可以看出，反应谱计算结果普遍偏大，却可以大致反映出各截面反应值的相对大小。由于反应谱计算简单，而时程分析比较复杂，费时费力，且对计算机硬件要求较高，故宜结合两种方法的优点，在时程分析前，将反应谱法作为估算方法，同时对时程分析结果进行校核。

反应谱与时程分析所得地震响应对比（MPa）　　　　表 12-10

截面位置	反应谱(纵向)	时程(纵向)	反应谱(横向)	时程(横向)
主拱脚	5.31	4.33	7.57	5.57
主拱 1/4	2.48	1.89	3.63	2.32
拱顶	3.20	2.94	4.35	3.99

无论是在跨度、结构形式还是在材料等方面，茅草街大桥都与广州丫髻沙大桥——主跨 360m 的大跨度钢管混凝土拱桥相同或相近。因此，为了验证分析方法的可靠性及结果的合理性，将上述结果与丫髻沙特大拱桥的地震反应结果进行了比较，详细对比如表 12-11 所示。

茅草街大桥与丫髻沙大桥构造对比　　　　表 12-11

桥名	跨径(m)	矢跨比	拱轴线型	结构形式	拱肋混凝土
茅草街大桥	368	1/5	$m=2.0$ 悬链线	飞鸟式	C50
丫髻沙大桥	360	1/4.5	$m=1.543$ 悬链线	飞鸟式	C50

注：m 为拱轴系数。

必须指出的是，两桥的主要不同之处在于：丫髻沙大桥两片拱肋的中心距 35.95m，而茅草街大桥只有 19.3m。故丫髻沙大桥横向刚度相对较大，这也是导致丫髻沙大桥基频为 0.3455，而茅草街大桥只有 0.2338 的原因。

在 50 年超越概率 2%，即 P2 概率水准时，丫髻沙大桥和茅草街大桥抗震分析所采用的设防标准见表 12-12。

两桥 P2 概率水准的设防标准对比（MPa）　　　　表 12-12

桥名	地震烈度	最大谱值	水平加速度峰值(gal)	竖直加速度峰值(gal)
茅草街大桥	6.83	2.20	186.57	121.63
丫髻沙大桥	7.75	2.30	153.86	取水平向 2/3

分析表明，在不同地震动输入下，两桥地震反应表现出相似的规律性：①反应谱结果较时程结果更为保守；②主拱肋截面在横向地震动输入下的反应较纵向输入更大；③竖向地震动不可忽略；④一致、行波、多点输入中，以行波输入最为不利；⑤地震作用下主拱脚截面为控制截面；⑥位移反应较小；⑦在 P2 概率水平的地震作用下，结构仍处于弹性工作状态。

12.2　大跨度桥梁抖振响应时域分析

本章以 R. H. Scanlan 教授所发展的大跨度桥梁抖振响应分析方法为基础，以大型计算软件 MATLAB 和 ANSYS 为分析平台，首先，利用 MATLAB 编制了谐波合成法模拟风场的相关程序，生成了大跨度桥梁桥址区三维脉动风场；其次，基于 ANSYS 发展了一套大跨度桥梁抖振响应的时域分析的实用方法，其中气动自激力在 ANSYS 中以 MATRIX27 矩阵的形式输入，基于 APDL 编制了全部相关程序，从而实现了直接由风环境数据得到结构的抖振响应；最后，将基于 ANSYS 的抖振有限元数值模拟结果与基于 SHMS 的"麦莎"台风期间的现场实测结果进行了对比，验证了该抖振响应时域分析方法的可靠性。由于基于 ANSYS 进行各类大跨度桥梁抖振时域分析方法具有通用性，本章主要以润扬悬索桥为例进行介绍。

12.2.1 桥梁风荷载

作用于桥梁结构各部分的风荷载可处理为三部分：平均风引起的静风力、脉动风引起的抖振力和气动耦合产生的自激力。其中静力风荷载按照常规用静力三分力系数计算，抖振力荷载按 Scanlan 的准定常气动公式计算；自激力采用 Scanlan 教授提出的自激空气动力表达式，以下将分别对其进行论述。

1. 静力风荷载

作用在构件单位长度的静力风荷载可以表示为：

$$F_D = \frac{1}{2} \rho U^2 C_D(\alpha_0) D$$

$$F_L = \frac{1}{2} \rho U^2 C_L(\alpha_0) B \qquad (12\text{-}2)$$

$$F_M = \frac{1}{2} \rho U^2 C_M(\alpha_0) B$$

式中 　　　　ρ——空气密度；

　　　　U——来流平均风速；

　　　　α_0——平均风攻角；

C_L、C_D、C_M——分别为构件的升力、阻力和升力矩系数，这些气动系数通常均可通过风洞试验测得；

　　D、B——分别为构件截面的沿主流方向的投影尺寸和沿主流方向的尺寸。

2. 抖振力荷载

根据 Scanlan 教授的准定常气动表达式，主梁的抖振力可如式（12-3）所示：

$$L_b(t) = \frac{1}{2} \rho U^2 B \left[2C_L(\alpha_0) \frac{u(t)}{U} + (C_L'(\alpha_0) + C_D(\alpha_0)) \frac{w(t)}{U} \right] \qquad (12\text{-}3a)$$

$$D_b(t) = \frac{1}{2} \rho U^2 B \left[2C_D(\alpha_0) \frac{u(t)}{U} + C_D'(\alpha_0) \frac{w(t)}{U} \right] \qquad (12\text{-}3b)$$

$$M_b(t) = \frac{1}{2} \rho U^2 B^2 \left[2C_M(\alpha_0) \frac{u(t)}{U} + C_M'(\alpha_0) \frac{w(t)}{U} \right] \qquad (12\text{-}3c)$$

式中 　C_L'、C_D'、C_M'——分别为升力、阻力和升力矩系数曲线斜率；

$u(t)$、$v(t)$、$w(t)$——分别代表顺风向、横风向和竖向脉动风速。

对于索塔，通常只考虑抖振阻力，在单位长度的索塔柱上，抖振阻力可表示为：

$$D_t = \rho U B_t C_{D,t} u \qquad (12\text{-}4)$$

式中 　$C_{D,t}$——桥塔断面阻力系数；

B_t——索塔柱在迎风面上的投影宽度。

3. 自激力荷载

根据 Scanlan 教授提出的自激空气动力表达式，结构单位长度上受到的气动升力 L_{se}、气动阻力 D_{se} 和气动扭矩 M_{se} 可分别表示为竖向位移 h、水平位移 p 和扭转位移 α 的函数，采用无量纲气动导数 H_i^*、P_i^*、$A_i^*(i=1，2，\cdots，6)$ 来表达，如式（12-5）所示：

$$L_{se}=\frac{1}{2}\rho U^2(2B)\left[KH_1^*\frac{\dot{h}}{U}+KH_2^*\frac{B\dot{\alpha}}{U}+K^2H_3^*\alpha+K^2H_4^*\frac{h}{B}+KH_5^*\frac{\dot{p}}{U}+K^2H_6^*\frac{p}{B}\right]$$

$$（12\text{-}5a）$$

$$D_{se}=\frac{1}{2}\rho U^2(2B)\left[KP_1^*\frac{\dot{h}}{U}+KP_2^*\frac{B\dot{\alpha}}{U}+K^2P_3^*\alpha+K^2P_4^*\frac{p}{B}+KP_5^*\frac{\dot{h}}{U}+K^2P_6^*\frac{h}{B}\right]$$

$$（12\text{-}5b）$$

$$M_{se}=\frac{1}{2}\rho U^2(2B^2)\left[KA_1^*\frac{\dot{h}}{U}+KA_2^*\frac{B\dot{\alpha}}{U}+K^2A_3^*\alpha+K^2A_4^*\frac{h}{B}+KA_5^*\frac{\dot{p}}{U}+K^2A_6^*\frac{p}{U}\right]$$

$$（12\text{-}5c）$$

式（12-5）表示的是桥面单位长度上所受到的气动自激力，其中字母 U、ρ、B 的意义同式（12-2）；$K=B\omega/U$，为无量纲频率；ω 为振动圆频率；气动导数 H_i^*、P_i^*、A_i^*（i $=1，2，\cdots，6$）是无量纲风速 $\tilde{U}=U/(fB)$ 或无量纲频率的函数，它们的值与桥梁截面的几何形状有关。L_{se}、D_{se} 和 M_{se} 的方向及 B、α 等参数的示意见图 12-20。

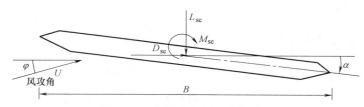

图 12-20　桥梁主梁断面的气动力

显然，桥面单位长度上受到的气动力为分布荷载，将这些分布荷载转化为作用于单元两个节点的集中荷载。作用于单元 e 两节点 i 和 j 的等效自激力可表示为：

$$\left\{\begin{matrix}(\boldsymbol{F}_{ae}^e)_i\\(\boldsymbol{F}_{ae}^e)_j\end{matrix}\right\}=\begin{bmatrix}(\boldsymbol{K}_{ae}^e)_{ii}&(\boldsymbol{K}_{ae}^e)_{ij}\\(\boldsymbol{K}_{ae}^e)_{ji}&(\boldsymbol{K}_{ae}^e)_{jj}\end{bmatrix}\left\{\begin{matrix}\boldsymbol{X}_i^e\\\boldsymbol{X}_j^e\end{matrix}\right\}+\begin{bmatrix}(\boldsymbol{C}_{ae}^e)_{ii}&(\boldsymbol{C}_{ae}^e)_{ij}\\(\boldsymbol{C}_{ae}^e)_{ji}&(\boldsymbol{C}_{ae}^e)_{jj}\end{bmatrix}\left\{\begin{matrix}\dot{\boldsymbol{X}}_i^e\\\dot{\boldsymbol{X}}_j^e\end{matrix}\right\}\qquad（12\text{-}6）$$

式中　$\boldsymbol{X}_i^e$、$\boldsymbol{X}_j^e$——分别为单元 e 在 i 和 j 节点的位移向量；

$\dot{\boldsymbol{X}}_i^e$、$\dot{\boldsymbol{X}}_j^e$——分别为单元 e 在 i 和 j 节点的速度向量；

$\boldsymbol{K}_{ae}^e$、$\boldsymbol{C}_{ae}^e$——分别为单元 e 的气动刚度和气动阻尼矩阵。

类似于一致质量矩阵和集中质量矩阵，容易导出单元的一致气动力矩阵和集中气动力矩阵。当采用集中气动力矩阵时，气动刚度和气动阻尼矩阵分别如式（12-7）和式（12-8）所示：

$$\boldsymbol{K}_{ae}^e=\begin{bmatrix}\boldsymbol{K}_{ael}^e&0\\0&\boldsymbol{K}_{ael}^e\end{bmatrix}\qquad（12\text{-}7a）$$

$$\boldsymbol{K}_{\mathrm{ael}}^{e}=\frac{\rho U^{2} K^{2} L_{e}}{2}\begin{bmatrix} 0 & 0 & 0 & 0 & 0 & 0 \\ 0 & P_6^* & P_4^* & BP_3^* & 0 & 0 \\ 0 & H_6^* & H_4^* & BH_3^* & 0 & 0 \\ 0 & BA_6^* & BA_4^* & B^2A_3^* & 0 & 0 \\ 0 & 0 & 0 & 0 & 0 & 0 \\ 0 & 0 & 0 & 0 & 0 & 0 \end{bmatrix} \tag{12-7b}$$

$$\boldsymbol{C}_{\mathrm{ae}}^{e}=\begin{bmatrix} \boldsymbol{C}_{\mathrm{ael}}^{e} & 0 \\ 0 & \boldsymbol{C}_{\mathrm{ael}}^{e} \end{bmatrix} \tag{12-8a}$$

$$\boldsymbol{C}_{\mathrm{ael}}^{e}=\frac{\rho UBKL_{e}}{2}\begin{bmatrix} 0 & 0 & 0 & 0 & 0 & 0 \\ 0 & P_5^* & P_1^* & BP_2^* & 0 & 0 \\ 0 & H_5^* & H_1^* & BH_2^* & 0 & 0 \\ 0 & BA_5^* & BA_1^* & B^2A_2^* & 0 & 0 \\ 0 & 0 & 0 & 0 & 0 & 0 \\ 0 & 0 & 0 & 0 & 0 & 0 \end{bmatrix} \tag{12-8b}$$

式（12-7）和式（12-8）中，L_e 为单元 e 的长度。需要指出的是，以上两式的形式与总体坐标系的方向有关。由以上两式可知，气动刚度和气动阻尼矩阵可由桥梁截面的几何形状完全确定，因此根据式（12-6）可知，当桥宽 B 以及全部颤振导数均为已知时，单元 e 两个节点上所受到的自激力由各自节点的位移即可确定。

12.2.2　基于 ANSYS 的桥梁抖振时域分析

ANSYS 已成为结构分析中最为常用的软件之一，因此开发出基于 ANSYS 平台的大跨度桥梁抖振响应分析模块具有非常重要的实际意义。ANSYS 软件所提供的 MATRIX27 单元是一种功能很强的单元，其示意图如图 12-21 所示。MATRIX27 单元具有两个节点，每个节点有 6 个自由度，其单元坐标系和总体坐标系平行。该单元没有固定的几何形状。与一般结构分析单元不同的是，它可以通过实常数的方式输入对称或不对称的质

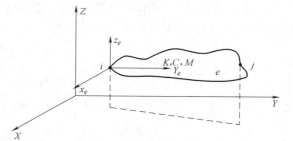

图 12-21　MATRIX27 单元示意图

量、刚度或阻尼矩阵，以模拟结构系统的质量、刚度或阻尼，由于自激气动力矩阵是不对称矩阵，这正是本章利用 MATRIX27 来模拟气动自激力的出发点。

图 12-22 给出了不对称情况下 MATRIX27 的系数矩阵，由该图可知，不对称情况下 MATRIX27 单元矩阵共有 144 个系数，将式（12-7）和式（12-8）已定义好的气动刚度矩阵系数或气动阻尼矩阵系数代入该矩阵，该单元就可以用来模拟桥面受到的气动自激力。

$$\begin{bmatrix} C_1 & C_2 & C_3 & C_4 & C_5 & C_6 & C_7 & C_8 & C_9 & C_{10} & C_{11} & C_{12} \\ C_{79} & C_{13} & C_{14} & - & - & - & - & - & - & - & C_{22} & C_{23} \\ C_{80} & C_{81} & C_{24} & - & - & - & - & - & - & - & - & C_{33} \\ C_{82} & C_{83} & C_{84} & C_{34} & - & - & - & - & - & - & - & C_{42} \\ C_{85} & C_{86} & - & C_{88} & C_{43} & - & - & - & - & - & - & C_{50} \\ C_{89} & - & - & - & C_{93} & C_{51} & - & - & - & - & - & C_{57} \\ C_{94} & - & - & - & - & C_{99} & C_{58} & - & - & - & - & C_{63} \\ C_{100} & - & - & - & - & - & C_{106} & C_{64} & - & - & - & C_{68} \\ C_{107} & - & - & - & - & - & - & C_{114} & C_{69} & - & - & C_{72} \\ C_{115} & - & - & - & - & - & - & - & C_{123} & C_{73} & - & C_{75} \\ C_{124} & - & - & - & - & - & - & - & - & C_{132} & C_{133} & C_{76} & C_{77} \\ C_{134} & C_{135} & C_{136} & C_{137} & C_{138} & C_{139} & C_{140} & C_{141} & C_{142} & C_{143} & C_{144} & C_{78} \end{bmatrix}$$

图 12-22 不对称情况下 MATRIX27 单元的系数矩阵

为将上述自激力荷载在 ANSYS 中实现，对于任意选定的桥面单元 e 而言，本章采用了如图 12-23 所示的计算图示。由于一个单元 MATRIX27 只能模拟气动刚度或者气动阻尼矩阵中的两者之一，而不能同时模拟这两者，因此在每个桥面主梁节点处添加两个 MATRIX27 单元 E，其中包括一个刚度单元和一个阻尼单元。

图 12-23 自激力有限元模拟示意图

在图 12-23 中，单元 E 的一个节点为主梁节点 i 或 j，另一个节点固定，由于单元长度可以任取，因此可任意设定固定节点的位置。例如，在节点 i 处，单元 E_1 用于模拟气动刚度而单元 E_3 用于模拟主梁节点 i 处受到的等效气动阻尼，单元 E_1 和 E_3 共用两节点。单元 E_2 和 E_4 的功能与模拟方法与单元 E_1 和 E_3 相同。

由上述分析可知，当模拟主梁的各 BEAM4 单元的长度相等时，用于模拟气动刚度和气动阻尼的 MATRIX27 矩阵可由式（12-9）得到：

$$\boldsymbol{K}^{E_1} = -2\boldsymbol{K}_{ae}^{e}, \quad \boldsymbol{C}^{E_3} = -2\boldsymbol{C}_{ae}^{e} \tag{12-9a}$$

$$\boldsymbol{K}^{E_2} = -2\boldsymbol{K}_{ae}^{e}, \quad \boldsymbol{C}^{E_4} = -2\boldsymbol{C}_{ae}^{e} \tag{12-9b}$$

式中 $\boldsymbol{K}^{E_1}$、$\boldsymbol{K}^{E_2}$——分别为单元 E_1 和 E_2 的刚度矩阵；

$\boldsymbol{C}^{E_3}$、$\boldsymbol{C}^{E_4}$——分别为单元 E_3 和 E_4 的阻尼矩阵；

$\boldsymbol{K}_{ae}^{e}$、$\boldsymbol{C}_{ae}^{e}$——分别为单元 e 的气动刚度矩阵和气动阻尼矩阵。

因此，将式（12-9）的刚度矩阵和阻尼矩阵转化到总体坐标系下集成结构总气动力矩阵，并分别与原结构的刚度矩阵和阻尼矩阵进行叠加，就可得到用于抖振分析的有限元模型的系统刚度矩阵和阻尼矩阵。至此，在 ANSYS 中开展大跨悬索桥抖振响应时域分析的方法已阐述完毕，其实现过程为：

（1）基于 APDL 建立结构有限元计算模型，同时将主梁断面的颤振导数以 TABLE 方式存储；

（2）调用实测风场数据，并采用文献所述方法对其进行斜风分解处理；

（3）根据风速数据确定用于模拟刚度矩阵和阻尼矩阵的 MATRIX27 单元的参数，得到用于抖振分析的有限元模型；

（4）由实测风场数据，采用实测静力三分力系数计算出静力风荷载，再按照式（12-5）计算抖振力时程；

（5）施加（4）所得风荷载到结构有限元模型上，进行瞬态动力学求解；

（6）进入后处理查看结构的时程响应分析结果，并对结果进行统计处理，求出统计量如加速度 RMS 响应值等。

1. 桥址区三维脉动风场模拟

风场数值模拟是进行大跨度桥梁抖振响应分析的关键问题之一。根据润扬悬索桥的结构特点，将其风场简化为 4 个独立的一维多变量随机风场分别进行模拟，包括主梁横桥向、主梁竖向、南塔横桥向和北塔横桥向。具体模拟点的布置见图 12-24。

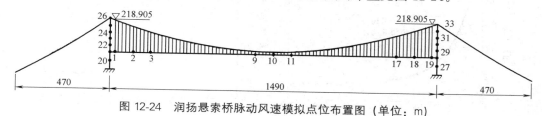

图 12-24　润扬悬索桥脉动风速模拟点位布置图（单位：m）

1）主梁风速模拟

风场模拟时的目标风谱模型采用了运用最小二乘法进行非线性拟合所得到的桥址区实测风谱模型。运用改进的 Deodatis 模拟方法生成了润扬悬索桥主梁上 19 个模拟点的横桥向和竖向脉动风速时程，脉动风速互谱的相干函数采用 Davenport 相干函数，即：

$$Coh(\Delta_{jm},\omega)=\exp\left(-\frac{\lambda\omega\Delta_{jm}}{2\pi U(z)}\right)=\exp\left(-\frac{\lambda\omega\Delta\,|\,j-m\,|}{2\pi U(z)}\right)=\left[\exp\left(-\frac{\lambda\omega\Delta}{2\pi U(z)}\right)\right]^{|j-m|}=C^{|j-m|}$$

（12-10）

式中　λ——脉动风横向衰减因子，取为 3；

　　　$U(z)$——高度 z 处的平均风速；

　　　C——ω 的函数。

实测风特性结果表明，主梁上相距 74m 左右的两点具有较强的相关性，结合建模方便，取 Δ 为两个吊杆之间的距离（16.1m）的 5 倍，即 80.5m。选取其他参数如下：截止频率 $\omega_n=4\pi\mathrm{rad/s}$，频率分段数 $N=2048$，样本时间间隔 $\Delta t=0.25\mathrm{s}$，选用时段长 $T_u=1200\mathrm{s}$。利用上述参数总共生成了 50 个风场样本。同时对模拟结果进行了检验，图 12-25 和图 12-26 给出了主梁顺风向脉动风场模拟结果的部分对比图。图中 S_u 为顺风向功率谱密度函数，n 为脉动频率，下同。

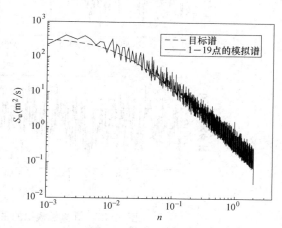

图 12-25　主梁模拟自谱与目标谱的比较（顺风向）

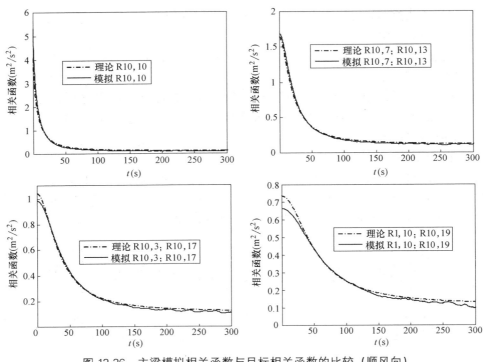

图 12-26　主梁模拟相关函数与目标相关函数的比较（顺风向）

　　由图 12-25 和图 12-26 可知，模拟所得的自谱及相关函数与理论上的目标谱（桥址区实测风谱）及相关函数的对应值很接近，验证了该三维脉动风谱模拟方法的有效性和可靠性。由以上两图还可知，距离较近两模拟点的脉动风速具有很强的相关性，但随着两点之间的距离的不断增大，其相关性逐渐减弱。图 12-27 给出了主梁跨中（对应模拟点 10）的纵向和竖向模拟脉动风速样本。

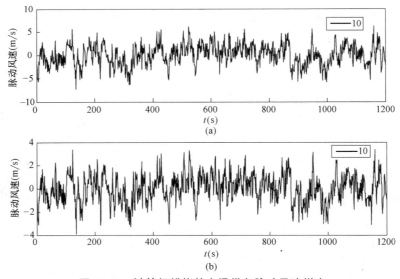

图 12-27　计算机模拟的主梁纵向脉动风速样本

(a) 顺风向；(b) 竖向

2）主塔风速模拟

在主塔风速模拟中，相关函数仍采用式（12-10），但式中 Δ_{jm} 为主塔上 j 点和 m 点之间的垂直距离，λ 取为 4，Δ 取为 30m，选取其他参数同主梁。对于主塔，同样生成了 50 个风场样本，并对模拟结果进行了检验。图 12-28 和图 12-29 为主塔顺风向脉动风场模拟结果的部分对比图，由图可知，模拟的自谱及相关函数与理论上的目标谱及相关函数的对应值也吻合较好，进一步验证了模拟方法的有效性和可靠性。

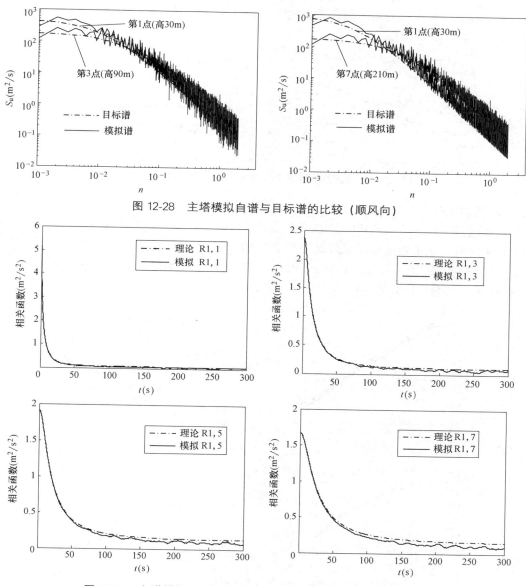

图 12-28 主塔模拟自谱与目标谱的比较（顺风向）

图 12-29 主塔模拟风速的相关函数与目标相关函数比较（顺风向）

2. 构件截面气动系数和气动导数

1）气动系数

主梁截面的气动系数通过同济大学土木工程防灾国家重点实验室所进行的风洞试验获

得，均匀流场中实测得到的主梁在各攻角下的静力三分力系数及其导数如图 12-30 所示。分析过程中忽略了作用在吊杆上的气动力，主缆的气动系数采用式（12-11）得到：

$$C_d(\beta) = C_{d0}\cos^3(\beta) \tag{12-11a}$$

$$C_c(\beta) = C_{d0}\cos^2(\beta)\sin(\beta) \tag{12-11b}$$

式中　C_d、C_c——分别表示斜风作用下长光圆杆的气动阻力和气动侧力系数；

　　　　　β——风向偏角；

　　　C_{d0}——0°风偏角时圆杆截面的阻力系数 $C_{d0} = C_d(0°)$。

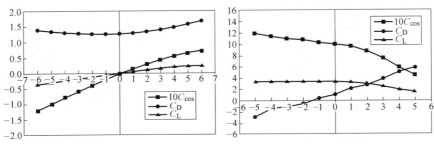

图 12-30　润扬悬索桥主梁断面静力三分力系数及其导数

2）气动导数

在本次抖振响应研究当中，忽略了主梁之外其他所有构件的气动自激力。主梁气动自激力以单元气动刚度矩阵和单元气动阻尼矩阵的形式在 ANSYS 中以 MATRIX27 矩阵输入。式（12-5）中 H_i^* 和 A_i^*（$i=1，2，3，4$）共 8 个气动导数由风洞试验测得，如图 12-31 所示，其余气动导数忽略。

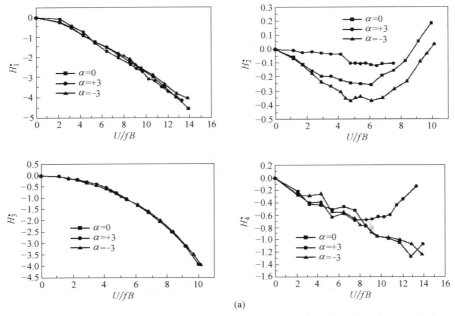

(a)

图 12-31　润扬悬索桥主梁断面颤振导数 H_i^* 和 A_i^*（一）

（a）颤振导数 H_i^*

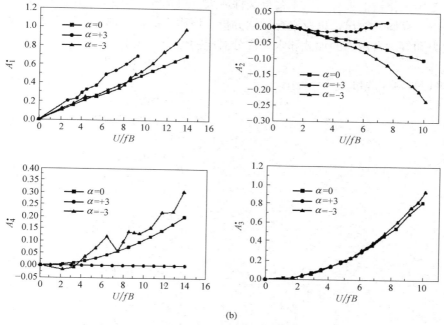

图 12-31 润扬悬索桥主梁断面颤振导数 H_i^* 和 A_i^* （二）

（b）颤振导数 A_i^*

3. 桥梁抖振分析程序实现

在润扬长江大桥有限元计算模型基础上，根据前述方法，采用 MATRIX27 单元模拟了主梁受到的气动自激力，其中 MATRIX27 单元的程度取为 60m。考虑了气动自激力的润扬悬索桥有限元模型，如图 12-32 所示。

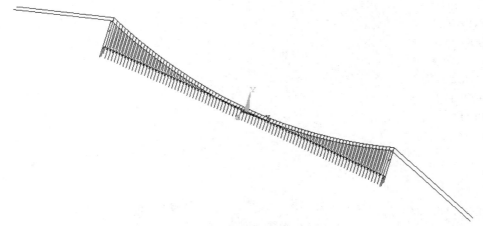

图 12-32 用于抖振分析的润扬悬索桥空间有限元计算模型

基于 ANSYS 的瞬态动力学分析功能和 APDL 编制的计算程序，将换算好的抖振力时程和静力风荷载施加于以上有限元模型，得到了润扬悬索桥抖振响应时程分析结果。分析中采用了动静载实测阻尼比，考虑了结构几何非线性等因素的影响。为了能够与所选时段实测结果进行对比，计算时长取为与实测分析一致。由于计算工作数据量庞大，时程响应分析在专用工作站上进行。由于结果文件庞大，仅选择了所关心的结构部分关键截面的计算结果进行存储、输出，以及进行后续分析。该程序的核心部分，即重力荷载、静风荷载、抖振力和气动自激力的加载和求解部分对应的命令流如下：

```
ACEL,0,9.8                                       ! 施加重力作用
! 施加主梁上静风荷载作用
RU＝1/800                                         ! 空气密度
UA＝9.47                                          ! 主梁上平均风速
B＝33.9                                           ! 桥宽
DLTL＝16.1                                        ! 两个吊杆之间的距离
H＝3                                              ! 桥高
CD0＝1.26                                         ! 阻力三分力系数
CD1＝1                                            ! 阻力三分力系数导数
CL0＝0                                            ! 升力三分力系数
CL1＝3                                            ! 升力三分力系数导数
CM0＝0                                            ! 扭转三分力系数
CM1＝1                                            ! 扭转三分力系数倒数
XD0＝1                                            ! 阻力气动导纳系数
XD1＝1                                            ! 阻力气动导纳系数导数
XL0＝1                                            ! 升力气动导纳系数
XL1＝1                                            ! 升力气动导纳系数导数
XM0＝1                                            ! 扭转气动导纳系数
XM1＝1                                            ! 扭转气动导纳系数导数
! 静力表达式
FHH＝(1/2)＊RU＊UA＊UA＊XD0＊CD0＊B＊DLTL           ! 垂直于桥面风向的静力荷载值
＊DO,I,1,46,1
F,I,FZ,FHH
＊ENDDO

＊DO,I,48,92,1
F,I,FZ,FHH
＊ENDDO
FINISH

/SOLU
ANTYPE,4
TRNOPT,FULL                                      ! 全瞬态分析
ALPHAD,0.001570
BETAD,0.0162809
NLGEOM,ON                                         ! 考虑几何非线性
STIFF,ON                                          ! 考虑刚度硬化
NROPT,FULL                                        ! 运用全牛顿－拉普森
LUMPM,ON                                          ! 不选用集中质量元
```

```
DELTIM,0.25
AUTOTS,OFF

EQSLV,PCG                                          ！求解器选择
TINTP,0.25,0.5

！施加主梁上抖振力作用
！读取模拟脉动风速
＊DIM,U1,ARRAY,4800,1                              ！模拟第 1 点的风速,对应于主梁端部
＊DIM,W1,ARRAY,4800,1
＊VREAD,U1(1),U1,TXT,",IJK,4800,1                  ！横风向脉动风速时程
(1F6.4)

＊VREAD,W1(1),W1,TXT,",IJK,4800,1                  ！竖向脉动风速时程
(1F6.4)
＊DIM,U2,ARRAY,4800,1
＊DIM,W2,ARRAY,4800,1
＊VREAD,U2(1),U2,TXT,",IJK,4800,1
(1F6.4)

＊VREAD,W2(1),W2,TXT,",IJK,4800,1
(1F6.4)

＊DIM,U3,ARRAY,4800,1
＊DIM,W3,ARRAY,4800,1
＊VREAD,U3(1),U3,TXT,",IJK,4800,1
(1F6.4)

＊VREAD,W3(1),W3,TXT,",IJK,4800,1
(1F6.4)

＊DIM,U4,ARRAY,4800,1
＊DIM,W4,ARRAY,4800,1
＊VREAD,U4(1),U4,TXT,",IJK,4800,1
(1F6.4)

＊VREAD,W4(1),W4,TXT,",IJK,4800,1
(1F6.4)

＊DIM,U5,ARRAY,4800,1
＊DIM,W5,ARRAY,4800,1
＊VREAD,U5(1),U5,TXT,",IJK,4800,1
(1F6.4)
```

```
＊VREAD,W5(1),W5,TXT,'',IJK,4800,1
(1F6.4)

＊DIM,U6,ARRAY,4800,1
＊DIM,W6,ARRAY,4800,1
＊VREAD,U6(1),U6,TXT,'',IJK,4800,1
(1F6.4)

＊VREAD,W6(1),W6,TXT,'',IJK,4800,1
(1F6.4)

＊DIM,U7,ARRAY,4800,1
＊DIM,W7,ARRAY,4800,1
＊VREAD,U7(1),U7,TXT,'',IJK,4800,1
(1F6.4)

＊VREAD,W7(1),W7,TXT,'',IJK,4800,1
(1F6.4)

＊DIM,U8,ARRAY,4800,1
＊DIM,W8,ARRAY,4800,1
＊VREAD,U8(1),U8,TXT,'',IJK,4800,1
(1F6.4)

＊VREAD,W8(1),W8,TXT,'',IJK,4800,1
(1F6.4)

＊DIM,U9,ARRAY,4800,1
＊DIM,W9,ARRAY,4800,1
＊VREAD,U9(1),U9,TXT,'',IJK,4800,1
(1F6.4)

＊VREAD,W9(1),W9,TXT,'',IJK,4800,1
(1F6.4)

＊DIM,U10,ARRAY,4800,1          ！模拟第10点的风速,对应于桥面跨中
＊DIM,W10,ARRAY,4800,1
＊VREAD,U10(1),U10,TXT,'',IJK,4800,1
(1F6.4)

＊VREAD,W10(1),W10,TXT,'',IJK,4800,1
(1F6.4)
```

```
* DIM,U11,ARRAY,4800,1
* DIM,W11,ARRAY,4800,1
* VREAD,U11(1),U11,TXT,",IJK,4800,1
(1F6.4)


* VREAD,W11(1),W11,TXT,",IJK,4800,1
(1F6.4)


* DIM,U12,ARRAY,4800,1
* DIM,W12,ARRAY,4800,1
* VREAD,U12(1),U12,TXT,",IJK,4800,1
(1F6.4)


* VREAD,W12(1),W12,TXT,",IJK,4800,1
(1F6.4)


* DIM,U13,ARRAY,4800,1
* DIM,W13,ARRAY,4800,1
* VREAD,U13(1),U13,TXT,",IJK,4800,1
(1F6.4)
* VREAD,W13(1),W13,TXT,",IJK,4800,1
(1F6.4)


* DIM,U14,ARRAY,4800,1
* DIM,W14,ARRAY,4800,1
* VREAD,U14(1),U14,TXT,",IJK,4800,1
(1F6.4)


* VREAD,W14(1),W14,TXT,",IJK,4800,1
(1F6.4)


* DIM,U15,ARRAY,4800,1
* DIM,W15,ARRAY,4800,1
* VREAD,U15(1),U15,TXT,",IJK,4800,1
(1F6.4)


* VREAD,W15(1),W15,TXT,",IJK,4800,1
(1F6.4)


* DIM,U16,ARRAY,4800,1
* DIM,W16,ARRAY,4800,1
* VREAD,U16(1),U16,TXT,",IJK,4800,1
```

(1F6. 4)

　＊VREAD,W16(1),W16,TXT,'',IJK,4800,1
(1F6. 4)

　＊DIM,U17,ARRAY,4800,1
　＊DIM,W17,ARRAY,4800,1
　＊VREAD,U17(1),U17,TXT,'',IJK,4800,1
(1F6. 4)

　＊VREAD,W17(1),W17,TXT,'',IJK,4800,1
(1F6. 4)

　＊DIM,U18,ARRAY,4800,1
　＊DIM,W18,ARRAY,4800,1
　＊VREAD,U18(1),U18,TXT,'',IJK,4800,1
(1F6. 4)

　＊VREAD,W18(1),W18,TXT,'',IJK,4800,1
(1F6. 4)

　＊DIM,U19,ARRAY,4800,1　　　　　　　　　　！模拟第19点的风速,对应于主梁端部
　＊DIM,W19,ARRAY,4800,1
　＊VREAD,U19(1),U19,TXT,'',IJK,4800,1
(1F6. 4)

　＊VREAD,W19(1),W19,TXT,'',IJK,4800,1
(1F6. 4)

！再对应桥面上施加抖振时程力
TM_START＝1
TM_END＝4800
TM_INCR＝1
＊DO,TM,TM_START,TM_END,TM_INCR
TIME,TM＊0. 25

F,46,FZ,(1/2)＊RU＊UA＊UA＊B＊(2＊XD0＊CD0＊U1(TM)/UA＋XD1＊CD1＊W1(TM)/UA)＊
DLTL　　　　　　　　　　　　　　　　　　！横桥向阻力
F,46,FY,(1/2)＊RU＊UA＊UA＊B＊(2＊XL0＊CL0＊U1(TM)/UA＋(CL1＋CD0)＊XL1＊W1
(TM)/UA)＊DLTL　　　　　　　　　　！横桥向升力
F,46,MX,(1/2)＊RU＊UA＊UA＊B＊B＊(2＊XM0＊CM0＊U1(TM)/UA＋XM1＊CM1＊W1(TM)/
UA)＊DLTL　　　　　　　　　　　　！顺桥向扭矩
F,41,FZ,(1/2)＊RU＊UA＊UA＊B＊(2＊XD0＊CD0＊U2(TM)/UA＋XD1＊CD1＊W2(TM)/UA)＊

DLTL　　　　　　　　　　　　　　　　　　　！横桥向阻力

F,41,FY,(1/2) * RU * UA * UA * B * (2 * XL0 * CL0 * U2(TM)/UA+(CL1+CD0) * XL1 * W2(TM)/UA) * DLTL　　　　　　　　　　　！横桥向升力

F,41,MX,(1/2) * RU * UA * UA * B * B * (2 * XM0 * CM0 * U2(TM)/UA+XM1 * CM1 * W2(TM)/UA) * DLTL　　　　　　　　　　　！顺桥向扭矩

F,36,FZ,(1/2) * RU * UA * UA * B * (2 * XD0 * CD0 * U3(TM)/UA+XD1 * CD1 * W3(TM)/UA) * DLTL　　　　　　　　　　　　　　　　　　！横桥向阻力

F,36,FY,(1/2) * RU * UA * UA * B * (2 * XL0 * CL0 * U3(TM)/UA+(CL1+CD0) * XL1 * W3(TM)/UA) * DLTL　　　　　　　　　　　！横桥向升力

F,36,MX,(1/2) * RU * UA * UA * B * B * (2 * XM0 * CM0 * U3(TM)/UA+XM1 * CM1 * W3(TM)/UA) * DLTL　　　　　　　　　　　！顺桥向扭矩

F,31,FZ,(1/2) * RU * UA * UA * B * (2 * XD0 * CD0 * U4(TM)/UA+XD1 * CD1 * W4(TM)/UA) * DLTL　　　　　　　　　　　　　　　　　　！横桥向阻力

F,31,FY,(1/2) * RU * UA * UA * B * (2 * XL0 * CL0 * U4(TM)/UA+(CL1+CD0) * XL1 * W4(TM)/UA) * DLTL　　　　　　　　　　　！横桥向升力

F,31,MX,(1/2) * RU * UA * UA * B * B * (2 * XM0 * CM0 * U4(TM)/UA+XM1 * CM1 * W4(TM)/UA) * DLTL　　　　　　　　　　　！顺桥向扭矩

F,26,FZ,(1/2) * RU * UA * UA * B * (2 * XD0 * CD0 * U5(TM)/UA+XD1 * CD1 * W5(TM)/UA) * DLTL　　　　　　　　　　　　　　　　　　！横桥向阻力

F,26,FY,(1/2) * RU * UA * UA * B * (2 * XL0 * CL0 * U5(TM)/UA+(CL1+CD0) * XL1 * W5(TM)/UA) * DLTL　　　　　　　　　　　！横桥向升力

F,26,MX,(1/2) * RU * UA * UA * B * B * (2 * XM0 * CM0 * U5(TM)/UA+XM1 * CM1 * W5(TM)/UA) * DLTL　　　　　　　　　　　！顺桥向扭矩

F,21,FZ,(1/2) * RU * UA * UA * B * (2 * XD0 * CD0 * U6(TM)/UA+XD1 * CD1 * W6(TM)/UA) * DLTL　　　　　　　　　　　　　　　　　　！横桥向阻力

F,21,FY,(1/2) * RU * UA * UA * B * (2 * XL0 * CL0 * U6(TM)/UA+(CL1+CD0) * XL1 * W6(TM)/UA) * DLTL　　　　　　　　　　　！横桥向升力

F,21,MX,(1/2) * RU * UA * UA * B * B * (2 * XM0 * CM0 * U6(TM)/UA+XM1 * CM1 * W6(TM)/UA) * DLTL　　　　　　　　　　　！顺桥向扭矩

F,16,FZ,(1/2) * RU * UA * UA * B * (2 * XD0 * CD0 * U7(TM)/UA+XD1 * CD1 * W7(TM)/UA) * DLTL　　　　　　　　　　　　　　　　　　！横桥向阻力

F,16,FY,(1/2) * RU * UA * UA * B * (2 * XL0 * CL0 * U7(TM)/UA+(CL1+CD0) * XL1 * W7(TM)/UA) * DLTL　　　　　　　　　　　！横桥向升力

F,16,MX,(1/2) * RU * UA * UA * B * B * (2 * XM0 * CM0 * U7(TM)/UA+XM1 * CM1 * W7(TM)/UA) * DLTL　　　　　　　　　　　！顺桥向扭矩

F,11,FZ,(1/2) * RU * UA * UA * B * (2 * XD0 * CD0 * U8(TM)/UA+XD1 * CD1 * W8(TM)/UA) * DLTL　　　　　　　　　　　　　　　　　　！横桥向阻力

F,11,FY,(1/2) * RU * UA * UA * B * (2 * XL0 * CL0 * U8(TM)/UA+(CL1+CD0) * XL1 * W8(TM)/UA) * DLTL　　　　　　　　　　　！横桥向升力

F,11,MX,(1/2) * RU * UA * UA * B * B * (2 * XM0 * CM0 * U8(TM)/UA+XM1 * CM1 * W8(TM)/UA) * DLTL　　　　　　　　　　　！顺桥向扭矩

F,6,FZ,(1/2) * RU * UA * UA * B * (2 * XD0 * CD0 * U9(TM)/UA+XD1 * CD1 * W9(TM)/UA) * DLTL　　　　　　　　　　　　　　　　　　！横桥向阻力

F,6,FY,(1/2) ＊ RU ＊ UA ＊ UA ＊ B ＊ (2 ＊ XL0 ＊ CL0 ＊ U9(TM)/UA＋(CL1＋CD0) ＊ XL1 ＊ W9(TM)/
UA) ＊ DLTL　　　　　　　　　　　　　　　! 横桥向升力

F,6,MX,(1/2) ＊ RU ＊ UA ＊ UA ＊ B ＊ B ＊ (2 ＊ XM0 ＊ CM0 ＊ U9(TM)/UA＋XM1 ＊ CM1 ＊ W9(TM)/
UA) ＊ DLTL　　　　　　　　　　　　　　　! 顺桥向扭矩

F,1,FZ,(1/2) ＊ RU ＊ UA ＊ UA ＊ B ＊ (2 ＊ XD0 ＊ CD0 ＊ U10(TM)/UA＋XD1 ＊ CD1 ＊ W10(TM)/UA) ＊
DLTL　　　　　　　　　　　　　　　! 横桥向阻力

F,1,FY,(1/2) ＊ RU ＊ UA ＊ UA ＊ B ＊ (2 ＊ XL0 ＊ CL0 ＊ U10(TM)/UA＋(CL1＋CD0) ＊ XL1 ＊ W10
(TM)/UA) ＊ DLTL　　　　　　　　　　　　! 横桥向升力

F,1,MX,(1/2) ＊ RU ＊ UA ＊ UA ＊ B ＊ B ＊ (2 ＊ XM0 ＊ CM0 ＊ U10(TM)/UA＋XM1 ＊ CM1 ＊ W10(TM)/
UA) ＊ DLTL　　　　　　　　　　　　　　　! 顺桥向扭矩

F,48,FZ,(1/2) ＊ RU ＊ UA ＊ UA ＊ B ＊ (2 ＊ XD0 ＊ CD0 ＊ U11(TM)/UA＋XD1 ＊ CD1 ＊ W11(TM)/UA) ＊
DLTL　　　　　　　　　　　　　　　! 横桥向阻力

F,48,FY,(1/2) ＊ RU ＊ UA ＊ UA ＊ B ＊ (2 ＊ XL0 ＊ CL0 ＊ U11(TM)/UA＋(CL1＋CD0) ＊ XL1 ＊ W11
(TM)/UA) ＊ DLTL　　　　　　　　　　　　! 横桥向升力

F,48,MX,(1/2) ＊ RU ＊ UA ＊ UA ＊ B ＊ B ＊ (2 ＊ XM0 ＊ CM0 ＊ U11(TM)/UA＋XM1 ＊ CM1 ＊ W11
(TM)/UA) ＊ DLTL　　　　　　　　　　　　! 顺桥向扭矩

F,53,FZ,(1/2) ＊ RU ＊ UA ＊ UA ＊ B ＊ (2 ＊ XD0 ＊ CD0 ＊ U12(TM)/UA＋XD1 ＊ CD1 ＊ W12(TM)/UA) ＊
DLTL　　　　　　　　　　　　　　　! 横桥向阻力

F,53,FY,(1/2) ＊ RU ＊ UA ＊ UA ＊ B ＊ (2 ＊ XL0 ＊ CL0 ＊ U12(TM)/UA＋(CL1＋CD0) ＊ XL1 ＊ W12
(TM)/UA) ＊ DLTL　　　　　　　　　　　　! 横桥向升力

F,53,MX,(1/2) ＊ RU ＊ UA ＊ UA ＊ B ＊ B ＊ (2 ＊ XM0 ＊ CM0 ＊ U12(TM)/UA＋XM1 ＊ CM1 ＊ W12
(TM)/UA) ＊ DLTL　　　　　　　　　　　　! 顺桥向扭矩

F,58,FZ,(1/2) ＊ RU ＊ UA ＊ UA ＊ B ＊ (2 ＊ XD0 ＊ CD0 ＊ U13(TM)/UA＋XD1 ＊ CD1 ＊ W13(TM)/UA)
＊ DLTL　　　　　　　　　　　　　　! 横桥向阻力

F,58,FY,(1/2) ＊ RU ＊ UA ＊ UA ＊ B ＊ (2 ＊ XL0 ＊ CL0 ＊ U13(TM)/UA＋(CL1＋CD0) ＊ XL1 ＊ W13
(TM)/UA) ＊ DLTL　　　　　　　　　　　　! 横桥向升力

F,58,MX,(1/2) ＊ RU ＊ UA ＊ UA ＊ B ＊ B ＊ (2 ＊ XM0 ＊ CM0 ＊ U13(TM)/UA＋XM1 ＊ CM1 ＊ W13
(TM)/UA) ＊ DLTL　　　　　　　　　　　　! 顺桥向扭矩

F,63,FZ,(1/2) ＊ RU ＊ UA ＊ UA ＊ B ＊ (2 ＊ XD0 ＊ CD0 ＊ U14(TM)/UA＋XD1 ＊ CD1 ＊ W14(TM)/UA) ＊
DLTL　　　　　　　　　　　　　　　! 横桥向阻力

F,63,FY,(1/2) ＊ RU ＊ UA ＊ UA ＊ B ＊ (2 ＊ XL0 ＊ CL0 ＊ U14(TM)/UA＋(CL1＋CD0) ＊ XL1 ＊ W14
(TM)/UA) ＊ DLTL　　　　　　　　　　　　! 横桥向升力

F,63,MX,(1/2) ＊ RU ＊ UA ＊ UA ＊ B ＊ B ＊ (2 ＊ XM0 ＊ CM0 ＊ U14(TM)/UA＋XM1 ＊ CM1 ＊ W14
(TM)/UA) ＊ DLTL　　　　　　　　　　　　! 顺桥向扭矩

F,68,FZ,(1/2) ＊ RU ＊ UA ＊ UA ＊ B ＊ (2 ＊ XD0 ＊ CD0 ＊ U15(TM)/UA＋XD1 ＊ CD1 ＊ W15(TM)/UA) ＊
DLTL　　　　　　　　　　　　　　　! 横桥向阻力

F,68,FY,(1/2) ＊ RU ＊ UA ＊ UA ＊ B ＊ (2 ＊ XL0 ＊ CL0 ＊ U15(TM)/UA＋(CL1＋CD0) ＊ XL1 ＊ W15
(TM)/UA) ＊ DLTL　　　　　　　　　　　　! 横桥向升力

F,68,MX,(1/2) ＊ RU ＊ UA ＊ UA ＊ B ＊ B ＊ (2 ＊ XM0 ＊ CM0 ＊ U15(TM)/UA＋XM1 ＊ CM1 ＊ W15
(TM)/UA) ＊ DLTL　　　　　　　　　　　　! 顺桥向扭矩

F,73,FZ,(1/2) ＊ RU ＊ UA ＊ UA ＊ B ＊ (2 ＊ XD0 ＊ CD0 ＊ U16(TM)/UA＋XD1 ＊ CD1 ＊ W16(TM)/UA) ＊
DLTL　　　　　　　　　　　　　　　! 横桥向阻力

F,73,FY,(1/2) ＊ RU ＊ UA ＊ UA ＊ B ＊ (2 ＊ XL0 ＊ CL0 ＊ U16(TM)/UA＋(CL1＋CD0) ＊ XL1 ＊ W16

(TM)/UA) * DLTL   ! 横桥向升力

F,73,MX,(1/2) * RU * UA * UA * B * B * (2 * XM0 * CM0 * U16(TM)/UA+XM1 * CM1 * W16 (TM)/UA) * DLTL   ! 顺桥向扭矩

F,78,FZ,(1/2) * RU * UA * UA * B * (2 * XD0 * CD0 * U17(TM)/UA+XD1 * CD1 * W17(TM)/UA) * DLTL   ! 横桥向阻力

F,78,FY,(1/2) * RU * UA * UA * B * (2 * XL0 * CL0 * U17(TM)/UA+(CL1+CD0) * XL1 * W17 (TM)/UA) * DLTL   ! 横桥向升力

F,78,MX,(1/2) * RU * UA * UA * B * B * (2 * XM0 * CM0 * U17(TM)/UA+XM1 * CM1 * W17 (TM)/UA) * DLTL   ! 顺桥向扭矩

F,83,FZ,(1/2) * RU * UA * UA * B * (2 * XD0 * CD0 * U18(TM)/UA+XD1 * CD1 * W18(TM)/UA) * DLTL   ! 横桥向阻力

F,83,FY,(1/2) * RU * UA * UA * B * (2 * XL0 * CL0 * U18(TM)/UA+(CL1+CD0) * XL1 * W18 (TM)/UA) * DLTL   ! 横桥向升力

F,83,MX,(1/2) * RU * UA * UA * B * B * (2 * XM0 * CM0 * U18(TM)/UA+XM1 * CM1 * W18 (TM)/UA) * DLTL   ! 顺桥向扭矩

F,88,FZ,(1/2) * RU * UA * UA * B * (2 * XD0 * CD0 * U19(TM)/UA+XD1 * CD1 * W19(TM)/UA) * DLTL   ! 横桥向阻力

F,88,FY,(1/2) * RU * UA * UA * B * (2 * XL0 * CL0 * U19(TM)/UA+(CL1+CD0) * XL1 * W19 (TM)/UA) * DLTL   ! 横桥向升力

F,88,MX,(1/2) * RU * UA * UA * B * B * (2 * XM0 * CM0 * U19(TM)/UA+XM1 * CM1 * W19 (TM)/UA) * DLTL   ! 顺桥向扭矩

SOLVE   ! 求解

* ENDDO

FINISH

4. 计算与实测结果的对比验证

由于行人、车辆荷载直接作用在主梁上，因此主梁的抖振响应与结构舒适度直接相关，是评定大跨度悬索桥抖振舒适度、确定桥梁结构的动力风载等的主要依据，为此，本节以"麦莎"台风下的润扬悬索桥为例，并选择了主梁为研究对象进行分析。图 12-33 表示出了在所选时段台风作用下，基于上述抖振响应时域分析方法计算所得的润扬悬索桥主梁跨中截面的抖振加速度时程响应。本节将计算抖振加速度时程响应与"麦莎"台风下的润扬悬索桥实测抖振响应进行了对比分析。

1) 主梁加速度 RMS 响应计算与实测结果的对比分析

基于 MATLAB 软件调用 ANSYS 抖振响应有限元计算结果，再编制程序对其进行统计分析处理得到了所选时段"麦莎"台风作用下，润扬悬索桥所选关键截面抖振 RMS 响应的计算值。表 12-13 列出了计算值与实测值之间的相对偏差，其中主梁竖向加速度 RMS 响应的实测值均采用同一截面上下游实测值的平均值。

由表 12-13 可知，由于采用了根据实测数据修正之后的基准有限元模型，SHMS 又测得了稳定可靠的强风特性数据以及振动响应数据，同时考虑了气动自激力的影响，因此主梁加速度 RMS 响应的计算与实测结果总体上吻合得较好，但由于大跨度悬索桥抖振响应数值计算和实测过程均存在着大量的复杂影响因素和不确定性，且风速仪数量有限，使得某些响应值仍相差较大，现详细分析如下：

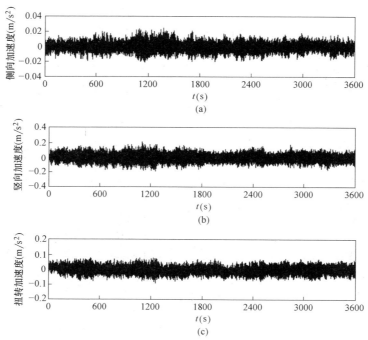

图 12-33　主梁跨中侧向、竖向和扭转加速度响应计算值

（a）侧向加速度；（b）竖向加速度；（c）扭转加速度

主梁加速度 RMS 响应计算与实测结果比较（m/s²）　　　　表 12-13

主梁截面		ZLZD8	ZLZD1	ZLZD2	ZLZD3	ZLZD4	ZLZD5	ZLZD6	ZLZD7	ZLZD9
侧向	计算值	0.0027	0.0083	0.0119	0.0114	0.0128	0.0114	0.0119	0.0083	0.0027
	实测值	0.0020	0.0099	—	0.0120	0.0121	0.0119	0.0097	—	0.0027
	Error	35.0%	−16.2%	—	−5.0%	5.8%	4.2%	22.7%	—	0
竖向	计算值	0.0226	0.0435	0.0427	0.0446	0.0475	0.0446	0.0427	0.0435	0.0226
	实测值	0.0271	0.0481	—	0.0474	0.0502	0.0494	0.0463	0.0454	0.0242
	Error	−16.6%	−9.6%	—	−5.9%	−5.4%	−9.7%	−7.8%	−4.2%	−6.6%
扭转	计算值	0.0079	0.0216	0.0234	0.0231	0.0239	0.0231	0.0234	0.0216	0.0079
	实测值	0.0114	0.0267	—	—	0.0262	—	—	0.0250	0.0111
	Error	−30.7%	−19.1%	—	−8.8%				−13.6%	−28.8%

注：Error＝[（计算值−实测值）/实测值]×100%。

（1）主梁跨中截面抖振 RMS 响应的计算和实测结果较为接近，相对误差 Error 值较小。从 1/4～3/4 跨（即主梁 ZLZD2～ZLZD6 截面），除了 ZLZD6 截面的侧向振动 Error 达到了 22.7%之外，其余均在 10%以内，主要原因之一是主梁上的风速仪安装在跨中，这就使得数值计算中所采用的风场在跨中与实测风场完全相同，因而此处的风速可保证是完全准确的。

（2）相对而言，主梁两端截面抖振 RMS 响应的计算和实测结果之间的相对误差 Error 值较大，包括 0～1/8 跨以及 7/8～8/8 跨（即主梁 ZLZD8、ZLZD1、ZLZD7 和 ZLZD9 共 4 个截面），ZLZD8 截面的侧向振动 Error 达到了 35.0%且扭转振动 Error 也达

到了 -30.7%，竖向 Error 相对小一些，除了风速仪安装在跨中之外，主要是由于梁端部距离支座很近，而该滑动支座在 ANSYS 中是采用耦合作用来进行模拟，这样的模拟与实际情况是有出入的，尤其是在侧向与扭转方向。

（3）对主梁侧向、竖向和扭转三个方向的加速度 RMS 响应计算与实测值之间的相对误差 Error 值进行比较，结果表明扭转响应的 Error 值最大，而竖向响应的 Error 值总体上最小。这主要是由于主梁扭转模态的有限元计算结果（包括频率、MAC 值等）与实测结果之间的偏差较大，而竖弯模态的有限元计算结果与实测结果之间的偏差在三者之间最小。

以上还可以看出，竖向与扭转加速度 RMS 响应的计算值均比实测值小，这点将与缆索的振动特性一起进行分析。必须指出，以上分析中虽然指出了产生计算和实测值之间相对误差 Error 的主要原因，但这一原因并非是全面的。由于大跨度悬索桥抖振响应计算和实测过程受大量复杂因素和不确定因素的影响，如润扬悬索桥有限元建模过程、有限元模型的离散过程、斜风分解过程、气动导数、气动系数的测试过程、风特性的实测过程、主梁抖振响应的实测过程以及计算和实测过程中的温度差等，都会对该对比研究造成影响。因此，计算和实测值之间相对误差 Error 的产生还受到许多其他因素的影响，有待今后更多的风洞试验以及现场实测案例研究的证明。为了进一步研究"麦莎"台风作用下主梁的抖振响应，图 12-34 绘制了计算与实测值两者之间的对比图。

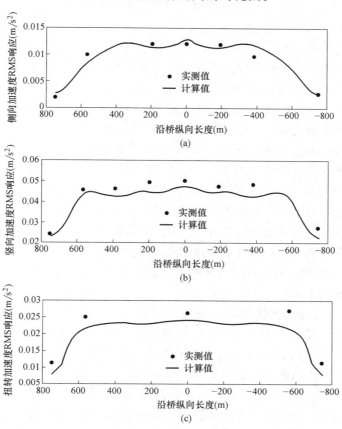

图 12-34 主梁跨中加速度 RMS 响应计算和实测值

（a）侧向；（b）竖向；（c）扭转

图 12-34 中，横轴为沿桥跨方向，只包括主跨范围，中心点取在跨中截面；纵轴为主梁截面计算和实测加速度的 RMS 响应值。为了更好地了解主梁抖振响应的分布情况，计算值包括了主梁沿桥跨划分了单元的全部截面，因此每隔 16.1m 有一个计算值，再用光滑曲线拟合连接得到，由于实测截面数量有限，因此将这些截面的实测值用黑点来表示。图 12-34 进一步验证了主梁跨中截面抖振 RMS 响应的计算和实测结果较为接近，相对误差 Error 值较小而靠近梁端截面 Error 值较大，以及三个方向抖振 RMS 响应中扭转响应对应的 Error 值最大的结论。同时从图 12-34 还可知：

（1）从 1/4～3/4 跨，主梁侧向、竖向和扭转三个方向的加速度 RMS 响应值的变化都不是很大，进入 1/4 截面其响应值已开始接近最大值。相对而言，该范围内的扭转响应值变化最小、最为平稳；侧向响应值的变化波动最大，跨中出现了非常明显的最大值；竖向振动出现了一系列的小范围波动，其最大值也在跨中出现。

（2）与江阴长江大桥、香港青马大桥等同类型桥梁的抖振分析计算结果进行对比可知，润扬悬索桥跨中截面附近的抖振响应非常稳定，对应的竖向和扭转抖振响应几乎是一条水平线。这主要是由于受到了该桥跨中所设刚性中央扣的影响，使得该处成了一个大范围的刚性区域所致，因而该范围内主梁出现了近似的共同振动，这点与第 2 章关于中央扣的研究结果得到了相互验证。

（3）对比以上三个图可知，从梁端截面开始，竖向和扭转振动响应值迅速增大，在 1/8 截面就已接近最大值；侧向振动响应虽然也是从梁端截面开始一直增大，但直到 1/4 截面才开始接近最大值，然后开始波动，其上升过程的斜率较小。这点与已有相类似桥梁的研究结论相同，主要是由悬索桥三个方向振动响应本身的特点决定的。

2）主梁计算与实测加速度响应的频谱对比分析

通过对"麦莎"台风作用下，润扬悬索桥主梁跨中截面侧向、竖向和扭转加速度响应的计算值进行功率谱密度分析，得到其侧向、竖向以及扭转加速度谱，并将其与实测加速度响应的频谱分析结果进行对比分析。图 12-35 为主梁跨中截面计算与实测加速度响应的频谱分析结果对比图，图中所有加速度谱值均采用对数坐标，横坐标仍采用线性坐标。

由于主梁跨中截面两竖向传感器的实测振动特性非常相似，故竖向仅采用了上游 ZLZD4-2 传感器的实测结果。另外为了便于对比分析，计算中采用了加 Hamming 窗技术进行处理。可以看出计算结果由于受各种外界的干扰因素较少，其功率谱曲线较测试结果显得更为平滑，毛刺较少，但就本实测案例研究而言，无论样本数量取为多大以及改变 Pwelch 函数的其他参数，对应功率谱曲线的光滑程度都无法达到由频域抖振响应计算所得的结果。另外对图 12-35 进行分析还可知：

（1）总体而言，无论是侧向还是竖向或扭转加速度响应的功率谱，其计算与实测结果在低频范围内都能够较好地吻合，这也是上述加速度响应 RMS 值能够比较吻合的原因所在。但相对而言在高于 0.028Hz 的频率范围内，计算与实测结果之间的吻合程度大大下降，这可能是由于紊流高频段的能量成分本身波动较大，时域化过程产生了较大的偏差。

（2）频谱分析的主要目的之一就是要研究结构的各种频率成分对结构响应所做的贡献。与低频范围内响应谱值的吻合程度相比，高频范围内的吻合程度明显有所下降，但这并不会导致主梁加速度 RMS 响应不可接受误差的产生。这主要是由于高频范围内的响应谱值相对较小，因而结构的高阶频率成分对最终的结构抖振计算结果的贡献较小。

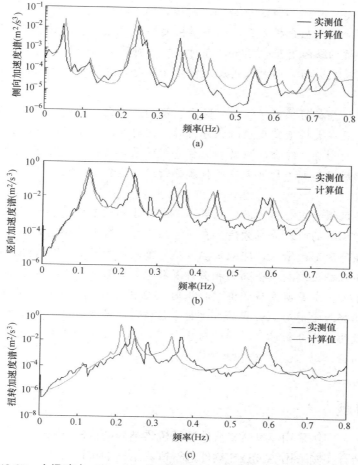

图 12-35　主梁跨中（ZLZD4）截面计算与实测加速度响应的功率谱密度
(a) 侧向；(b) 竖向；(c) 扭转

（3）由"麦莎"台风本身的紊流功率谱密度可知，"麦莎"台风的能量成分绝大多数位于 0.02～1.2Hz 之间，其中低频段的能量成分所占比重较大。该台风的另一特点是能量分布总体上较为均匀，基本包含了 0.02～1.2Hz 范围内润扬悬索桥的全部振动频率，这就使得结构的前几阶主要振型大都被激发出来了，能够很方便地从图中识别出结构的一阶正（反）对称侧弯、一阶正（反）对称扭转以及一阶对称竖弯等振型频率，但也有一些模态如一阶反对称竖弯等几乎未被激振起来。

（4）三个图当中，计算与实测扭转加速度响应的功率谱密度对比图差别最大，在第一个峰值就存在差别，这是造成计算与实测扭转速度响应 RMS 值误差较大的主要原因，说明修正后的模型其计算与实测扭转频率仍不能够非常好地吻合。因此，在采用脊骨梁模型来进行大跨度桥梁结构的有限元模拟时，准确地模拟结构体系的抗扭刚度是建模的关键点所在。

本章小结

本章以实际工程为背景，基于 ANSYS 有限元分析软件开展了大跨度桥梁地震和风振响应分析。

（1）在桥梁地震反应分析方面，以茅草街大桥为研究对象，基于 ANSYS 软件建立了该 CFST 系杆拱桥的三维有限元模型，在对该桥进行了自振特性分析的基础上，对其进行了全方位的地震反应分析，同时采用反应谱方法和时程分析法相互校核，以确保大桥的抗震安全性。

（2）在反应谱分析时采用了纵向、竖向、横向、纵向＋竖向、横向＋竖向共 5 种地震动输入方式，并且在大桥地震反应时程分析时，同时对比了一致输入、行波输入以及多点输入对结构反应的影响。综合反应谱和时程分析结果对大桥在设计地震动下的抗震能力进行了检验，并采用同类型丫髻沙大桥的抗震分析结果进行了对比验证，以确保本章分析的可靠性。

（3）在桥梁风振响应分析方面，发展了一套基于通用有限元软件 ANSYS 平台计算大跨度悬索桥抖振响应的时域分析方法。在该方法当中，气动自激力以单元气动阻尼矩阵和单元气动刚度矩阵的形式输入，即采用 ANSYS 单元库中的 MATRIX27 单元进行模拟。

（4）在上述基础上编制了全部的相关计算程序，实现了直接由风环境数据得到结构的抖振响应。为了验证本章所发展的桥梁抖振时域分析方法的可靠性和有效性，以"麦莎"台风作用下的润扬悬索桥为工程背景，进行了该桥抖振响应的现场实测结果和基于现场同步实测风场参数的抖振分析结果之间的对比分析，总体上取得了较好的结果，使本方法在一定程度上得到验证。

思考与练习题

12-1　试结合实例采用 ANSYS 软件进行桥梁结构的抗震分析。

12-2　试结合实例采用 ANSYS 软件进行桥梁结构的抗风分析。

第 13 章　结构抗火分析

本章要点及学习目标

本章要点：
(1) 结构抗火分析步骤；(2) 结构抗火分析建模方法。
学习目标：
(1) 了解结构抗火分析步骤；(2) 掌握钢框架建模所用材料及基本单元；(3) 掌握冷弯薄壁型钢结构建模所用材料及基本单元。

13.1　钢框架抗火性能有限元分析的算例

结构的有限元抗火分析，其实质是用有限元法求解热-结构耦合问题，即求解温度场对结构中应力、应变和位移等物理量的影响。通常采用顺序耦合分析方法，分为两个步骤：

（1）先进行热分析求解结构的温度场；

（2）将得到的温度场作为体荷载施加到结构中，求解结构的应力场。

13.1.1　温度场分析

1. 主要步骤

1）建模：采用 ANSYS 分析软件进行分析。确定 jobname、title、units，进入/Prep7；定义单元类型并设置选项；定义单元实常数；定义材料热性能（一般瞬态热分析要定义导热系数、密度及比热）；建立几何模型并对几何模型划分网格。

2）加载求解：①定义分析类型；②获得瞬态热分析的初始条件；③设定荷载步选项。

3）后处理。

2. 基本假定

1）整体钢框架中梁、柱的热传导是均匀各向同性的。

2）在全过程抗火分析中，钢构件材料的密度 ρ 固定不变。

3. 单元类型

ANSYS 软件单元库中的单元类型较为丰富，热分析涉及单元有 40 多种，可大致分为线单元、面（壳）单元和实体单元。目前对钢框架进行抗火计算时多假设梁截面温度均匀分布或线性分布，而实际上火灾发生时钢梁横截面上的温度不可能完全相同。为了准确模拟截面的非均匀温度分布，本文采用 SOLID70 实体单元来对钢框架整体结构中的钢梁、钢柱和混凝土板进行网格划分。SOLID70 单元的几何特征等见图 13-1。该单元是八节点六面体单元，每个节点上均有一个温度自由度，具有三个方向的热传导性能，可用于三维静态或瞬态的热分析。

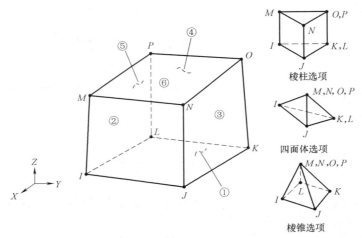

图 13-1　热分析实体单元 SOLID70

4. 材料热学参数

本算例中钢框架整体结构的钢材的热学参数：钢的热膨胀系数取 $1.4 \times 10^{-5}/℃$。热分析单元选用 solid70 八节点六面体单元，该单元具有三维热传导能力，每个节点只具有单一的温度自由度，可考虑热对流和热辐射。

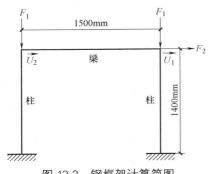

图 13-2　钢框架计算简图

5. 建模、加载及求解

通过 ANSYS 建立文献中试验的钢框架模型，进行抗火性能数值模拟。钢框架的计算简图如图 13-2 所示，梁、柱截面均为相同截面工字型钢，翼缘尺寸为 $56\text{mm} \times 6\text{mm}$，腹板尺寸为 $88\text{mm} \times 4.5\text{mm}$。采用瞬态热分析方法对钢框架整体结构中梁、柱进行温度场分析。梁柱接合处节点采用固支连接。

本文所模拟的钢框架整体结构在试验全过程中，构件的升温是通过与热空气之间的传热及构件内部的热传导而实现的。整个传热过程可以分为两个阶段：

（1）炉内空气热量主要以对流、热辐射方式传给构件外表面；

（2）构件内以导热方式传递热量。

进行热分析时，结构的初始温度为环境温度，空气温度按实测的炉内空气温度，受火范围为试验炉范围内的钢柱、钢梁或混凝土构件的受火面，每 60s 为一个荷载步，进行全过程的温度场模拟。

13.1.2　非线性耐火性能模拟

1. 基本假定

1）总应变等于温度应变与应力应变之和。假定温度产生的应变与应力产生的应变线性无关。

2）不考虑构件的初始缺陷和残余应力的影响。

2. 结构分析单元类型

ANSYS 单元库中，对应热分析单元 SOLID70 的为 SOLID45 单元。在进行结构分析时，受火钢梁钢柱在结构分析中转换为 SOLID45 单元，SOLID45 单元内的温度可以通过结点的三次插值得到。SOLID45 单元的几何特征、结点位置、坐标系见图 13-3。

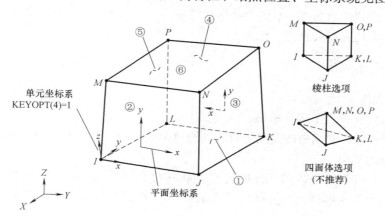

图 13-3 结构分析实体单元 SOLID45

SOLID45 单元用于构造三维实体结构。单元通过 8 个节点来定义，每个节点沿 xyz 方向有 3 个自由度。单元具备塑性、膨胀、应力强化、大变形和大应变能力，满足考虑材料非线性和几何非线性的分析需要。

3. 材料力学参数

考虑材料非线性和几何非线性，高温下的材料参数选用欧洲 Eurocode3 推荐的公式。材料常温下的本构关系采用理想弹塑性模型，屈服强度和极限强度均用 235MPa，弹性模量 $E = 206$GPa，泊松比 $\nu = 0.3$。

4. 建模、加载及求解

在进行温度场分析后，钢框架整体结构有限元模型的分析单元由 SOLID70 转变为结构分析单元 SOLID45。受火方式为框架梁三面受火，框架柱四面受火。对钢框架柱脚施加固定端约束，荷载按试验荷载施加。静力分析时分多个荷载步读入热分析结果文件实现温度荷载的施加。

通过对所建立钢框架有限元模型进行耐火性能分析，得到有限元结果 U_1、U_2 的位移-时间曲线，并与试验结果对比，如图 13-4 所示。由图 13-4 可看出有限元结果与试验结果吻合很好，说明 ANSYS 热-结构耦合分析的有效性和材料参数选取的正确性，通过该方法来分析火灾全过程中钢板墙结构的抗火性能是可行的。

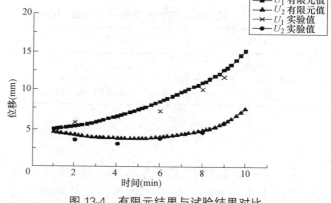

图 13-4 有限元结果与试验结果对比

13.2   冷弯薄壁型钢非承重组合墙体的耐火性能研究

依据澳大利亚昆士兰理工大学 P. Kolarkar 和 M. Mahendran 所做冷弯薄壁型钢非承重组合墙体试验模型所建，选取试验中较为典型的 1 组试验模型，建立了相应的有限元模型。通过有限元软件 ANSYS 对组合墙体进行耐火性能数值模拟，研究组合墙体单面受火情况下整体温度场和耐火性能。

13.2.1   温度场研究

1. 基本假定

本文有限元分析为了简化模型，采用如下假定：

（1）石膏板、C 型钢构件及隔热材料间通过热传导的方式进行热量传递，忽略热辐射及热对流带来的影响；

（2）模拟各接触面（譬如石膏板与 C 型钢构件翼缘连接处）时，考虑到实际情况下并不为完全光滑的面接触，根据试算结果取材料常温下 50% 的导热系数作为连接处的接触热传导系数；

（3）忽略石膏板在高温下脱水反应产生的水蒸气带来的影响；

（4）不考虑石膏板、轻钢龙骨各构件连接带来的影响；

（5）不考虑上下两根 U 形导轨对模型温度场的影响。

2. 模型几何尺寸

冷弯薄壁型钢组合墙体是轻钢结构住宅的重要组件，主要起着承重和围护双重作用。典型的组合墙体由 C 形龙骨柱和顶梁、底梁组成钢骨架，并通过自攻螺钉将定向刨花板（OSB 板）、石膏板、玻镁板等建筑墙板与钢骨架相连。P. Kolarkar 和 M. Mahendran 试验所选用的防火石膏板尺寸为 1280mm×1015mm，轻钢骨架由 3 根间距 500mm、厚 1.15mm 的 C 型钢立柱并上下两根 U 形导轨所组成，外附墙板选用 BoralPlasterboard 公司所制造的防火石膏板。具体模型参数参照表 13-1。C 型钢截面尺寸如图 13-5 所示。

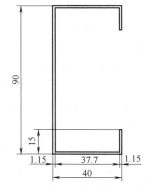

图 13-5　C 型钢截面尺寸

组合墙体构件尺寸表　　　　表 13-1

构件类型	构件尺寸
石膏板	1280mm×1015mm
C 型钢立柱	90mm×40mm×15mm×1.15mm

图 13-6 为组合墙体简化示意图，有限元模型取试验墙体的 500mm 龙骨间距作为一个基本的墙体长度单元，将 C 型钢龙骨构件布置于墙体中部，两侧各覆盖石膏板，根据试

件需要在墙体中部填充隔热材料。

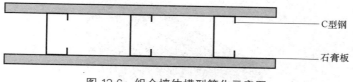

图 13-6　组合墙体模型简化示意图

3. 选取模型单元

考虑到试验所采用的冷弯薄壁型钢与石膏板、隔热材料相比厚度相差较大，故有限元分析模型采用分离式的三维模型，即石膏板，隔热材料采用三维实体单元 Solid70，冷弯薄壁型钢采用壳单元 Shell131。

1）Solid70

Solid70（图 13-1）为 ANSYS 的常用 3-D 实体热单元，具有三个方向的热传导能力。该单元有 8 个节点且每个节点上只有一个温度自由度，可用于三维静态或瞬态的热分析。该单元能实现匀速热流的传递。此单元能够用等效的结构单元代替，譬如 Solid45 单元。

2）Shell131

Shell131 单元如图 13-7 所示，是一个拥有 4 节点的 3D 层单元，在面内或厚度方向具有传热功能，并提供热梯度结果。

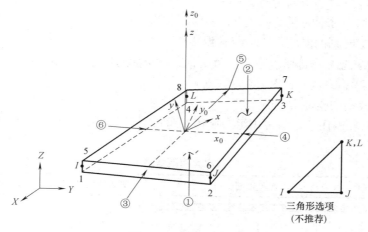

图 13-7　shell131 单元

4. 单元划分

在网格划分时，因应用接触单元模拟不同材料的接触面，故材料的网格尺寸可不相同，采用六面体进行映射网格划分。图 13-8 即为所建模型网格划分完成图，从图中可发现模型两侧石膏板 x 轴划分较多，是为了更好地模拟及研究单侧受火组合墙体在该轴向上温度的变化规律。

5. 边界条件

本文主要研究对象为单面受火的冷弯薄壁型钢组合墙体，墙体受火面和背火面边界上的热流量可通过式（13-1）确定：

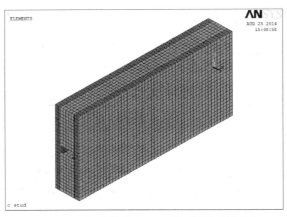

图 13-8　组合墙体有限元模型网格划分图

$$q = h(T_g - T_s) + \sigma\varepsilon(T_g^4 - T_s^4) \tag{13-1}$$

式中　q——该边界的总热流量；

　　　σ——玻尔兹曼常数，通常取 $5.67 \times 10^{-8} \text{w}/(\text{m}^2 \times \text{k}^4)$；

T_g、T_s——分别为环境温度和物体表面温度。

　　受火面即为 ISO834 标准升温曲线相应时刻对应的温度，见式（13-2）：

$$T = T_0 + 345\lg(8t + 1) \tag{13-2}$$

式中　t——构件升温经历的时间（min）；

　　　T——升温 t 时刻的温度；

　　　T_0——初始时刻的温度，一般取常温 20℃。

　　背火面取初始温度，即常温 20℃。受火面、背火面的换热系数 h 分别为 $25\text{w}/(\text{m}^2 \cdot \text{k})$、$10\text{w}/(\text{m}^2 \cdot \text{k})$，辐射系数 ε 分别为 0.8 和 0.6。

　　6. 有限元模型的验证

　　本文仅选取轻钢住宅较为常用组合墙体试验进行有限元模型分析及验证。模型的详细信息见表 13-2。

有限元模型信息　　　　　　　　　　　　　　　　　　　　　　　表 13-2

有限元模型序号	模型剖面图	石膏板层数	内置隔热层
S1		1×2	无

　　Keerthan 的耐火试验进行了 180min，但在试验后期（120～180min）由于石膏板受热脱水收缩且强度降低，石膏板将会发生脱落从而导致墙体内 C 型钢构件及背火侧石膏板温度迅速上升，而与有限元分析产生较大差异，故 120～180min 的有限元模型分析结果已失去意义。

　　图 13-9 为试验测点位置，有限元模型在同样位置采集数据以进行对比，图中 FS 为石膏板受火侧表面温度，Pb1-Pb2 和 Pb3-Pb4 分别为受火、背火侧石膏板层间温度，Pb2-Cav 和 Pb3-Cav 分别为受火侧、背火侧石膏板内表面温度，HF 为 C 型钢受火侧翼缘温度，CF 为其背火侧翼缘温度，AMB 是组合墙体背火侧石膏板温度。

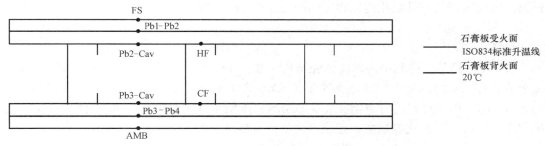

图 13-9 试验测点位置示意图

7. 计算结果

图 13-10 为组合墙体有限元分析结果与试验结果的对比曲线，图中实线为有限元分析结果，点线为试验所测得数据。由对比曲线图可知，本文有限元模型分析结果与试验所测温度吻合较好，可见建立的有限元模型能较为准确地模拟组合墙体温度场分布情况。

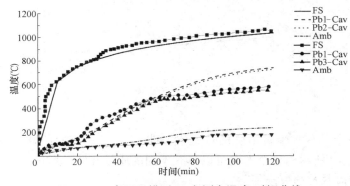

图 13-10 有限元模型 S1 各测点温度-时间曲线

S1 模型中受火侧及背火侧石膏板近墙体空腔侧在 60～120min 计算温度高于实际测得温度，差异可能来源于模型的简化，忽略了除石膏板受火面及背火面以外其余面的对流及辐射所带来的影响。

13.2.2 组合墙体耐火性能研究

利用已模拟获得的温度场数据进行组合墙体耐火性能的研究，研究轻型钢结构中的承重墙体在火灾高温作用下的变形及应力变化规律。

1. 模型假定

本文有限元分析为了简化模型采用了如下假定：

（1）不考虑组合墙体中两侧石膏板及墙腹内隔热材料对组合墙体承载力的影响。

（2）经大量实验研究表明，在组合墙体破坏前两侧石膏板对墙体钢框架始终存在侧向约束，故在有限元模拟中忽略石膏板高温反应所带来的石膏板强度降低及局部剥落等对 C 型钢柱侧向约束的不利影响。

2. 模型几何尺寸

本章采用组合墙体中 C 型钢柱作为研究对象，采用澳大利亚 G500 钢材，屈服强度为 500MPa，型钢截面尺寸为 90mm×40mm×1.15mm，厚度为 1.15mm，长 1.015m。C 型钢通过自攻螺钉与石膏板相连，螺钉间距为 300mm，如图 13-5 所示。

3. 模型单元

1）Shell181

Shell181 适用于薄到中等厚度的壳结构，如图 13-11 所示。该单元有四个节点，单元每个节点有六个自由度，分别为沿节点 X、Y、Z 方向的平动及绕节点 X、Y、Z 轴的转动。Shell181 单元具有应力刚化及大变形功能。该单元有强大的非线性功能，并有截面数据定义、分析、可视化等功能，还能定义复合材料多层壳。

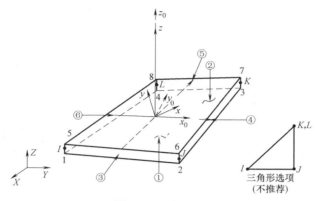

图 13-11　shell181

2）mass 21

mass21 是一个具有六个自由度的点元素，即 x、y、z 方向的移动和绕 x、y、z 轴的转动，如图 13-12 所示。每个方向可以具有不同的质量和转动惯量。

4. 模型所受荷载及约束条件

从组合墙体的组成上可知，石膏板通过自攻螺钉与 C 型钢相连，对型钢有侧向约束作用，可防止 C 型钢在受火时发生绕弱轴屈曲破坏，故在螺钉所对应位置施加了侧向约束。本文模拟 C 型钢两端支撑约束情况，在 C 型钢两端面建立一刚性面，能更好地约束型钢变形及施加轴向压力。本文采用 mass21 单元，在 C 型钢形心位置设置一控制节点，与周边节点形成一刚域，并将轴向压力直接施加在中心控制节点上，刚域放大详图可参见图 13-13。

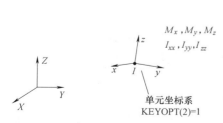

图 13-12　mass21

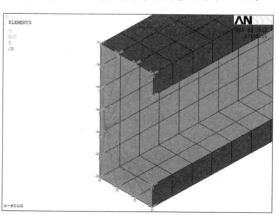

图 13-13　模型顶端刚域及轴向压力示意图

对型钢两端约束的情况，本文将采用底端固结，顶端铰接，约束 C 型钢顶端节点在 x 轴、y 轴方向的平动自由度及绕 z 轴的转动自由度，如图 13-14 所示。这种模拟方式与实际试验情况更加符合，能更好地再现试验中受火 C 型钢的变形及破坏模式，并且得到轴向及侧向变形时间曲线图。

除了轴向压力以外，C 型钢同时受到非均匀温度场的影响，受火侧翼缘和卷边温度较高，腹板温度从受火侧向背火侧翼缘方向温度逐渐降低，图 13-15 为 C 型钢温度分布示意图，该简化截面温度模型取翼缘及相邻卷边的温度相同，腹板温度为线性变化。

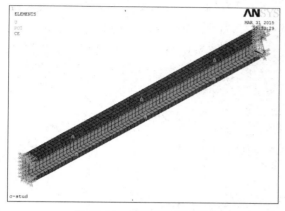

图 13-14　模型约束示意图

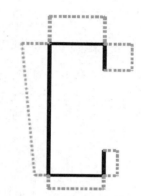

图 13-15　C 型钢截面温度示意图

5. 构件耐火极限判断

判断高温下钢结构达到极限状态既可以依据承载力极限，也可以依据正常使用极限来判定。

承载力极限状态是指在高温作用下，结构的承载力 R_T 下降到与外荷载的组合效应 S_T 相同时的状态。

$$R_T = S_T \tag{13-3}$$

正常使用极限是依据结构已发生的变形超过某一限值时或测得其位移变化速率超过某一数值的极限状态。

$$\delta \geqslant \frac{l^2}{800 h_x} \tag{13-4}$$

式中　δ——构件的最大挠度；

　　　l——构件的长度（mm）；

　　　h_x——构件的截面高度。

$$\frac{\mathrm{d}\delta}{\mathrm{d}t} \geqslant \frac{l^2}{15 h_x} \tag{13-5}$$

式中　t——时间（h）。

因在试验过程中，对构件的变形及变化速率测量更为方便，故常采用正常使用极限来判定构件是否达到极限状态，本章模拟也将采用这一方式。

13.2.3　计算结果分析

选取有限元模型 S1，在其顶端形心位置施加 15kN 的集中应力（荷载比率为 0.2，并

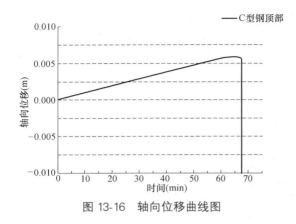

图 13-16　轴向位移曲线图

将荷载比率定义为构件所受荷载与常温极限荷载的比值），其受火翼缘和背火翼缘温度时间曲线见图 13-10。

图 13-16 和图 13-17 分别为轴心受压单层石膏板组合墙体轴向位移时间曲线图和侧向位移时间曲线图。从这两幅曲线图中均可发现在受火 66min 时，C 型钢轴向及侧向变形速率变为无穷大，表面结构已到其极限状态，该受火时刻即为模型 S1 耐火极限时间，该时刻构件受火翼缘及背火翼缘的温度分别为 565℃ 和 333℃。

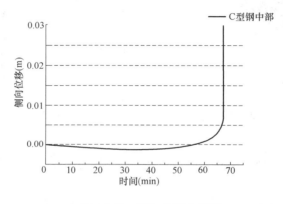

图 13-17　侧向位移曲线图

从轴向位移变形图 13-16 中可发现，在受火高温作用下，构件将受到热膨胀作用，构件轴向变形将增大，这与类似试验所观测现象相符。但与此同时，结构的屈服强度等各向力学性能不断降低，当在受火 66min 时，结构承载力已达极限，当构件温度进一步升高时，构件将垮塌，在其轴向位移图上反映的结果即轴向变形向 z 轴负方向发展，且曲线斜率无穷大。

从侧向变形图 13-17 中可发现，当在受火初期，即受火 0~35min 内，构件中部侧向变形为向 x 轴负方向发展，即向受火侧弯曲，而在受火 35min 后，构件开始逐渐向 x 轴正方向偏移。这是由于在受火初期时，C 型钢受火翼缘和背火翼缘温度都较低，且温差较小，侧向变形由构件受热膨胀所主导。但随着受火翼缘和背火翼缘的温度不断升高，截面非均匀温度场将对构件产生影响，会产生与热膨胀相反的偏心力，最终导致构件侧向位移向非受火侧移动。

因当受火时间超过 66min 后，结构的位移变化速率趋近无穷大，ANSYS 计算将无法收敛，故仅能对其垮塌前一时刻进行结果读取。图 13-18 即为临界耐火时刻构件的变形图，从图 13-18 可以看出构件侧向位移最大值发生在中部，构件整体为屈曲破坏，而从图 13-19 可以看出轴向最大位移产生在构件顶端。

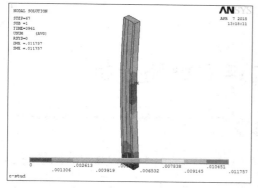

图 13-18　C 型钢受火位移云图

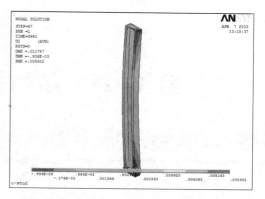

图 13-19　C 型钢受火 z 轴方向位移云图

表 13-3 为 Mahendran 所做类似冷弯薄壁型钢组合墙体耐火试验结果与本文有限元模型模拟结果对比表，将本章有限元模拟所得四组墙体在荷载比率为 0.2 作用下受火翼缘极限温度 565℃与类似试验结果所得受火翼缘温度值相比，可发现有限元模拟结果与类似试验吻合较好，本章所建有限元模型较为合理。

有限元模拟与试验结果对比表　　　　　　　　　　　表 13-3

对比类型	石膏板厚度 （mm）	C 型钢尺寸 （mm）	受火翼缘温度（℃）	荷载比率	耐火时间 （min）
Mahendran	16×2	90×40×15×1.15	555	0.2	53
有限元模型	16×2	90×40×15×1.15	565	0.2	66

本章小结

（1）本章首先采用 ANSYS 分析软件进行了某钢框架的抗火性能分析，结果发现数值模拟与实验结果吻合良好，说明了 ANSYS 热-结构耦合分析的有效性和材料参数选取的正确性，通过该方法来分析火灾全过程中钢板墙结构的抗火性能是可行的。

（2）进行了冷弯薄壁型钢非承重组合墙体的耐火性能研究，发现有限元模拟结果与类似试验吻合较好，本章所建有限元模型较为合理。

思考与练习题

13-1　钢框架抗火性能模拟可采用什么单元？边界条件如何施加？

13-2　冷弯薄壁型钢非承重组合墙体抗火性能模拟可采用什么单元？边界条件如何施加？

13-3　简述结构抗火性能分析的一般步骤。

第 14 章　结构抗连续倒塌分析

本章要点及学习目标

　　本章要点：

　　(1) 结构抗连续倒塌分析方法；(2) 钢斜撑框架建模方法。

　　学习目标：

　　(1) 掌握钢斜撑框架建模方法；(2) 了解结构抗连续倒塌荷载传递机理；(3) 了解结构抗连续倒塌动力响应。

14.1　引言

　　框架结构是建筑结构中最为常见的结构形式，但是其抗侧向刚度相对较弱。为了提高结构的抗侧刚度，框架常和抗震墙或者斜撑联合使用。同理，斜撑的使用也可提高结构沿竖向的抗连续倒塌能力。但是，目前对结构抗连续倒塌能力的研究主要侧重于纯框架结构，应用侧重于结构的线弹性分析，因此本章通过建立合理有效的数值模型分别对钢筋混凝土（Reinforced concrete，简称 RC）钢斜撑框架的非线性拟静力和动力倒塌特性进行了细致分析，揭示了斜撑框架结构的抗倒塌能力及荷载传递机理。

14.2　RC 钢斜撑框架建立与验证

14.2.1　RC 钢斜撑框架试验简介

　　本节所建立的 RC 钢斜撑框架有限元模型的合理性通过 Qian 等人的试验结果进行验证。该试验共测试了五个 1/4 缩尺的三层两跨 RC 框架在边邻角柱失效情况下的防倒塌抗力，探究在连续倒塌情况下角钢斜撑对 RC 框架结构的加固作用。五个试件分别为纯框架（BF）、共心 X 斜撑框架（SF1）、偏心 X 斜撑框架（SF2）、正 V 斜撑框架（SF3）、倒 V 斜撑框架（SF4），其中钢斜撑均安装于顶层。试验结果表明偏心 X 斜撑对 RC 框架的加固结果最佳。因此，本节主要基于偏心 X 斜撑加固框架（SF2）建立合理有效的数值模型。

　　试验装置如图 14-1 (a) 所示，框架梁端一边自由，一边受到钢框架轴向约束，表明剩余结构对该子结构的约束。柱子通过放大的柱端基础固定于实验室地板。试验中通过失效柱上方顶端的千斤顶控制失效柱的竖向位移。缩尺试件的底层和标准层层高分别为 830mm 和 825mm，跨长均为 1.8m。框架梁、柱横截尺寸分别为 140mm×90mm 和 150mm×150mm。

偏心 X 斜撑形式如图 14-1（b）所示，钢斜撑采用截面 25mm×25mm×3.2mm 的角钢，并通过钢板与螺栓的组合固定于梁端。试件的配筋信息等如图 14-2 所示。

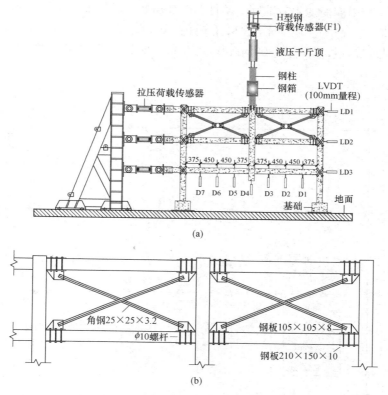

(a)

(b)

图 14-1　钢斜撑框架防倒塌抗力的试验装置及斜撑类型（单位：mm）
(a) 试验加载装置；(b) 偏心 X 斜撑形式

14.2.2　RC 钢斜撑框架宏观有限元模型

图 14-2 展示了基于开源软件 OpenSees 建立的 RC 斜撑框架的宏观有限元模型。对于梁、柱和斜撑等杆系构件均采用基于力的纤维梁单元进行表征。纤维梁单元需沿长度方向设置多个（通常 3 到 4 个）积分点，每个积分点代表一个典型截面。为了充分考虑截面材料变形和破坏的非线性，需将每个截面按实际情况划分成多个纤维网格，根据纤维所处位置对应的材料赋予该材料的一维应力-应变特性。然后通过对整个截面进行积分得到截面内力以及柔度矩阵，进而集成获得单元和体系的刚度矩阵，再利用常规有限元计算和插值函数得到单元的内力分布。在 RC 斜撑框架模型中的梁、柱构件的截面纤维划分数量分别为 10×10 和 6×10，如图 14-2 所示。此外，考虑到箍筋对混凝土的围箍效应，在梁、柱截面将混凝土设置成位于箍筋内部的核心层以及箍筋外部的非核心层。

梁边界采用零长度单元模拟水平约束，柱底直接采用固定约束。斜撑的边界分别采用刚性梁和零长度单元等效模拟钢板以及螺栓。考虑到斜撑仅与框架梁相连，在试验中斜撑边界发生了水平移动，因此，在斜撑端部设置表征螺栓连接的零长度单元，并通过设置零长度单元的力-位移关系控制端部水平移动。

对于材料模型，混凝土采用了带有线性抗拉软化的 Kent-Park 混凝土单轴本构，即 Concrete02。钢筋和钢斜撑均采用 Pinto 模型，即 Steel02，并用 MinMax 本构关系指定钢筋和钢材的基于极限应变的失效准则。试件 BF 和 SF2 的混凝土标准圆柱体抗压强度分别为 32.1MPa 和 31.6MPa。两种钢筋和角钢的屈服强度分别为 447MPa、514MPa 和 267MPa，极限抗拉强度分别为 509MPa、577MPa 和 298MPa，相应的极限应变分别为 0.135、0.169 和 0.182。

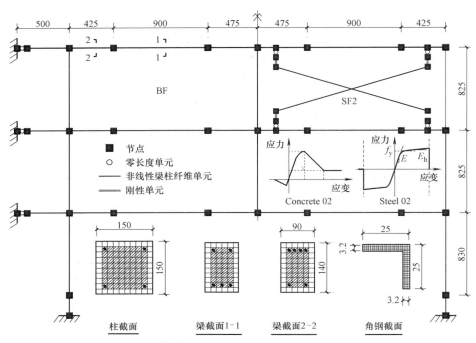

图 14-2　纯框架与斜撑框架数值模型（单位：mm）

14.2.3　RC 钢斜撑框架宏观模型验证

图 14-3 对比了纯框架 BF 与偏心 X 斜撑框架 SF2 的数值和试验结果。对于 BF，数值结果抗力峰值为 32.1kN，与试验结果的 31.9kN 基本一致，且整体的抗力趋势与试验结果也非常吻合，表明了纯框架数值模型的准确性。而更为复杂的 SF2，其屈服荷载和抗力峰值分别为 39.7kN 和 72.9kN，与试验值 40.8kN 和 73.2kN 仅相差 2.7% 和 0.4%。模型中受拉斜撑断裂对应竖向位移为 143.7mm，与试验值 137.6mm 也十分接近。之后数值模型由于斜撑断裂出现收敛问题而停止后续加载。但考虑到试件在受拉斜撑发生破坏后，由于框架边界条件较弱，结构未再

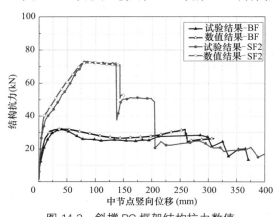

图 14-3　斜撑 RC 框架结构抗力数值结果与试验结构对比

发生较强的悬链线效应，表明斜撑断裂后的抗力曲线已无太大实际意义。综上所述，本节所建立钢斜撑 RC 框架数值模型具有有效性与准确性，可用于揭示对应的抗倒塌荷载传递机理。

14.3   RC 钢斜撑框架荷载传递机理

14.3.1   RC 钢斜撑框架结构的内力

图 14-4 展示了在加载过程中纯框架 BF 与钢斜撑框架 SF2 每层梁轴力的发展过程。考虑到本节更为关注的是钢斜撑框架 SF2 在受拉斜撑失效前的抗倒塌特性，因此仅分析结构竖向位移 160mm 前的荷载传递机理。由图 14-4 可知，纯框架 BF 在位移 160mm 内，除了第二层梁受轴拉力外，第一层梁和第三层梁均处于受压状态，且第一层梁由于受到底层柱的约束较强，所受轴压力更大，对应于框架梁发挥压拱作用。而在钢斜撑的影响下，SF2 第三层梁的最大轴压力可达 43.2kN，比纯框架 BF 的 12.7kN 大了 2.4 倍，如图 14-4（b）所示。而且，第二层梁轴拉力的增大速度也快于 BF，直到竖向位移 10mm 左右才出现急剧下降。

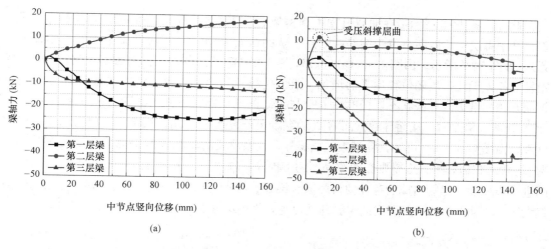

图 14-4   失效柱上方各层梁的轴力发展
（a）RC 纯框架 BF；（b）RC 钢斜撑框架 SF2

为了更好地揭示 RC 钢斜撑框架梁的轴力发展过程，图 14-5 建立了基于结构局部节点的力平衡方程。对于节点 1，根据水平方向力的平衡方程可以得到 BF 第三层梁的轴力 N_B 等于柱子的剪力 V_C。SF2 则在水平方向多了受拉斜撑轴力 N_{bc} 的水平分力，且其方向与 N_B 相反，因此 N_B 会随受拉斜撑轴力 N_{bc} 增大而增大，如图 14-4（b）所示。对于节点 2，BF 试件仍然有 $N_B = V_C$，其中 V_C 代表与节点 2 相连的两根柱的剪力和，SF2 则多了受压斜撑的轴压力 N_{bc}，其水平分力方向与 N_B 相反，因此当受压斜撑的轴压力增大时，N_B 会随之增大，当受压斜撑发生屈曲引起 N_{bc} 急剧下降后，第二层梁的轴力 N_B 便出现了一个急剧的转折点，如图 14-4（b）所示。

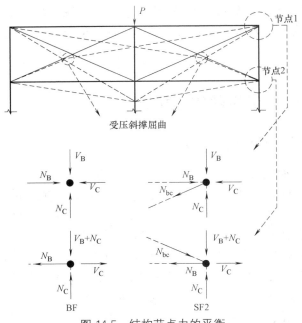

图 14-5　结构节点力的平衡

此外，图 14-6 展示了在加载过程中纯框架 BF 与钢斜撑框架 SF2 每层梁弯矩的发展过程，其中每层梁均取两个位于钢筋截断点位置的截面 A 和 B（对应试验中梁的主要破坏位置），如图 14-7 所示。由图 14-6（a）可知，一开始 BF 试件各层梁的截面 A 与截面 B 处弯矩发展相差无几，均随位移增大而增加。直到位移达到 20mm 后，各层梁截面 B 处的受拉钢筋开始相继进入屈服状态。此时由 M_B 与 M_A 的比值曲线可知，截面 B 处的弯矩值是截面 A 处的 3 倍左右，从而导致截面 B 处的混凝土开裂破坏，如图 14-7（a）所示。对于 SF2 试件，由图 14-6（b）可知，除了第三层梁外，其余层梁的截面 A 与截面 B 弯矩发展与纯框架 BF 较为相似。第三层梁则在斜撑的作用下提高了轴压力，引起梁内截面 A 与截面 B 弯矩的进一步发展。尽管斜撑的存在使得第三层梁 M_B 与 M_A 比值出现了较大下降，但该比值仍然大于 1，因此 SF2 第三层梁的裂缝开展也主要集中于截面 B 处，如图 14-7（b）所示。

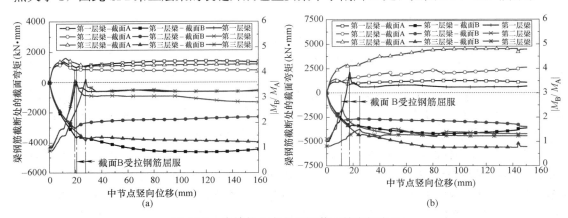

图 14-6　失效柱上方各层梁截面的弯矩发展

（a）BF；（b）SF2

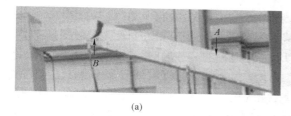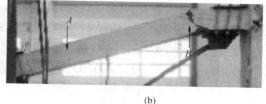

（a）　　　　　　　　　　　　　　　（b）

图 14-7　结构第三层梁的失效模式

（a）BF；（b）SF2

14.3.2　RC钢斜撑框架结构抗力的分布

为了展示斜撑对整体框架防倒塌抗力的贡献，调取了在加载过程中各构件截面内力的竖向分量，用于展示结构的抗力分布。由图 14-8（a）可知，纯框架 BF 三层梁的抗力峰值均在 10kN 附近，虽然各层梁抗力发展稍有区别，但对结构总抗力的贡献均处于 30%～40% 之间，表明该工况的 160mm 变形范围内结构主要由框架梁的抗弯承载力抵抗荷载。对于钢斜撑框架 SF2，斜撑提高了第三层梁的抗力，但其余两层梁的抗力未有显著变化，如图 14-8（b）所示。而且，钢斜撑主要是受拉斜撑提供抗力，受压斜撑仅在屈曲（对应位移 8mm）前对结构有较小的贡献。此外，在小变形下 SF2 的总抗力主要由梁贡献。这主要是因为斜撑连接存在的空隙延缓斜撑充分发挥作用。随着位移的增加，由受拉斜撑贡献的抗力快速增大。直到 80mm 位移时，受拉斜撑发生屈服，斜撑与梁的贡献比才趋于平衡，最终两者均处于 50% 附近。

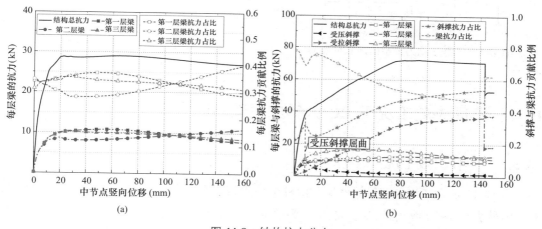

图 14-8　结构抗力分布

（a）BF；（b）SF2

综上所述，对于边邻角柱失效工况下的纯框架，其抗力主要由各层梁的抗弯承载力提供，而钢斜撑框架的荷载则由钢斜撑与梁共同承担，其中钢斜撑的抗力主要由受拉斜撑贡献。

14.4　RC钢斜撑框架动力模型

实际倒塌是一个动力响应过程，所以本节基于上一节的 RC 钢斜撑框架静力分析模型建立了一个五跨八层的 RC 钢斜撑框架动力模型，底层柱从左到右分别命名为 C1～C5 柱，如图 14-9 所示。结构层高、跨度和截面尺寸均同静力模型。钢斜撑加固于顶层且端部与梁柱节点刚接，材料特性均与静力模型一致。重力荷载（Q_g）采用规范 GSA 2016 和 UFC 4-023-03 所建议的 $1.2D_L+0.5L_L$，D_L 和 L_L 分别代表恒荷载和活荷载。根据《建筑结构荷载规范》GB 50009—2012，除了自重外，楼面恒载和活载分别为 2.5kN/m^2 和 2.0kN/m^2。在模型中所有板荷载均转化成线荷载施加于梁上，而所有荷载本质上都是重力荷载，进而转化成结构质量直接施加于梁柱节点处。模型采用 Rayleigh 阻尼，阻尼比取 0.05。具体的分析步骤如下：①在完整结构下进行非线性静力分析，求得失效工况对应柱子的内力 F；②移除失效柱，将力 F 反向施加于失效柱上方的梁柱节点，再次执行非线性静力分析，恢复结构在柱子失效前的内力状态；③在失效柱上方的梁柱节点施加与 F 方向相反的突加荷载，模拟柱子失效过程，突加荷载的时程如图 14-10 所示。

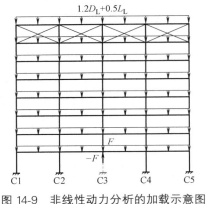

图 14-9　非线性动力分析的加载示意图　　　　图 14-10　瞬间加载的时程曲线

14.5　不同失效工况下 RC 钢斜撑框架的动力响应

14.5.1　单柱失效工况

图 14-11 展示了 RC 钢斜撑框架在两种单柱失效工况下的动力响应。可知，两种工况下结构最大位移均是随荷载增大而不断增大。在荷载 $1.6Q_g$ 和 $1.7Q_g$ 作用下，角柱（C1）工况和中柱（C3）工况均使结构发生了倒塌。而且，结构在角柱工况临界荷载（$1.5Q_g$）下的最大位移为 62.6mm，比中柱工况临界荷载（$1.6Q_g$）下的位移 49.1mm 更大。这均表明了角柱失效工况比中柱失效工况更危险。

为了探究荷载在柱子失效后的重新平衡过程，还调取了两种单柱失效工况下相邻柱的轴力变化。图 14-12 展示了底层各柱在 $1.0Q_g$ 不同单柱失效下的轴力时程曲线。由图 14-12（a）可知，在中柱失效后，C1 柱与 C2 柱的轴压力分别由初始的 40.0kN 与 72.1kN 变化为 39.0kN 与 110.4kN，表明 C2-C3 间的荷载主要通过梁与斜撑传递到 C2 柱。对于角柱工况，在柱子失效前，C2、C3 和 C4 柱的轴力均为 72.5kN 左右；当柱子移除后，C2 轴力最大达到

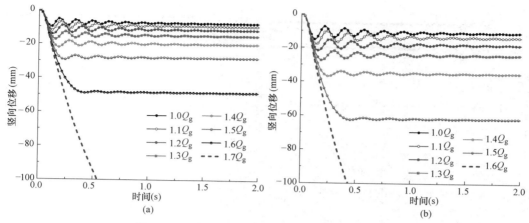

图 14-11　单柱失效下的钢斜撑框架位移时程曲线

（a）中柱失效工况；（b）角柱失效工况

157.7kN，最后稳定于 125.9kN，而 C3 和 C4 柱轴力基本没变化，如图 14-12（b）所示，同时 C5 柱的轴力减小。这表明失效跨上的荷载在 C1 柱失效后会引起整体结构的倾覆弯矩，从而导致近端 C2 柱轴压力的增加以及远端 C5 柱轴压力的减小。

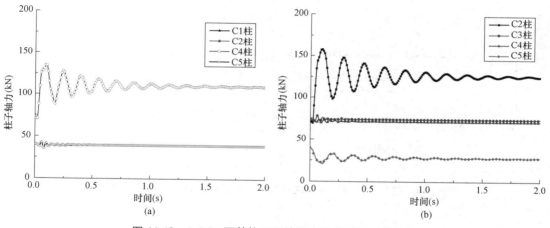

图 14-12　$1.0Q_g$ 下单柱工况结构底层柱轴力时程曲线

（a）中柱失效工况；（b）角柱失效工况

14.5.2　双柱失效工况

尽管现行规范仅要求通过单柱失效的工况验证结构的抗倒塌能力，但是实际中偶然荷载可能引起结构多根支撑柱的破坏，如 1995 年美国 Murrah Building 爆炸案例。为此，本节考虑了两种双柱失效的工况。图 14-13 和图 14-14 分别展示了结构在角柱 C1 与边邻柱 C2 同时失效工况和 C2 与中柱 C3 同时失效工况下的动力响应。由图可知，C1-C2 柱工况的临界荷载仅为 $0.5Q_g$，而 C2-C3 柱工况也仅 $0.9Q_g$，均小于设计荷载（$1.0Q_g$），表明 C1 与 C2 柱同时失效工况更为危险，且该种截面尺寸的钢斜撑对框架的加固作用尚不能抵抗双柱失效工况带来的倒塌危害。

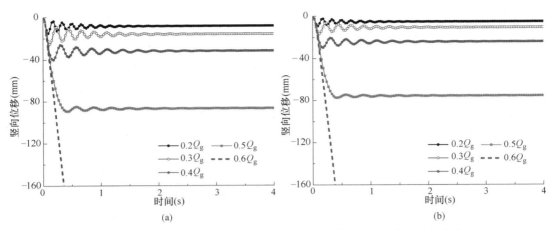

图 14-13　角柱（C1）与边角柱（C2）同时失效下的结构位移时程曲线

（a）C1 柱；（b）C2 柱

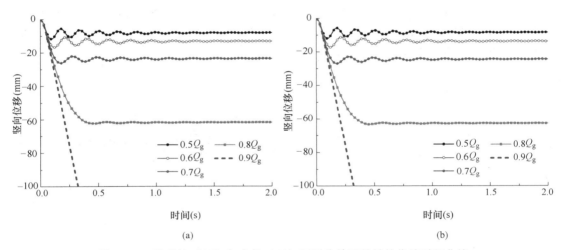

图 14-14　边角柱（C2）与中柱（C3）同时失效下的结构位移时程曲线

（a）C2 柱；（b）C3 柱

　　两种双柱失效工况下结构的破坏形态如图 14-15 所示。对于 C1-C2 柱工况，C2-C3 跨受拉斜撑承受巨大的拉力而产生较大变形，受压斜撑则发生了屈曲，但 C1-C2 跨上的斜撑几乎不起作用。这意味着失效柱上方的荷载主要通过 C2-C3 跨上的梁与受拉斜撑进行再平衡。对于 C2-C3 柱工况，C1-C2 和 C3-C4 跨上的受拉斜撑共同起作用，如图 14-15（b）所示。这也解释了为何 C1-C2 柱失效工况相对于 C2-C3 柱失效工况更为危险。

　　此外，由图 14-16 所展示的底层各柱在 $0.5Q_g$ 下的轴力时程曲线可知，C1-C2 柱工况下的 C3 柱的轴压力由 35.9kN 增大到了 130.3kN，C4 柱几乎没有变化，但 C5 柱的轴压力 20.4kN 转化为轴拉力 36.9kN。这表明 C1-C2 跨上方的荷载引起结构整体的倾覆弯矩，引起近端 C3 柱轴压力急剧增加，远端 C5 柱轴压力显著减小甚至变成受拉状态。如果 C3 柱的抗压承载力不足或者发生失稳，将会进一步扩大倒塌的范围。对于 C2 和 C3 柱工况下，失效跨上的荷载则分配到了失效柱的相邻柱 C1 和 C4，如图 14-16（b）所示。C1 和

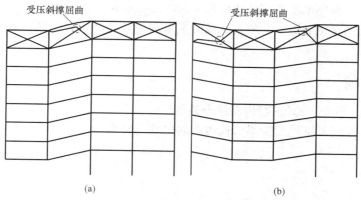

图 14-15　不同双柱失效工况下的结构破坏形态

（a）C1-C2 柱工况；（b）C2-C3 柱工况

C4 柱的轴压力增幅分别为 36.4kN 和 38.5kN，表明该工况下失效柱左右两边的荷载传递仍较为对称。

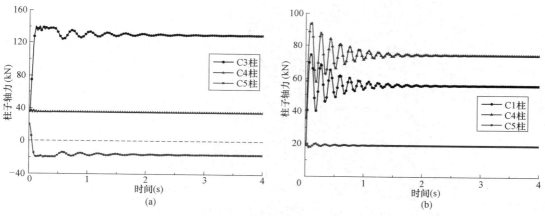

图 14-16　$0.5Q_g$ 下双柱失效工况的结构底层柱轴力时程曲线

（a）C1-C2 柱工况；（b）C2-C3 柱工况

本章小结

　　本章通过建立宏观有限元数值模型，系统研究了增加偏心 X 斜撑后的 RC 框架在倒塌过程中的静、动力受力性能，揭示了 RC 钢斜撑框架的荷载传递机理。主要结论如下：

　　（1）在倒塌过程中，RC 钢斜撑框架的荷载由钢斜撑与梁共同承担，其中钢斜撑的抗力主要由受拉斜撑贡献，而受压斜撑则在较小位移下便会发生屈曲而失去承载力。钢斜撑的存在对梁的抗力发展影响相对较小，梁主要还是通过弯曲作用传递荷载。

　　（2）在非线性动力倒塌分析中，斜撑的主要贡献仍然来自受拉斜撑。受压斜撑在较小变形下便发生屈曲失去承载力。因此，在进行针对倒塌的斜撑设计时可仅考虑受拉斜撑的作用。

（3）对于 RC 钢斜撑框架，双柱失效工况均比含单柱失效工况更危险，其中角柱与边邻角柱同时失效工况威胁最大，因此在设计或加固时应将该失效工况设为重点防御对象。

思考与练习题

14-1   采用 OpenSEES 进行钢斜撑框架建模。

14-2   钢斜撑框架抗连续倒塌荷载传递的机理是什么？

参 考 文 献

[1] 王勖成. 有限单元法 [M]. 北京：清华大学出版社，2003.

[2] 中华人民共和国住房和城乡建设部. 空间网格结构技术规程 JGJ 7—2010 [S]. 北京：中国建筑工业出版社，2010.

[3] 沈世钊，陈昕. 网壳结构稳定性 [M]. 北京：科学出版社，1999.

[4] 柳春光，殷志祥，李会军，等. 大跨度空间网格结构抗震性能与可靠度 [M]. 北京：科学出版社，2014.

[5] 王仕统. 现代屋盖钢结构分析与设计 [M]. 北京：中国建筑工业出版社，2014.

[6] 王孟鸿. 钢结构非线性分析与动力稳定性研究 [M]. 北京：中国建筑工业出版社，2011.

[7] 北京金土木软件技术有限公司，中国建筑标准设计研究院. SAP2000 中文版使用指南（第二版）[M]. 北京：人民交通出版社，2012.

[8] 杜柏松，葛耀君，朱乐东. 广义位移控制法在结构几何非线性分析中的应用 [J]. 长沙理工大学学报（自然科学版），2006，3（1）：31-35.

[9] 周奎，宋启根. 钢结构几何缺陷的直接分析方法 [J]. 建筑钢结构进展，2007，9（1）：57-62.

[10] 石崇，王如宾. 实用岩土计算软件基础教程 [M]. 北京：中国建筑工业出版社，2016.

[11] 卢廷浩，刘军. 岩土工程数值方法与应用 [M]. 南京：河海大学出版社，2012.

[12] 王金安，王树仁，冯锦艳. 岩土工程数值计算方法实用教程 [M]. 北京：科学出版社，2010.

[13] （美）C. S. 德赛. J. T. 克里斯琴. 岩土工程数值方法 [M]. 北京：中国建筑工业出版社，1981.

[14] 钱家欢，等. 土工原理与计算 [M]. 北京：中国水利水电出版社，1987.

[15] 谷德振. 岩体工程地质力学基础 [M]. 北京：科学出版社，1979.

[16] 王泳嘉，邢纪波. 离散单元法及其在岩土力学中的应用 [M]. 沈阳：东北工业大学出版社，1991.

[17] 龚晓南. 对岩土工程数值分析的几点思考 [J]. 岩土力学，2011，32（2）：321-325.

[18] 石崇，徐卫亚. 颗粒流数值模拟技巧与实践 [M]. 北京：中国建筑工业出版社，2015.

[19] 杨林德. 岩土工程问题的反演理论与工程实践 [M]. 北京：科学出版社，1996.

[20] 彭文斌. FLAC3D 实用教程 [M]. 北京：机械工业出版社，2009.

[21] 陈育民，徐鼎平. FLAC/FLAC3D 基础与工程实例 [M]. 北京：中国水利水电出版社，2009.

[22] 叶献国. 多层建筑结构抗震性能的近似评估-改进的能力谱方法 [J]. 工程抗震，1998，（4）：10-14.

[23] T. Tjhin, M. Aschheim, E. Hernandez-Montes. Estimate of peak roof displacement using "equivalent" single degree of freedom systems [J]. Journal of Structural Engineering, 2005, 131（3）：517-522.

[24] Anil K. Chopra, Rakesh K. Goel. A modal pushover analysis procedure to estimate seismic demands for buildings [J]. Earthquake Engineering and Structure Dynamics, 2002, 31：561-582.

[25] Anil K Chopra, Rakesh K. Goel. Modal pushover analysis of SAC buildings [C]. In：Proceeding of the SEAOC, San Diego, California, 2001.

[26] SEAOC. Vision 2000：Performance Based Seismic Engineering of Buildings [R]. Structural Engineers Association of California, Sacramento, California, 1995.

[27] Krawinkler H, Miranda E. Performance-based earthquake engineering, earthquake engineering-

from engineering seismology to performance-based engineering [M]. Edited by Bozorgnia, Y. and Bertero, V. V., CRC Press, 2004.

[28] Estekanchi H E, Valamanesh V, Vafai A. Application of endurance time method in linear seismic analysis [J]. Engineering Structure, 2007, 29 (10): 2551-2562.

[29] Riahi H T, Estekanchi H E, Vafai A. Endurance time method-application in nonlinear seismic analysis of single degree of freedom systems [J]. Journal of Applied Science, 2009, 9 (10): 1817-1832.

[30] 中华人民共和国住房和城乡建设部. 建筑抗震设计规范 GB 50011—2010 [S]. 北京：中国建筑工业出版社，2016.

[31] FEMA-368 2000 edition NEHRP. Recommended provisions for seismic regulations for new buildings and other structures [S]. Washington, D. C.: Building Seismic Safety Council, 2001.

[32] Sucuoglu H, Nurtug A. Earthquake ground motion characteristics and seismic energy dissipation [J]. Earthquake Engineering & Structural Dynamics, 1995, 24 (9): 1195-1213.

[33] Derham C J, Kelly J M, Thomas A G. Nonlinear natural rubber bearings for seismic isolation [J]. Nuclear Engineering and Design, 1985, 84 (3): 417-428.

[34] Robinson W H. Lead-rubber hysteretic bearings suitable for protecting structures during earthquakes [J]. Earthquake Engineering & Structural Dynamics, 1982, 10 (4): 593-604.

[35] Hwang J S, Ku S W. Analytical modeling of high damping rubber bearings [J]. Journal of Structural Engineering, 1997, 123 (8): 1029-1036.

[36] 陈政清. 桥梁风工程 [M]. 北京：人民交通出版社，2005.

[37] 中交公路规划设计院. 公路桥梁抗风设计规范 [S]. 北京：人民交通出版社，2004.

[38] Simiu E, Scanlan R H. Wind effects on structures [M]. New York: John Wiley & Sons, INC, 1996.

[39] 项海帆. 现代桥梁抗风理论与实践 [M]. 北京：人民交通出版社，2005.

[40] 李国豪. 桥梁结构稳定与振动 [M]. 北京：中国铁道出版社，1992.

[41] 程进，肖汝诚，项海帆. 大跨径悬索桥非线性静风稳定性全过程分析 [J]. 同济大学学报（自然科学版），2000，(06)：717-720.

[42] Wang H., Hu R. M., Xie J., et al. Comparative study on buffeting performance of Sutong Bridge based on design and measured spectrum [J]. ASCE Journal of Bridge Engineering, 2013, 18 (7): 587-600.

[43] 王浩. 基于 SHMS 的大跨度悬索桥风致抖振响应实测研究 [D]. 东南大学，2007.

[44] Davenport A. G. Buffeting of a suspension bridge by storm winds [J]. Journal of the Structural Division, 1962, 88 (3): 233-270.

[45] Macdonald J H G, Irwin P A, Fletcher M S. Vortex-induced Vibrations of the Second Severn Crossing Cable-stayed Bridge-full scale and Wind Tunnel Measurements [J]. Structures & Buildings, 2002, 152 (2): 123-134.

[46] Larsen A, Esdahl S, Andersen J E, et al. Storebaelt Suspension Bridge-vortex Shedding Excitation and Mitigation by Guide Vanes [J]. Journal of Wind Engineering and Industrial Aerodynamics, 2000, 88 (2): 283-296.

[47] Li H, Laima S, Ou J, et al. Investigation of Vortex-induced Vibrarion of s Suspension Bridge with Two Separated Steel Box Girders Based on Field Measurements [J]. Engineering Structure, 2011, 33 (6): 1894-1907.

[48] Scanlan R. H, Tomko J. J. Airfoil and bridge deck flutter derivatives. Journal of Engineering.

Mechanics [J]. ASCE, 1971, 97 (6): 1171-1173.

[49] Theodorsen T. General theory of aerodynamic instability and the mechanism of flutter [R]. NACA Report No. 496, Langley, Va. 1935.

[50] 王召祥. 基于 CFD 和系统辨识理论的大跨桥梁颤振导数识别研究 [D]. 湖南大学, 2009.

[51] 卡埃塔诺. 斜拉桥的拉索振动与控制 [M]. 北京: 中国建筑工业出版社, 2012.

[52] 陈政清. 斜拉索风雨振现场观测与振动控制 [J]. 建筑科学与工程学报, 2005, 04: 5-10.

[53] 李爱群, 高振世. 工程结构抗震与防灾 [M]. 南京: 东南大学出版社, 2003.

[54] 克莱斯·迪尔比耶, 斯文·奥勒·汉森. 结构风荷载作用 [M]. 北京: 中国建筑工业出版社, 2006.

[55] 张相庭. 结构风工程: 理论·规范·实践 [M]. 北京: 中国建筑工业出版社, 2006.

[56] 陈政清. 工程结构的风致振动、稳定与控制 [M]. 北京: 科学出版社, 2013.

[57] 黄本才. 结构抗风分析原理及应用 [M]. 上海: 同济大学出版社, 2001.

[58] 中华人民共和国住房和城乡建设部. 建筑结构荷载规范 GB 5009—2011 [S]. 北京: 中国建筑工业出版社, 2012.

[59] Davenport A G. The application of statistical concept to the wind loading of structures [M]. Proceedings of ICE, Paper 6480, 1961.

[60] Holmes J D. Wind Loading of Structures [M]. London: Spon Press, 2001.

[61] 李国强, 蒋首超, 林桂祥. 钢结构抗火计算与设计 [M]. 北京: 中国建筑工业出版社, 1999.

[62] 李国强. 现代钢结构抗火设计方法 [J]. 消防理论研究, 2002, (1): 8-11.

[63] 李国强, 李兆治. 钢结构性能化抗火设计的初步设想 [J]. 消防科学与技术, 2004, 23 (1): 46-48.

[64] 李国强. 钢结构构件抗火可靠度分析模型研究 [C]. 全国第三届工程结构可靠性学术交流会论文集 (南京), 1992: 197-203.

[65] Y. C. Wang, D. B. Moore. Steel frames in fire: analysis [J]. Engineering Structure, 1995, 17 (6): 462-472.

[66] 丁军, 李国强, 蒋首超. 火灾下钢结构构件的温度分析 [M]. 钢结构, 2002, 17 (2): 53-56.

[67] Zhao J C. Application of the Direct Iteration Method for Non-linear Analysis of Steel Frames in Fire [J]. Fire Safety Journal, 2000, 35 (3): 241-255.

[68] Liew J Y R, Tang L K, Holmaas T, et al. Advanced analysis for the Assessment of Steel frames in Fire [J]. Journal of constructional steel Research, 1998, 47 (1998): 19-45.

[69] Huang Z, Burgess I W, Plank R J. Three-dimensional Analysis of Composite Steel-framed Buildings in Fire [J]. Journal of Structural Engineering, 2000, 126 (3): 389-397.

[70] 李国强, 韩林海, 楼国彪, 等. 钢-混凝土组合结构抗火设计 [M]. 北京: 中国建筑工业出版社, 2006.

[71] 王烨华, 沈祖炎, 李元齐. 大跨度空间结构抗火研究进展 [J]. 空间结构, 2010, 16 (2): 3-12.

[72] 施微, 高甫生. 建筑火灾烟气运动的数值模型综述 [J]. 暖通空调, 2006, 36 (5): 26-32.

[73] 李国强, 杜咏. 实用大空间建筑火灾空气升温经验公式 [J]. 消防科学与技术, 2005, 24 (3): 283-287.

[74] 贺晗, 余绍锋. 钢结构的抗火研究概述 [J]. 防火与防腐, 2009, 24 (11): 80-83.

[75] 李国强, 吴波, 韩林海. 结构抗火研究进展与趋势 [J]. 建筑钢结构进展, 2006, 8 (1): 1-12.

[76] CEN (European Committee for Standardization), DAFT ENV 1993, Eurocode3: Design of steel structures, 1995.

[77] Cox, G. The challenge of fire modeling. Fire Safety Journal, 1994, 23 (2): 123-132.

［78］ Emmom H W. The home fire viewed as a scientific system. Society of fire Protection Engineers，SFPE Technology Report，1995.

［79］ 孔祥谦. 有限单元法在传热学中的应用［M］. 北京：科学出版社，1998.

［80］ 唐兴伦，范群波，张朝. ANSYS 工程应用教程热与电磁学篇［M］. 北京：中国铁道出版社，2003.

［81］ 刘微. 导热理论基础［M］. 北京：中国铁道出版社，1988.

［82］ T. T. Lie，R. J. Irwin. Fire resistance of rectangular steel columns filled with bar-reinforced Concrete［J］. Journal of Structural Engineering，1995，121（5）：797-805.

［83］ Yngve Anderberg. Modelling steel behaviour［J］. Fire Safety Journal，1988，13（1）：17-26.

［84］ J. A. Purkiss. Developments in the fire safety design of structural steelwork［J］. Journal of Constructional Steel Research，1988，11（3）：149-173.

［85］ T. T. Lie. Fire resistance of circular steel columns filled with bar-reinforced Concrete［J］. Journal of Structural Engineering，1994，120（5）：1489-1509.

［86］ Hayes Jr. J. R.，Woodson S. C.，Pekelnicky R. G.，et al. Can Strengthening for Earthquake Improve Blast and Progressive Collapse Resistance?［J］. Journal of Structural Engineering，2005，131（8）：1157-1177.

［87］ American Society of Civil Engineers（ASCE），Minimum Design Loads for Buildings and Other Structures. Reston（VA）：American Society of Civil Engineers，Reston，Virginia.，2010.

［88］ European Committee for Standardization. EN 1991-1-7：Eurocode 1-Actions on structures-Part 1-7：General actions-Accidental actions［S］. Brussels：CEN，2006.

［89］ 中华人民共和国住房和城乡建设部. 混凝土结构设计规范 GB 50010—2010［S］. 北京：中国建筑工业出版社，2011.

［90］ 中华人民共和国住房和城乡建设部. 高层建筑混凝土结构技术规程 JGJ 3—2010［S］. 北京：中国建筑工业出版社，2010.

［91］ 叶列平，陆新征，李易，等. 混凝土框架结构的抗连续性倒塌设计方法［J］. 建筑结构，2010，40（2）：1-7.

［92］ General Services Administration（GSA）. Progressive Collapse Analysis and Design Guidelines for New Federal Office Buildings and Major Modernization Projects［S］. 2003.

［93］ Department of Defense（DOD）. UFC 4-023-03，Design of Buildings to Resist Progressive Collapse，UFC 4-023-03 14 July 2009 Including Change 2-1 June 2013［S］. http：//dod. wbdg. org/，2013.

［94］ Marjanishvili S. M. Progressive Analysis Procedure for Progressive Collapse［J］. Journal of Performance of Constructed Facilities，2004，18（2）：79-85.

［95］ Yu J.，Tan K. H. Structural behavior of reinforced concrete beam-column subassemblages under a middle column removal scenario［J］. Journal of Structural Engineering，2013，139（2）：233-250.

［96］ Arup，Review of international research on structural robustness and disproportionate collapse［R］. Department for Communities and Local Government，2011.

［97］ Pham X. D.，Tan K. H. Experimental study of beam-slab substructures subjected to a penultimate-internal column loss［J］. Engineering Structures，2013，55（0）：2-15.

［98］ Sasani M.，Sagiroglu S. Progressive collapse resistance of hotel San Diego［J］. Journal of Structural Engineering，2008，134（3）：474-488.

［99］ 武海军，皮爱国，姚伟译. 流体动力学程序引论［M］. 北京：北京理工大学出版社，2012.

［100］ Paul W. Cooper，Explosives Engineering，Wiley-VCH，Inc. 1996.

[101] William K. Rule and S. E. Jones, A revised form for the johnson-Cook strength model, Int. J. Impact Engng Vol. 21, No. 8, pp. 609-624, 1998.

[102] Holmquist, T. J., G. R. Johnson, and W. H. Cook, A Computational Constitutive Model for Concrete Subjected to Large Strains, High Strain Rates, and High Pressures, Proceedings 14th International Symposium on Ballistics, Quebec, Canada, pp. 591-600, 1993.

[103] Wilkins, M. L., "Calculations of Elastic Plastic Flow," Methods in computational physics, Vol. 3, Fundamental Methods in Hydrodynamics, Academic Press, 211-263, 1964.

[104] 庄茁, 柳占立, 成健译. 连续体和结构的非线性有限元（第2版）[M]. 北京：清华大学出版社, 2016.

[105] Shen R. Wu And Lei Gu, Introduction to the explicit finite element method for nonlinear transient dynamics, John Wiley & Sons, Ltd, 2012.

[106] Perform-3D User Guide [M]. Computer & Structure Inc. USA, 2011.

[107] Perform-3D Getting Started [M]. Computer & Structure Inc. USA, 2011.

[108] Perform-3D Components and Elements [M]. Computer & Structure Inc. USA, 2011.

[109] Graham H. Powell. Detailed Example of a Tall Shear Wall Building [M]. Computer &StructureInc., USA, 2007.

[110] ETABS User Guide [M]. Computer & Structure Inc. USA, 2016.

[111] ETABS Analysis Reference [M]. Computer & Structure Inc. USA, 2016.

[112] 赵金城, 沈祖炎. 钢框架结构抗火性能的试验研究 [J]. 土木工程学报, 1997, 30 (2): 49-55.

[113] Gunalan S, Kolarkar P, Mahendran M. Experimental study of load bearing cold-formed steel wall systems under fire conditions [J]. Thin Walled Structures, 2013, 65 (2): 72-92.

[114] 赵滇生, 谢军展, 阎勇琦. 冷弯薄壁C型钢柱稳定性分析 [J]. 浙江工业大学学报, 2009, 37 (3): 336-341.

[115] Zhao, et al. Calculation rules of lightweight steel sections in fire situations [R]. Technical steel research, European Union, 2005.

[116] Qian K., Weng Y. -H., Li B. Improving Behavior of Reinforced Concrete Frames to Resist Progressive Collapse through Steel Bracings [J]. Journal of Structural Engineering, 2019, 145 (2), 04018248.